"十三五"国家重点出版物出版规划项目

名校名家基础学科系列

微 积 分
上 册

王洪滨　张　夏　张雅卓　编

（哈尔滨工业大学）

机械工业出版社

本套教材分上、下两册，本书为上册，共 7 章，分别为函数、极限与连续、导数与微分、中值定理及导数应用、不定积分、定积分及其应用、微分方程. 每章均配有供读者自学的综合性例题.

本书内容丰富、叙述详细，侧重培养读者的创新及分析与解决问题的能力. 此外，本书将各章习题化整为零，即在知识点之后设置"练习"环节，从而使读者在实践中巩固所学知识. 本书可作为工科大学一年级新生的微积分教材，也可作为备考工科硕士研究生的人员和工程技术人员的参考书.

图书在版编目（CIP）数据

微积分. 上册/王洪滨，张夏，张雅卓编. —北京：机械工业出版社，2020.9（2022.1 重印）

（名校名家基础学科系列）

"十三五"国家重点出版物出版规划项目

ISBN 978-7-111-66245-7

Ⅰ.①微… Ⅱ.①王… ②张… ③张… Ⅲ.①微积分-高等学校-教材 Ⅳ.①O172

中国版本图书馆 CIP 数据核字（2020）第 140035 号

机械工业出版社（北京市百万庄大街 22 号　邮政编码 100037）
策划编辑：韩效杰　责任编辑：韩效杰　陈崇昱
责任校对：王　欣　封面设计：鞠　杨
责任印制：单爱军
北京虎彩文化传播有限公司印刷
2022 年 1 月第 1 版第 2 次印刷
184mm×260mm · 16.75 印张 · 413 千字
标准书号：ISBN 978-7-111-66245-7
定价：49.00 元

电话服务　　　　　　　　网络服务
客服电话：010-88361066　机 工 官 网：www.cmpbook.com
　　　　　010-88379833　机 工 官 博：weibo.com/cmp1952
　　　　　010-68326294　金 书 网：www.golden-book.com
封底无防伪标均为盗版　机工教育服务网：www.cmpedu.com

前　言

随着科学技术的迅猛发展，工科学生需要掌握更多的数学基础理论，拥有很强的抽象思维能力、逻辑推理能力、空间想象能力和科学计算能力．为适应 21 世纪科技人才对数学的需求，我们按照教育部教学指导委员会颁布的课程基本要求和硕士研究生入学考试大纲，编写了《微积分》（上、下册）这套教材．本书是上册．

本书具有以下特点：

（1）内容丰富．不仅包括了普通工科学生必须掌握的微积分的基本理论和方法，而且引入一定量的理科数学分析知识，相信学生认真学习本书后，能获得扎实的理论基础．

（2）侧重培养学生的创新能力及分析解决问题的能力．和普通教材相比，本书有大量的例题和习题，其中一部分习题必须经过认真观察、分析才能解决．另一部分习题侧重于联系实际，学生必须将实际问题转化为数学问题，建立数学模型才能解决．

（3）将各章习题化整为零，即在知识点之后设置"练习"环节，从而使学生在实践中巩固所学知识．

（4）满足硕士研究生入学考试需要．本书部分例题和习题达到硕士研究生统一考试试题难度，如能很好地掌握，可以满足学生备考硕士研究生的需求．

本书在编写过程中，得到了哈尔滨工业大学数学学院同仁们的大力支持，在此一并向他们表示衷心的感谢！

本书受到黑龙江省教育科学"十三五"规划省重点课题支持（课题编号 GBB1318035）．

由于编者水平有限，书中的疏漏及错误在所难免，恳请广大读者批评指正．

编　者

目 录

第 1 章

函数

函数是最重要的数学概念之一，也是微积分的研究对象，所以有必要对有关的知识进行简要介绍.

1.1 函数的概念

1.1.1 实数与数轴

实数是有理数和无理数（无限不循环小数）的统称，有理数又分为整数和分数.

取定了原点、长度单位和方向的直线叫作**数轴**. 数轴上的点与实数是一一对应的. 今后，我们对实数和数轴上的点不加区别.

实数具有如下性质.

（1）**有序性**：任意两个互异的实数 a、b 都可以比较大小，或者 $a < b$，或者 $a > b$. 实数按照由小到大的顺序排列在数轴上.

（2）**完备性**：任意两个有理数之间有无穷多个有理数，所以说有理点处处稠密. 但有理点并未充满整个数轴，比如还有 $\sqrt{2}$、π 这样一些无理点. 因为有理数与无理数之和为无理数，所以无理点也处处稠密. 实际上，无理数远比有理数"多得多". 实数充满整个数轴，没有空隙，这就是实数的完备性（或连续性）. 实数的完备性也是微积分的极限运算得以在实数域上施行的重要保证，所以它是整个微积分概念的基础.

1.1.2 数集与界

以数为元素的集合叫作**数集**，习惯上**自然数集**记为 **N**、**整数集**记为 **Z**、**有理数集**记为 **Q**. 所有实数构成的数集叫作**实数集**，记为 **R**.

设 a，$b \in \mathbf{R}$，且 $a < b$，以 a、b 为端点的有限区间如下.

开区间：$(a,b) = \{x \mid a < x < b, x \in \mathbf{R}\}$；

闭区间：$[a,b] = \{x \mid a \leqslant x \leqslant b, x \in \mathbf{R}\}$；

半开区间：$(a,b] = \{x \mid a < x \leqslant b, x \in \mathbf{R}\}$；

$$[a,b)=\{x \mid a \leqslant x < b, x \in \mathbf{R}\}.$$

此外，还有五种无穷区间：

$$(a,+\infty)=\{x \mid x > a, x \in \mathbf{R}\};$$

$$[a,+\infty)=\{x \mid x \geqslant a, x \in \mathbf{R}\};$$

$$(-\infty,b)=\{x \mid x < b, x \in \mathbf{R}\};$$

$$(-\infty,b]=\{x \mid x \leqslant b, x \in \mathbf{R}\};$$

$$(-\infty,+\infty)=\mathbf{R}.$$

设 $\delta > 0$，称开区间 $(x_0-\delta,x_0+\delta)$ 为点 x_0 的 **δ 邻域**，记为 $U_\delta(x_0)$ 或 $U(x_0,\delta)$. 它是以 x_0 为中心，长为 2δ 的开区间（见图 1.1）. 有时我们不关心 δ 的大小，常用"邻域"或"x_0 附近"代替 x_0 的 δ 邻域.

称集合 $(x_0-\delta,x_0) \bigcup \{x_0, x_0+\delta\}$ 为 x_0 的**去心 δ 邻域**，记为 $\mathring{U}_\delta(x_0)$.

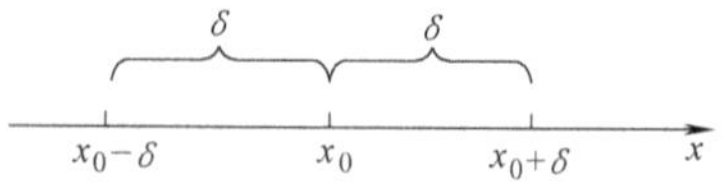

图 1.1

实数的完备性具有很多等价的描述方式，接下来要介绍的"确界原理"，就是其中便于运用的一种陈述方式. 为此，先来介绍数集界的概念.

定义 1.1 对数集 X，若存在常数 $M(m)$，使得

$$x \leqslant M(x \geqslant m), \forall x \in X,$$

则称数集 X 有**上（下）界**，并称 $M(m)$ 为数集 X 的一个上（下）界.

既有上界又有下界的数集叫作**有界数集**，否则称为**无界数集**.

显然，若一数集有上（下）界，则必有无数多个上（下）界. 事实上，凡是大于（小于）上（下）界 $M(m)$ 的数，都是该数集的上（下）界. 但最小（大）的上（下）界，却只能有一个，这就是上、下确界的概念.

定义 1.2 设给定非空数集 $X \subset \mathbf{R}$，若存在 $\mu \in \mathbf{R}$，满足：

（1）对任意的 $x \in X$，均有 $x \leqslant \mu$；

（2）对任意的 $\varepsilon > 0$，存在 $x_0 \in X$，使得 $x_0 > \mu - \varepsilon$，

则称 μ 是 X 的**上确界**，记为 $\sup X$.

上述定义中，条件（1）意味着 μ 是集合 X 的一个上界. 而条件（2）则显示出小于 μ 的任何数都不是 X 的上界，也即 μ 是 X 的最小上界.

类似地，若存在 $\gamma \in \mathbf{R}$，满足：

（1）对任意的 $x \in X$，均有 $x \geqslant \gamma$；

（2）对任意的 $\varepsilon > 0$，存在 $x_0 \in X$，使得 $x_0 < \gamma + \varepsilon$，则称 γ 是 X 的**下确界**，记为 $\inf X$.

利用反证法可以证明，上（下）确界若存在则必唯一．关于上、下确界的存在性有下面的确界原理．

公理 1.1 任何非空有上界的数集 X 必有上确界．

基于此结论，可以得到如下形式的等价陈述．

推论 任何非空有下界的数集 X 必有下确界．

证明：设 A 为 X 的所有下界构成的集合，则任意 $x \in X$ 都是 A 的一个上界，所以 A 非空有上界．假设 A 有上确界，将其记为 γ. 显然，对任意 $x \in X$，都有 $x \geqslant \gamma$，即 γ 是 X 的下界．由上确界的性质，对于任意的 $a \in A$，都有 $a \leqslant \gamma$，即 γ 是 X 的最大下界． □

公理 1.1 和推论统称为确界原理．

数集 X 的上（下）界既可能属于 X，也可能不属于 X. 比如，数值 1 是集合 $\{x \mid x < 1\}$ 和 $\{x \mid x \leqslant 1\}$ 的上确界．但

$$1 \notin \{x \mid x < 1\}, 1 \in \{x \mid x \leqslant 1\}.$$

实数 x 的绝对值为

$$|x| = \begin{cases} x, & x > 0, \\ 0, & x = 0, \\ -x, & x < 0. \end{cases}$$

从绝对值的定义可以直接证明，对任何 $x, y \in \mathbf{R}$ 有如下三角不等式成立：

$$|x + y| \leqslant |x| + |y|,$$

从而也就有

$$|x - y| \leqslant |x - z| + |z - y|, \text{其中 } z \text{ 是任意实数．}$$

利用绝对值，x_0 的 δ 邻域可表示为

$$U_\delta(x_0) = \{x \mid |x - x_0| < \delta\},$$

x_0 的去心 δ 邻域可表示为

$$\mathring{U}_\delta(x_0) = \{x \mid 0 < |x - x_0| < \delta\}.$$

1.1.3 函数的概念

在研究自然的、社会的以及工程技术的某个过程中，经常会遇到各种不同的量．在所研究的过程中保持不变的量叫作**常量**，习惯上用字母 a，b，c 等表示．在所研究的过程中，数值有变化的量叫作**变量**，习惯上用字母 x，y，z 等表示．

一切客观事物本来是相互联系和具有内部规律的，所以，不仅要研究事物的某种特性在数量上的变化，更重要的是要研究引起变化的原因及变化规律．这种相互依赖关系及内部规律的一种基本而重要的情况，就是同一现象中所涉及的各种变量间存在着的一种确定的关系．

例1 某气象站用自动温度记录仪记下一昼夜气温变化的曲线，如图 1.2 所示. 图中横坐标是时间 t（单位：h），纵坐标是温度 T（单位：℃）. 曲线形象地反映出在时间区间 $[0,24]$ 内，温度 T 随时间 t 的变化而变化的规律. 当 t 一定时，T 所取的值也就唯一确定了.

例2 在一块边长为 a 的正方形铁片的四角上，各截去一个边长为 x 的小正方形铁片后，可做成一个高为 x 的无盖盒子（见图 1.3）. 这个盒子的容积 V 和盒高 x 之间的依赖关系为

$$V = x(a-2x)^2.$$

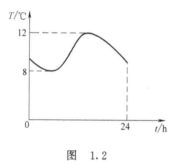

图　1.2

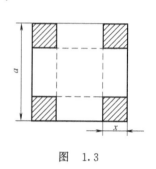

图　1.3

当 x 取区间 $\left(0, \dfrac{a}{2}\right)$ 内任一值时，变量 V 均有一个确定的值和它对应.

这两个例子以不同的形式表现了两个变量之间的相互依从关系，它们的共同点是其中一变量的变化引起另一变量随之变化. 当一个变量的值取定时，随它变化的那个变量的值也依某一确定的规律而被唯一地确定了. 变量之间的这种关系称为函数关系，由此概括出函数的定义如下：

定义 1.3 如果两个变量 x 和 y 之间有一个数值对应规律，使变量 x 在其可取值的数集 X 内每取得一个值时，变量 y 就依照这个规律确定对应值，则称 y 是 x 的函数，记作

$$y = f(x), x \in X,$$

其中，x 叫作**自变量**；y 叫作**因变量**.

自变量 x 可取值的数集 X 称为函数的**定义域**. 所有函数值 y 构成的集合 Y 称为函数的**值域**. 显然，函数 $y = f(x)$ 就是从定义域 X 到值域 Y 的映射，所以，有时把函数记为

$$f: X \rightarrow Y.$$

函数概念中有两个要素：其一是对应规律，即函数关系；其二是定义域.

1. 定义域

由于只有当自变量在函数的定义域中取值时,因变量的取值才有意义,因此,在研究函数时,必须首先弄清它的定义域是什么样的数集. 确定函数的定义域应注意两点:一是若函数关系由解析式给出. 由于只限定在实数范围内考虑问题,故要注意到"零不能作为除数""负数不能开平方"和"负数与零均不能取对数"等几条原则. 若函数表达式中含有若干项,则函数定义域应是各项中自变量允许取值的公共部分. 例如,函数

$$y=\sqrt{x^2-1}+\frac{1}{\sqrt{x}},$$

对于第一项应有 $|x|\geqslant 1$,即 $x\leqslant -1$,$x\geqslant 1$;对于第二项应有 $x>0$. 因此,此函数的定义域为 $[1,+\infty)$. 另一点要注意的是,在求函数的定义域时,如果该函数有具体的几何意义,如例 2 中的函数 $V=x(a-2x)^2$ 的定义域应为区间 $\left(0,\frac{a}{2}\right)$,如果抛开它的实际含义,只考虑计算上的要求,则定义域应为 $(-\infty,+\infty)$.

练习 1. 用区间表示下列不等式中 x 的取值范围.

(1) $|x-2|<0.1$; (2) $0<|x-1|<0.01$;

(3) $|x|\geqslant 100$.

练习 2. 求下列函数的定义域.

(1) $y=\frac{1}{|x|-x}$; (2) $y=\sqrt{\sin x}+\sqrt{16-x^2}$.

---

2. 函数关系

函数记号 $f(x)$ 并不表示"f"乘"x","$f(\ )$"是表示变量 y 对于变量 x 的确定的依赖关系的记号. 例如

$$f(x)=x^2-x+7,$$

则"$f(\ )$"即表示"自变量的平方减去自变量之后再加 7"这一具体的依赖关系. 而符号 $f(x_0)$ 或 $f(x)|_{x=x_0}$ 或 $y|_{x=x_0}$ 均表示函数 $y=f(x)$ 在自变量 x 取 x_0 值时所对应的函数值.

引入函数记号是十分必要的,如例 1 中 T 是 t 的函数,但 T 对 t 的确定的依赖关系并不能用解析表达式给出,只好用 $T=T(t)$ 来代表. 除此以外,今后在讨论函数的某些性质时,也必须使用函数记号,因为是对某一类函数(而不是对某一个函数)进行讨论,不可能将它们一一列出(也没有这个必要). 但必须注意,若在同一问题中涉及几个不同的函数关系时,不能用同一个函数记号去代表不同的函数关系,否则将会产生混淆. 例如,圆

面积 S 与半径 r 的依赖关系为 $S = \pi r^2$，而圆周长 l 与半径 r 的依赖关系为 $l = 2\pi r$，这是两种不同的函数关系，不能用同一记号表示.

> **练习 3.** 设 $f(x) = \dfrac{|x-2|}{x+1}$，求 $f(2)$，$f(-2)$，$f(0)$，$f(a+b)$ $(a+b \neq -1)$.
>
> **练习 4.** 已知 $f(x)$ 是线性函数，即 $f(x) = ax + b$，且 $f(-1) = 2$，$f(2) = -3$，求 $f(x)$ 和 $f(5)$.

两个函数 $y = f(x)$，$y = g(x)$ 相等，乃是指它们有相同的定义域 X，且

$$f(x) = g(x), \forall x \in X.$$

例如，

$$y = f(x) = \lg x^2,$$
$$y = g(x) = 2\lg x$$

就不能被认为是相同的函数（它们的定义域不同），所以，像 $\lg x^2 = 2\lg x$ 这样的变形只在 $(0, +\infty)$ 上成立.

> **练习 5.** 下述函数 $f(x)$、$g(x)$ 是否相等？为什么？
> (1) $f(x) = x$，$g(x) = (\sqrt{x})^2$；
> (2) $f(x) = \sin(\arcsin x)$，$g(x) = \arcsin(\sin x)$.

3. 函数的表示法

例 1 与例 2 给出了函数的两种表示方法，例 1 是用图形——平面直角坐标系中的一条曲线表示两个变量之间的函数关系，函数的这种表示法称为**函数的几何表示法**. 几何表示法的优点是直观，整个函数关系的梗概可以一目了然，对于了解函数的性态是十分方便的，缺点是精确性差，不宜进行理论研究. 例 2 是用一个数学式子来表示两个变量之间的关系，函数的这种表示法称为**函数的解析表示法**. 解析表示法的优点是便于计算、精确性好、宜进行理论研究，缺点是不易于掌握整个函数的性态，而且有时建立一个函数的解析表达式是十分困难的. 如果该函数有实际含义，建立其解析表达式时，还将涉及对其他学科知识的掌握程度.

今后在研究函数时，将充分运用这两种表示法的优点. 顺便指出，一个函数在其定义域的不同部分，其解析表达式可以不一样，即函数的分段表示，这样的函数称为分段函数.

例 3 符号函数（也叫克罗内克函数）（见图 1.4）

$$y = \mathrm{sgn}(x) = \begin{cases} -1, & x < 0, \\ 0, & x = 0, \\ 1, & x > 0. \end{cases}$$

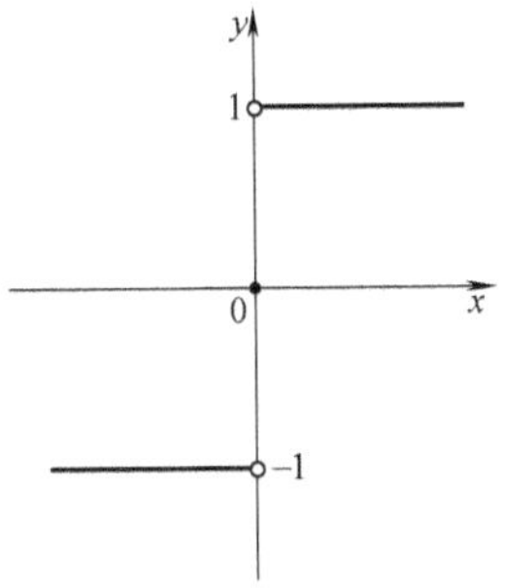

图 1.4

例 4 狄利克雷（Dirichlet）函数

$$D(x) = \begin{cases} 1, & \text{当 } x \text{ 为有理数时}, \\ 0, & \text{当 } x \text{ 为无理数时}. \end{cases}$$

例 3 和例 4 皆为分段函数.

1.2 函数的一些重要属性

以下介绍在研究函数时，常会讨论的几种特性，这些情况均从某个侧面反映了该函数的一种特征. 当然，这些特性不是每个函数都具有的.

1.2.1 函数的有界性

设函数 $y = f(x)$ 的定义域为 X，若存在常数 $M \geqslant 0$，恒有
$$|f(x)| \leqslant M, \forall x \in X,$$
则称函数 $y = f(x)$ 在 X 上是**有界**的，或者说 $f(x)$ 是 x 上的有界函数，否则称 $f(x)$ 在 X 上是**无界**的. 若存在常数 H（L），恒有
$$f(x) \leqslant H(f(x) \geqslant L), \forall x \in X,$$
则称函数 $y = f(x)$ 在 X 上是有上（下）界的. 显然，有界等同于函数既有上界又有下界. 在定义域上有界的函数叫作**有界函数**.

例如，$y = \sin x$ 是有界函数，$y = \dfrac{1}{x}$ 是无界函数，但它在区间 $(0, +\infty)$ 上有下界，在区间 $(1, +\infty)$ 上有界.

1.2.2 函数的单调性

设函数 $y = f(x)$ 的定义域为 X，如果对于 X 内的任意两点

x_1，x_2，当 $x_1 < x_2$ 时，恒有
$$f(x_1) < f(x_2),$$
则称 $f(x)$ 在 X 上**单调增加**. 反之，则称 $f(x)$ 在 X 上**单调减少**.

在定义域上，单调增加或单调减少的函数统称为**单调函数**. 有时函数在其定义域上不是单调函数，但在定义域内的某个区间上是单调的，则称此区间为该函数的**单调区间**.

例如，$y = x^2$ 在其定义域 $(-\infty, +\infty)$ 上不是单调函数，但它在 $(-\infty, 0)$ 上是单调减少的，在 $[0, +\infty)$ 上是单调增加的，而 $y = \sqrt{x}$ 是单调增加的函数.

> **练习** 1. 指出下列函数的单调区间及有界性.
>
> (1) $y = \dfrac{1}{x^2}$；(2) $y = \arctan x$；
>
> (3) $y = |x| - x$；(4) $y = \sqrt{a^2 - x^2}$ $(a > 0)$.

1.2.3 函数的奇偶性

设函数 $y = f(x)$ 的定义域 X 关于原点对称，即当 $x \in X$ 时，必有 $-x \in X$，若对任何 $x \in X$，都有
$$f(-x) = -f(x),$$
则称 $y = f(x)$ 为**奇函数**；若对任何 $x \in X$，都有
$$f(-x) = f(x),$$
则称 $y = f(x)$ 为**偶函数**.

由以上定义可知，偶函数的图形是关于 y 轴对称的，而奇函数的图形则是关于原点对称的. $y = x^2$ 和 $y = \cos x$ 在其定义域 $(-\infty, +\infty)$ 上是偶函数，而 $y = x$ 和 $y = \sin x$ 在其定义域 $(-\infty, +\infty)$ 上是奇函数. 还可以证明：

奇函数的和仍为奇函数，偶函数的和仍为偶函数；两个奇函数的积或两个偶函数的积是偶函数；一个奇函数与一个偶函数的积是奇函数；定义域 X 关于原点对称的任何函数 $y = f(x)$ 均可表示为一个奇函数与一个偶函数之和，因为
$$f(x) = \frac{f(x) - f(-x)}{2} + \frac{f(x) + f(-x)}{2},$$
等式右边的第一项是奇函数，第二项为偶函数.

> **练习** 2. 指出下列函数中的奇偶函数.
>
> (1) $y = |\sin x|$；(2) $y = 2 + \tan \pi x$；

(3) $y = \log_a(x + \sqrt{x^2 + 1})$；(4) $y = 3^{-x}(1 + 3^x)^2$.

练习 3. 设 $f(x)$ 是奇函数，当 $x > 0$ 时，$f(x) = x - x^2$，求 $x < 0$ 时，$f(x)$ 的表达式.

练习 4. 延拓函数 $f(x) = x + 1 (x > 0)$ 到整个数轴上去，使它分别为偶函数和奇函数.

1.2.4 函数的周期性

设
$$y = f(x), x \in X,$$
如果存在常数 $T > 0$，使得对任意的 $x \in X$，均有 $x \pm T \in X$ 且
$$f(x) = f(x + T),$$
则称函数 $y = f(x)$ 为**周期函数**，常数 T 称为它的**周期**. 例如，$y = \sin x$ 是以 2π 为周期的函数. 按周期的定义，常数 4π、6π 也是 $y = \sin x$ 的周期，2π 是它的最小周期. 通常说某周期函数的周期，都是指它的最小正周期. 此外，并不是每个周期函数都存在最小正周期. 例如，狄利克雷函数是一个周期函数，因为任何一个正有理数都是它的周期，故它无最小正周期.

练习 5. 设 $y = f(x)$ 是以 2π 为周期的函数，当 $-\pi \leqslant x < \pi$ 时，$f(x) = x$，试求函数 $f(x)$.

练习 6. 若 $f(x)$ 对一切 x 都满足：(1) $f(a - x) = f(x)$，及 $f(b - x) = f(x), a \neq b$，试证 $f(x)$ 是周期函数. (2) $f(x) = f(x + 1) + f(x - 1)$，试证 $f(x)$ 是周期为 6 的周期函数.

1.3 隐函数与反函数

1.3.1 隐函数

若变量 x 与 y 之间的函数关系是由一个含 x、y 的方程
$$F(x, y) = 0$$
决定的，则称 y 是 x 的**隐函数**. 相应地，把由自变量的算式表示出的因变量的函数叫作**显函数**.

例如，由方程 $x^2 + y^2 = 1$，$xy = e^x - e^y$ 表示的函数都是隐函数；而 $y = \ln(1 + \sqrt{1 - x^2})$ 是显函数.

如果能从隐函数中将 y 解出来，就得到它的显函数形式. 例如，$x^2+y^2=1$ 的显函数形式为 $y=\pm\sqrt{1-x^2}$. 但不要认为隐函数都能表示成显函数，如开普勒方程

$$y-x-\varepsilon\sin x=0,$$

其中，ε 为常数（$0<\varepsilon<1$），就不能将 y 表成 x 的显函数. 也不要以为随便写一个含有 x、y 的式子就是一个隐函数，如 $x^2+y^2+2=0$ 就不是隐函数.

1.3.2 反函数

在自由落体运动过程中，距离 h 表示为时间 t 的函数 $h=\frac{1}{2}gt^2$. 如果将问题反过来提，即已知下落的距离 h，求时间 t，则有 $t=\sqrt{\frac{2h}{g}}$. 此时，原来的因变量 h 成了自变量，原来的自变量 t 成了因变量. 这种交换自变量和因变量的位置而得到的新函数，称为原有函数的**反函数**.

一般地，对于函数 $y=f(x)$，如果将 y 当作自变量，x 作为因变量，则由 $y=f(x)$ 确定的函数 $x=\varphi(y)$ 称为 $y=f(x)$ 的反函数. 显然，它们的图形是同一条曲线.

在纯数学研究中，人们关心的是变量间的相依关系，而不考虑变量的具体实际意义，因此习惯用 x 表示自变量，用 y 表示因变量，所以把 $y=f(x)$ 的反函数 $x=\varphi(y)$ 改记为 $y=\varphi(x)$. 这样，$y=\varphi(x)$ 与 $y=f(x)$ 互为反函数，中学数学已证明过，它们的图形关于直线 $y=x$ 对称（见图 1.5）.

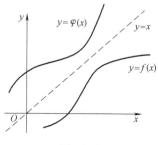

图　1.5

对于单调函数，因为有不同的 x 值对应不同的 y 值，所以有如下结论：

单值单调的函数有反函数，其反函数也是单值单调的函数.

例如，$y=\sqrt{x}$ 是单调增函数，其反函数 $y=x^2$ 在定义域 $(0,+\infty)$ 上也是单增函数.

练习1. 求下列函数反函数的定义域.

（1）$y=\dfrac{2^x}{1+2^x}$；（2）$y=\log_x 2$ （$x>0,x\neq 1$）；

(3) $y = \arccos \dfrac{1 - x^2}{1 + x^2}$; (4) $y = \begin{cases} -x, & -1 \leqslant x \leqslant 0, \\ 1 + x, & 0 < x \leqslant 1. \end{cases}$

练习 2. 设 $f(x)$ 与 $\varphi(x)$ 互为反函数，求下列函数的反函数.

(1) $f\left(1 - \dfrac{1}{x}\right)$; (2) $f(2^x)$.

1.4 基本初等函数

中学数学课所学过的幂函数、三角函数、反三角函数、指数函数和对数函数这五类函数统称为**基本初等函数**，由它们"组成"的函数是常见的，所以复习这些函数的基本特性是必要的.

1.4.1 幂函数

函数

$$y = x^{\mu}$$

（μ 为任意常数）称为**幂函数**，其定义域由 μ 的取值而定. 例如，当 $\mu = \dfrac{1}{3}$ 时，定义域为 $(-\infty, +\infty)$；当 $\mu = \dfrac{1}{2}$ 时，定义域为 $[0, +\infty)$；当 $\mu = -1$ 时，定义域为 $(-\infty, 0) \cup (0, +\infty)$. 图 1.6 画出了 $\mu = \dfrac{1}{3}$、$\mu = \dfrac{1}{2}$、$\mu = 1$、$\mu = 2$、$\mu = 3$、$\mu = -1$ 时的幂函数在第一象限部分的图形. 它们都通过点 $(1,1)$，其中 $\mu > 0$ 时，幂函数都是单调递增的；$\mu < 0$ 时，幂函数都是单调递减的.

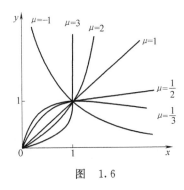

图 1.6

1.4.2 三角函数

三角函数包括：正弦函数 $y = \sin x$，余弦函数 $y = \cos x$，正切

函数 $y = \tan x$，余切函数 $y = \cot x$，正割函数 $y = \sec x$ 和余割函数 $y = \csc x$．正弦函数、余弦函数、正割函数和余割函数都是以 2π 为周期的函数，正切函数和余切函数的周期为 π．正弦函数和余弦函数是有界函数，其他三角函数是无界函数．正弦函数和余弦函数的图形如图 1.7 所示，正切函数和余切函数的图形如图 1.8 所示，正割函数和余割函数的图形如图 1.9 所示．

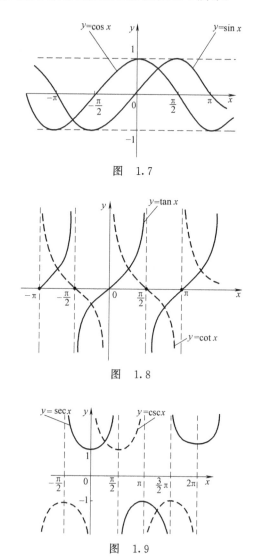

图　1.7

图　1.8

图　1.9

必须指出，在微积分中，三角函数的自变量 x 作为角必须采用弧度制．

1.4.3　反三角函数

由三角函数的周期性可知，其反函数必为多值函数，显然只需讨论它的单值分支——即主值范围内的反三角函数．

$$y = \arcsin x, \quad -1 \leqslant x \leqslant 1, \quad -\frac{\pi}{2} \leqslant y \leqslant \frac{\pi}{2};$$

$$y = \arccos x, \quad -1 \leqslant x \leqslant 1, \quad 0 \leqslant y \leqslant \pi;$$

$$y = \arctan x, \quad -\infty < x < +\infty, \quad -\frac{\pi}{2} < y < \frac{\pi}{2};$$

$$y = \operatorname{arccot} x, \quad -\infty < x < +\infty, \quad 0 < y < \pi.$$

以上反三角函数的图形分别如图 1.10～图 1.13 中的实线所示.

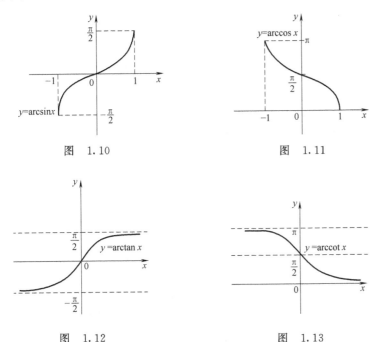

图　1.10　　　　　　　　　　　　图　1.11

图　1.12　　　　　　　　　　　　图　1.13

1.4.4　指数函数

函数

$$y = a^x \quad (a > 0, a \neq 1)$$

称为**指数函数**,其定义域为 $(-\infty, +\infty)$,值域为 $(0, +\infty)$. 当 $0 < a < 1$ 时,它是单调减函数;当 $a > 1$ 时,它是单调增函数. 它们的图形均通过点 $(0, 1)$. 函数 $y = a^x$ 与 $y = a^{-x}$ 的图形关于 y 轴对称,且 x 轴为其渐近线(见图 1.14). 在科技问题中,常用到以无理数 $e = 2.71828\cdots$ 为底的指数函数 $y = e^x$ 与 $y = e^{-x}$.

1.4.5　对数函数

函数

$$y = \log_a x \quad (a > 0, a \neq 1)$$

称为**对数函数**，其定义域为 $(0,+\infty)$，值域为 $(-\infty,+\infty)$，它是指数函数 $y=a^x$ 的反函数. 当 $a>1$ 时，它是单调增函数；当 $0<a<1$ 时，它是单调减函数.

对数函数的图形都经过点 $(1,0)$（见图 1.15）.

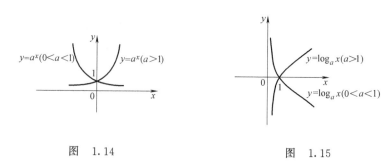

图　1.14　　　　　　　　　　　　图　1.15

以 10 为底的对数叫**常用对数**，并简记为 $\lg x$. 以 e 为底的对数叫**自然对数**，并简记为 $\ln x$.

<h2>1.5　复合函数与初等函数</h2>

设函数 $y=f(u)$，$u\in U$，而 u 又是 x 的函数 $u=\varphi(x)$，$x\in X$，且 $D=\{x\mid x\in X,\varphi(x)\in U\}\neq\varnothing$，则函数
$$y=f(\varphi(x)),x\in D$$
称为由函数 $y=f(u)$ 和 $u=\varphi(x)$ 复合成的**复合函数**，u 称为中间变量.

例如，$y=\sin^2 x$ 是由 $y=u^2$，$u=\sin x$ 复合而成的函数；$y=\sqrt{\lg\left(x+\dfrac{1}{2}\right)}$ 是由 $y=u^{\frac{1}{2}}$，$u=\lg v$，$v=x+\dfrac{1}{2}$ 复合而成的函数.

> **练习 1.** 下列函数是由哪些基本初等函数复合的？
>
> (1) $y=\sin^3\dfrac{1}{x}$；(2) $y=2^{\arcsin x^2}$；
>
> (3) $y=\lg\lg\lg\sqrt{x}$；(4) $y=\arctan e^{\cos x}$.
>
> **练习 2.** 设 $f(x)=x^3-x$，$\varphi(x)=\sin 2x$，求 $f(\varphi(x))$ 和 $\varphi(f(1))$.

复合函数概念的引进，可将复杂函数"拆成"一串简单函数讨论. 但应注意，不是任何两个函数都可以复合，比如 $y=\arcsin u$ 和 $u=x^2+2$ 就不能复合，因为后者的值域与前者的定义域的交集是空集，即 $D=\varnothing$.

练习 3. 设 $f(x)=\sin x$，$f(\varphi(x))=1-x^2$，且 $|\varphi(x)|\leqslant\dfrac{\pi}{2}$，求 $\varphi(x)$ 及其定义域.

练习 4. 求下列函数的定义域.

(1) $y=\arccos\sqrt{\lg(x^2-1)}$；　　(2) $y=\sqrt{\cos x-1}$.

由基本初等函数经有限次四则运算和有限次复合所得到的，并能用一个式子表示的函数叫作**初等函数**. 例如：

$$\operatorname{ch}x=\frac{\mathrm{e}^x+\mathrm{e}^{-x}}{2}\text{称为双曲余弦函数，}$$

$$\operatorname{sh}x=\frac{\mathrm{e}^x-\mathrm{e}^{-x}}{2}\text{称为双曲正弦函数，}$$

$$\operatorname{th}x=\frac{\mathrm{e}^x-\mathrm{e}^{-x}}{\mathrm{e}^x+\mathrm{e}^{-x}}\text{称为双曲正切函数，}$$

$$\operatorname{coth}x=\frac{\mathrm{e}^x+\mathrm{e}^{-x}}{\mathrm{e}^x-\mathrm{e}^{-x}}\text{称为双曲余切函数，}$$

这些都是初等函数，这就扩大了所讨论的函数的范畴. 不仅如此，在掌握了微积分与级数之后，我们还将认识一些有用的非初等函数.

习题 1

1. 求下列函数的定义域.

(1) $y=\sqrt{x^2-x}\arcsin x$；

(2) $y=\dfrac{\lg(3-x)}{\sqrt{|x|-1}}$.

2. 求函数值.

(1) 设 $f(x)=\begin{cases}|\sin x|,&|x|<1,\\0,&|x|\geqslant1,\end{cases}$ 求 $f(1)$，$f\left(\dfrac{\pi}{4}\right)$，$f(-2)$，$f\left(-\dfrac{\pi}{4}\right)$；

(2) 设 $f(x)=2x-3$，求 $f(a^2)$，$[f(a)]^2$.

3. 作下列函数的图形.

(1) $y=x\sin\dfrac{1}{x}$；

(2) $y=\begin{cases}2-x^2,&|x|\leqslant1,\\x^{-1},&|x|>1,\end{cases}$；

(3) $(x^2+y^2)^2=x^2-y^2$；

(4) $|\lg x|+|\lg y|=1$.

4. 建立函数关系.

(1) 在一个半径为 r 的球内，嵌入一内接圆柱，试求圆柱体的体积 V 与圆柱高 h 的函数关系，并求出此函数的定义域；

(2) 在底为 $AC=b$、高为 $BD=h$ 的三角形 ABC 中（见图 1.16）内接矩形 $KLMN$，其高记为 x，将矩形周长 P 和面积 S 分别表示为 x 的函数；

(3) 有三个矩形，其高分别等于 3m、2m、1m，而底边长皆为 1m 且彼此相距 1m 放置（见图 1.17），假定 $x\in(-\infty,+\infty)$ 连续变动（即直线 AB 连续地平行移动），试将阴影部分的面积 S 表示为 x 的函数；

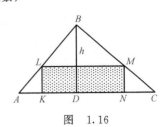

图　1.16

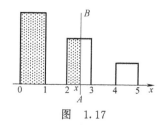

图　1.17

（4）长为 l 的弦两端固定，在 c 点处将弦提高 h 后呈图 1.18 中形状，设提高时弦上各点仅沿着垂直于两端点连接线方向移动，以 x 表示弦上点的位置，y 表示 x 点处升高的高度，试建立 x 与 y 间的函数关系；

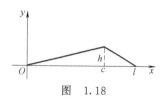

图　1.18

（5）图 1.19 是机械中常用的一种既可改变运动方向又可调整运动速度的滑块机构，现设滑块 A、B 与点 O 的距离分别为 x 与 y，OA 与 OB 的夹角为 α（定值），连接滑块 A 与 B 之间的杆长为 l（定值），试建立 x 与 y 之间的函数关系；

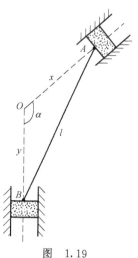

图　1.19

（6）某运输公司规定货物的吨公里运价为：在 a 公里以内每公里 k 元；超过 a 公里时，超过部分每公里为 $0.8k$ 元，求运价 m 和里程 x 的函数关系.

5．已知 $f(x)$ 是以 1 为周期的函数，当 $0 \leqslant x < 1$ 时，$f(x) = x^2$，试写出 $f(x)$ 在 $(-\infty, +\infty)$ 上的表达式.

6．设 $f(x) = \begin{cases} x^2, & x \leqslant 4, \\ e^x, & x > 4, \end{cases}$ $\varphi(x) = \begin{cases} 1+x, & x \leqslant 0, \\ \ln x, & x > 0, \end{cases}$ 求 $f(\varphi(x))$ 和 $\varphi(f(x))$.

7．若函数 $f(x)$ 的定义域为 $[0,1]$，分别求 $f(\lg x)$ 和 $f(x+a) + f(x-a)$ $(a > 0)$ 的定义域.

8．设 $f\left(x + \dfrac{1}{x}\right) = \dfrac{x^2}{x^4 + 1}$，求 $f(x)$.

9．若 $f(x)$ 满足关系 $f(x+y) = f(x) + f(y)$，试证：

（1）$f(0) = 0$；（2）$f(nx) = nf(x)$，其中 n 为自然数.

10．设 $\varphi(x)$、$\psi(x)$、$f(x)$ 均为单调上升函数，且 $\varphi(x) \leqslant \psi(x) \leqslant f(x)$，若三个函数之间的复合都有意义，证明：

$$\varphi(\varphi(x)) \leqslant \psi(\psi(x)) \leqslant f(f(x)).$$

11．设函数 $y = f(g(x))$ 由 $y = f(u)$ 与 $u = g(x)$ 复合而成，试证：

（1）若 $g(x)$ 为偶函数，则 $f(g(x))$ 也是偶函数；

（2）若 $g(x)$ 为奇函数，则当 $f(u)$ 是奇函数时，$f(g(x))$ 为奇函数；当 $f(u)$ 为偶函数时，$f(g(x))$ 为偶函数；

（3）若 $g(x)$ 是周期函数，则 $f(g(x))$ 也是周期函数；

（4）若 $f(u)$ 与 $g(x)$ 同是单调增加或减少的，则 $f(g(x))$ 是单调增加的；

（5）若 $f(u)$ 与 $g(x)$ 一个单调增加，一个单调减少，则 $f(g(x))$ 是单调减少的；

（6）若 $f(u)$ 是有界函数，则 $f(g(x))$ 也是有界函数.

12．设 $f(x)$ 在 $(-\infty, +\infty)$ 上有定义，且有常数 T，$B > 0$ 满足 $f(x+T) = Bf(x)$，证明：$f(x)$ 可表为一个指数函数 a^x 和一个以 T 为周期的函数 $\varphi(x)$ 之积，即 $f(x) = a^x \varphi(x)$.

第 2 章

极限与连续

　　微积分是 17 世纪由牛顿（Newton）和莱布尼茨（Leibniz）在前人工作的基础上建立起来的，起初一些概念和结论常常是含混不清的，因而经常引起争论甚至受到许多攻击．后来经过许多数学家的努力，直到 19 世纪后期柯西（Cauchy）和魏尔斯特拉斯（Weierstrass）等人才给出了极限的定义以及函数在一点连续的概念，从而开创了微积分的近代体系．所以，极限方法经历了许多世纪的锤炼，是人类智慧的精华．深入地理解和掌握这一辩证方法，对今后的学习和工作都是必要的．

2.1　数列的极限

　　所谓**数列**是指按先后顺序列出的数串

$$x_1, x_2, \cdots, x_n, \cdots$$

简记为 $\{x_n\}_{n=1}^{\infty}$ 或 $\{x_n\}$．数列中的每个数，称为数列的**项**，具有代表性的第 n 项 x_n 称为数列的**通项**.

　　数列也可看成是定义在正整数集上的函数 $x_n = f(n)$，也称**整标函数**.

　　我们研究数列，主要是研究数列的项（随着 n 的增大）的变化趋势.

　　我们先考查下列数列的变化趋势：

$$\frac{1}{2}, \frac{1}{4}, \frac{1}{8}, \cdots, \frac{1}{2^n}, \cdots \tag{1}$$

$$1, -\frac{1}{2}, \frac{1}{3}, \cdots, (-1)^{n+1}\frac{1}{n}, \cdots \tag{2}$$

$$1, -1, 1, \cdots, (-1)^{n+1}, \cdots \tag{3}$$

$$2, 4, 6, \cdots, 2n, \cdots \tag{4}$$

　　数列（1）和（2）虽然变化的方式很不相同，随着 n 的增大，前者以正的方向逐渐变小，而后者则是正负相间地跳动，但两数列随着 n 的无限增加，都与常数 0 无限接近．数列（3）的项在 1 和 -1 两数之间来回跳动，不会接近于任何常数．数列（4）随着

n 的增大而无节制地变大下去，因而不会趋近于任何常数.

> **练习 1.** 观察下列数列，指出变化趋势——极限.
>
> （1）$x_n = 2 + \dfrac{1}{n^2}$；（2）$x_n = (-1)^n n$；
>
> （3）$x_n = \dfrac{n-1}{n+1}$；（4）$x_n = \dfrac{1}{n}\sin\dfrac{\pi}{n}$.
>
> **练习 2.** 预测下列数列的极限 a，指出从哪一项开始能使 $|x_n - a|$ 永远小于 0.01，0.001.
>
> （1）$x_n = \dfrac{n}{n+1}$；（2）$x_n = \dfrac{1}{n}\cos\dfrac{n\pi}{2}$.

在对上述四个数列的分析中，我们使用了"n 无限增加"及"与常数无限接近"这些描述性语言，但这在理论上并不严密，在应用上也不方便，所以必须有一个便于进行定量分析的严密的定义.

定义 2.1 设 a 为常数，若对任意给定的正数 ε，都存在相应的正整数 N，使得当 $n > N$ 时，恒有
$$|x_n - a| < \varepsilon,$$
则称数列 $\{x_n\}$ 有极限（或收敛），极限值为 a，记为
$$\lim_{n\to\infty} x_n = a,$$
或简记为 $x_n \to a\,(n \to \infty)$.

不收敛的数列称为**发散数列**.

数列（1）和（2）都是收敛的，其极限都是 0；数列（3）和（4）都是发散数列.

几何上，$x_n \to a$ 的意思是：数轴上跳动的点 x_n 与定点 a 之间的距离，随着 n 的无限变大而无限变小. 无论 ε 是怎样小的正数，构造点 a 的邻域 $(a-\varepsilon,\ a+\varepsilon)$，跳动的点迟早有一次将跳进去，再也跳不出来，这个次数便可作为 N. 跳动的点 x_n 的足迹凝聚在定点 a 的近旁（见图 2.1）.

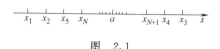

图 2.1

几点说明：

（1）数列极限是数列 $\{x_n\}$ 变化的最终趋势，所以，任意改变数列中的有限项不影响它的极限值.

（2）定义中 ε 的任意（小）性是十分必要的，否则 $|x_n - a| < \varepsilon$ 就表达不出 x_n 无限接近 a 的含义.

（3）N 与给定的 ε 有关，一般地，ε 越小，N 将越大，它表示变化的进程.

为了书写方便，人们将 $\lim\limits_{n\to\infty}x_n=a$ 的定义缩写为"$\forall\varepsilon>0$，$\exists N>0$，使得当 $n>N$ 时，恒有 $|x_n-a|<\varepsilon$".

例 1　试证 $\lim\limits_{n\to\infty}\dfrac{n}{n+1}=1$

证明　$\forall\varepsilon>0$，解不等式

$$\left|\frac{n}{n+1}-1\right|=\frac{1}{n+1}<\varepsilon$$

得 $n>\dfrac{1}{\varepsilon}-1$，取 $N=\left[\dfrac{1}{\varepsilon}-1\right]$，其中 $[x]$ 是取整函数，表示小于或等于 x 的最大整数. 当 $n>N$ 时，有

$$\left|\frac{n}{n+1}-1\right|<\varepsilon.$$

因此，

$$\lim_{n\to\infty}\frac{n}{n+1}=1. \qquad\square$$

例 2　试证 $\lim\limits_{n\to\infty}\dfrac{5n^2+n-4}{2n^2-3}=\dfrac{5}{2}$.

证明　首先，限定 $n\geqslant7$，有 $n^2-3>0$. $\forall\varepsilon>0$，解不等式

$$\left|\frac{5n^2+n-4}{2n^2-3}-\frac{5}{2}\right|=\frac{2n+7}{2(2n^2-3)}=\frac{2n+7}{2(n^2+n^2-3)}<\frac{2n+n}{2n^2}=\frac{3n}{2n^2}$$

$$=\frac{3}{2n}<\varepsilon.$$

得 $n>\dfrac{3}{2\varepsilon}$，取 $N=\max\left\{\dfrac{3}{2\varepsilon},7\right\}$，则当 $n>N$ 时，有

$$\left|\frac{5n^2+n-4}{2n^2-3}-\frac{5}{2}\right|<\varepsilon.$$　即

$$\lim_{n\to\infty}\frac{5n^2+n-4}{2n^2-3}=\frac{5}{2}. \qquad\square$$

例 3　试证 $\lim\limits_{n\to\infty}\sqrt[n]{a}=1$　$(a>0,a\neq1)$.

证明　当 $a>1$ 时，则 $\sqrt[n]{a}>1$. $\forall\varepsilon>0$，解不等式

$$|\sqrt[n]{a}-1|=a^{\frac{1}{n}}-1<\varepsilon,$$

只需 $a^{\frac{1}{n}}<1+\varepsilon$，两边取对数得 $\dfrac{1}{n}<\log_a(1+\varepsilon)$，则 $n>\dfrac{1}{\log_a(1+\varepsilon)}$. 故取 $N=\left[\dfrac{1}{\log_a(1+\varepsilon)}\right]$，则当 $n>N$ 时，恒有

$$\left| \sqrt[n]{a} - 1 \right| < \varepsilon.$$

即

$$\lim_{n \to \infty} \sqrt[n]{a} = 1 \quad (a > 1).$$

当 $0 < a < 1$ 时，可类似地推证. □

例 4　试证 $\lim\limits_{n \to \infty} \sqrt[n]{n} = 1$.

证明　设 $\sqrt[n]{n} = 1 + h_n$，$h_n \geqslant 0$，则当 $n \geqslant 2$ 时，有

$$n = (1 + h_n)^n = 1 + n h_n + \frac{n(n-1)}{2!} h_n^2 + \cdots + h_n^n$$

$$> 1 + \frac{n(n-1)}{2} h_n^2,$$

因此

$$h_n < \sqrt{\frac{2}{n}},$$

$$\left| \sqrt[n]{n} - 1 \right| = h_n < \sqrt{\frac{2}{n}}.$$

由此可见，$\forall \varepsilon > 0$，取 $N = \max\left\{ 2, \left[\dfrac{2}{\varepsilon^2} \right] \right\}$，则当 $n > N$ 时，恒有

$$\left| \sqrt[n]{n} - 1 \right| < \varepsilon.$$

故

$$\lim_{n \to \infty} \sqrt[n]{n} = 1. \qquad \square$$

用定义证明极限，就是对 $\forall \varepsilon > 0$，找满足定义要求的 N. 找的方法是从不等式 $|x_n - a| < \varepsilon$ 出发，通过解不等式，推出 n 应大于怎样的整数，这个整数就是所求的 N. 由于我们不需要找最小的 N，为简化不等式的运算，常常对 $|x_n - a|$ 进行适当的放大，但要保证放大后还能趋于零，并且便于解出 n. 只要能找到这样的 N，所要证的极限就成立.

> **练习 3.** 用数列极限定义证明：
>
> (1) $\lim\limits_{n \to \infty} (\sqrt{n+1} - \sqrt{n}) = 0$；　(2) $\lim\limits_{n \to \infty} \dfrac{n!}{n^n} = 0$.

在数列 $\{x_n\}$ 中依次任意抽出无穷多项：

$$x_{n_1}, x_{n_2}, \cdots, x_{n_k}, \cdots$$

（其中下标 $n_1 < n_2 < \cdots < n_k < \cdots$）所构成的新数列 $\{x_{n_k}\}$ 叫作数列 $\{x_n\}$ 的子数列. 这里 x_{n_k} 是原数列中的第 n_k 项，在子列中是第 k 项，显然 $k \leqslant n_k$.

定理 2.1　数列 $\{x_n\}$ 收敛于 a 的充要条件是它的所有子数

列 $\{x_{n_k}\}$ 均收敛于 a.

证明　必要性. 设 $\lim\limits_{n\to\infty}x_n=a$，即 $\forall\varepsilon>0$，$\exists N>0$，使得当 $n>N$ 时，恒有

$$|x_n-a|<\varepsilon.$$

当 $k>N$ 时，因 $n_k\geqslant k>N$，故恒有

$$|x_{n_k}-a|<\varepsilon.$$

因此

$$\lim\limits_{k\to\infty}x_{n_k}=a.$$

充分性是显然的，因为数列 $\{x_n\}$ 也是自己的子数列.　□

由此定理可知：仅从某一子数列的收敛，一般不能断定原数列的收敛性；但若已知一个子数列发散，或有两个子数列收敛于不同的极限值，都可以断定原数列是发散的. 还可以证明：数列 $\{x_n\}$ 的奇子数列 $\{x_{2k-1}\}$ 和偶子数列 $\{x_{2k}\}$ 均收敛于同一个常数 a 时，则 $\{x_k\}$ 也收敛于 a（证明留给读者）.

例 5　试证数列 $\{\cos n\pi\}$ 不收敛.

证明　因为 $\{\cos n\pi\}$ 的奇子数列

$$-1,-1,\cdots,-1,\cdots$$

收敛于 -1，而偶子数列

$$1,1,\cdots,1,\cdots$$

收敛于 1，所以数列 $\{\cos n\pi\}$ 不收敛.　□

2.2　收敛数列的性质和运算

收敛数列有几个重要性质，我们总结为以下几个定理.

定理 2.2（唯一性）　数列 $\{x_n\}$ 收敛，则它的极限是唯一的.

证明　用反证法，假设 $\lim\limits_{n\to\infty}x_n=A$ 和 $\lim\limits_{n\to\infty}x_n=B$，且 $A\neq B$. 不妨设 $A<B$，取 $\varepsilon=\dfrac{B-A}{2}>0$，由 $\lim\limits_{n\to\infty}x_n=A$ 的定义，$\exists N_1$，当 $n>N_1$，有

$$|x_n-A|<\frac{B-A}{2},$$

即有

$$\frac{3A-B}{2}<x_n<\frac{A+B}{2}. \tag{1}$$

而由 $\lim\limits_{n\to\infty}x_n=B$ 的定义，$\exists N_2$，当 $n>N_2$ 时，有

$$|x_n-B|<\frac{B-A}{2},$$

即有
$$\frac{A+B}{2}<x_n<\frac{3B-A}{2}. \tag{2}$$

令 $N=\max\{N_1,N_2\}$，则当 $n>N$ 时，不等式（1）与不等式（2）同时成立. 这是不可能的，因这两个不等式是不相容的. 故收敛数列不能有两个不同的极限. □

定理 2.3（有界性） 若数列 $\{x_n\}$ 收敛，则数列 $\{x_n\}$ 有界，即存在正数 M，对任意自然数 n，有 $|x_n|\le M$.

证明 设 $\lim\limits_{n\to\infty}x_n=A$，对于 $\varepsilon=1$，$\exists N$，当 $n>N$ 时，恒有
$$|x_n-A|<1,$$
从而
$$|x_n|<1+|A|,$$
取 $M=\max\{|x_1|,|x_2|,\cdots,|x_N|,|A|+1\}$，则
$$|x_n|\le M,n=1,2,\cdots.$$
即数列 $\{x_n\}$ 是有界的. □

定理 2.3 指出收敛的数列必有界. 反之，有界数列不一定收敛. 例如，已知数列 $\{(-1)^n\}$ 是有界的，但是它却是发散的.

定理 2.4（保序性） 设 $\lim\limits_{n\to\infty}x_n=a$，$\lim\limits_{n\to\infty}y_n=b$.

（ⅰ）若 $a>b$，则存在 N，当 $n>N$ 时，有 $x_n>y_n$；

（ⅱ）若存在 N，当 $n>N$ 时，有 $x_n\ge y_n$，则 $a\ge b$.

证明 先证（ⅰ），取 $\varepsilon=\dfrac{a-b}{2}>0$，则 $\exists N_1$，当 $n>N_1$ 时，有 $|x_n-a|<\dfrac{a-b}{2}$，从而 $x_n>a-\dfrac{a-b}{2}=\dfrac{a+b}{2}$；同理，$\exists N_2$，当 $n>N_2$ 时，有 $|y_n-b|<\dfrac{a-b}{2}$，从而 $y_n<b+\dfrac{a-b}{2}=\dfrac{a+b}{2}$.
取 $N=\max\{N_1,N_2\}$. 当 $n>N$ 时，
$$x_n>\frac{a+b}{2}>y_n.$$

用反证法证（ⅱ），如果 $a<b$，则由（ⅰ）知，$\exists N$，当 $n>N$ 时，有 $x_n<y_n$，但这与已知矛盾. □

注意，在定理 2.4 的（ⅱ）中，即使 $x_n>y_n$，也未必有 $a>b$. 例如数列 $\left\{\dfrac{1}{n}\right\}$ 和 $\left\{\dfrac{1}{n^2}\right\}$，当 $n>1$ 时，$\dfrac{1}{n}>\dfrac{1}{n^2}$，但两个数列的极限都是 0.

推论（保号性） 设 $\lim\limits_{n\to\infty}x_n=a$，

（ⅰ）如果 $a>0$，则 $\exists N$，当 $n>N$ 时，有 $x_n>0$；

（ⅱ）如果 $\exists N$，当 $n>N$ 时，有 $x_n\ge 0$，则 $a\ge 0$.

关于收敛数列的运算，我们有下面的定理.

定理 2.5 如果数列 $\{x_n\}$ 与 $\{y_n\}$ 都收敛，则它们的和、差、积、商（分母的极限不为 0）的数列也收敛，且

$$\lim_{n \to \infty}(x_n \pm y_n) = \lim_{n \to \infty}x_n \pm \lim_{n \to \infty}y_n, \qquad (2.2.1)$$

$$\lim_{n \to \infty}(x_n y_n) = \lim_{n \to \infty}x_n \cdot \lim_{n \to \infty}y_n, \qquad (2.2.2)$$

$$\lim_{n \to \infty}\frac{x_n}{y_n} = \frac{\lim_{n \to \infty}x_n}{\lim_{n \to \infty}y_n}(\text{其中} \lim_{n \to \infty}y_n \neq 0). \qquad (2.2.3)$$

证明 先证式（2.2.1）设

$$\lim_{n \to \infty}x_n = a, \quad \lim_{n \to \infty}y_n = b.$$

先证（2.2.1）. 由已知，$\forall \varepsilon > 0$，$\exists N_1$，当 $n > N_1$ 时，有 $|x_n - a| < \varepsilon$；$\exists N_2$，当 $n > N_2$ 时，有 $|y_n - b| < \varepsilon$. 取 $N = \max\{N_1, N_2\}$，当 $n > N$ 时，有

$$|(x_n \pm y_n) - (a \pm b)| \leqslant |x_n - a| + |y_n - b| < \varepsilon + \varepsilon = 2\varepsilon,$$

即式（2.2.1）成立.

再证式（2.2.2）. 由收敛数列的有界性，$\exists$ 常数 $M > 0$，使

$$|x_n| \leqslant M, n = 1, 2, \cdots.$$

同理，取 $N = \max\{N_1, N_2\}$，当 $n > N$ 时，有

$$\begin{aligned}
|x_n y_n - ab| &\leqslant |x_n y_n - x_n b| + |x_n b - ab| \\
&= |x_n| \cdot |y_n - b| + |b| \cdot |x_n - a| \\
&< M\varepsilon + |b|\varepsilon = (M + |b|)\varepsilon,
\end{aligned}$$

即式（2.2.2）成立.

最后证式（2.2.3）. 由于 $\lim_{n \to \infty}y_n = b \neq 0$，对于 $\dfrac{|b|}{2} > 0$，$\exists N_3$，当 $n > N_3$ 时有 $|y_n| > \dfrac{|b|}{2}$. 于是

$$\left|\frac{1}{y_n}\right| < \frac{2}{|b|},$$

取 $N = \max\{N_1, N_2, N_3\}$，当 $n > N$ 时，有

$$\left|\frac{x_n}{y_n} - \frac{a}{b}\right| = \frac{1}{|y_n b|}|x_n b - a y_n|$$

$$\leqslant \frac{1}{|y_n| \cdot |b|}(|x_n b - ab| + |ab - a y_n|)$$

$$= \frac{1}{|y_n| \cdot |b|}(|b| \cdot |x_n - a| + |a| \cdot |b - y_n|)$$

$$< \frac{2}{b^2}(|b| + |a|)\varepsilon.$$

即式（2.2.3）成立. □

推论 如果 $\lim\limits_{n\to\infty} x_n = a$，对于任意常数 c，有
$$\lim\limits_{n\to\infty} cx_n = c \lim\limits_{n\to\infty} x_n.$$

例 1 求极限 $\lim\limits_{n\to\infty} \dfrac{3n^3+n+3}{n^3+2}$.

解 将分式
$$\frac{3n^3+n+3}{n^3+2}$$

的分子、分母同时除以 n^3，有
$$\lim_{n\to\infty} \frac{3n^3+n+3}{n^3+2} = \lim_{n\to\infty} \frac{3+\dfrac{1}{n^2}+\dfrac{3}{n^3}}{1+\dfrac{2}{n^3}} = \frac{\lim\limits_{n\to\infty}\left(3+\dfrac{1}{n^2}+\dfrac{3}{n^3}\right)}{\lim\limits_{n\to\infty}\left(1+\dfrac{2}{n^3}\right)}$$

$$= \frac{\lim\limits_{n\to\infty} 3 + \lim\limits_{n\to\infty}\dfrac{1}{n^2} + \lim\limits_{n\to\infty}\dfrac{3}{n^3}}{\lim\limits_{n\to\infty} 1 + \lim\limits_{n\to\infty}\dfrac{2}{n^3}} = \frac{3+0+0}{1+0} = 3.$$

例 2 求极限 $\lim\limits_{n\to\infty} \dfrac{1^2+2^2+\cdots+n^2}{n^3}$.

解 由 $\dfrac{1^2+2^2+\cdots+n^2}{n^3} = \dfrac{n(n+1)(2n+1)}{6n^3} = \dfrac{1}{6}\left(1+\dfrac{1}{n}\right)\left(2+\dfrac{1}{n}\right)$，有

$$\lim_{n\to\infty} \frac{1^2+2^2+\cdots+n^2}{n^3} = \lim_{n\to\infty} \frac{1}{6}\left(1+\frac{1}{n}\right)\left(2+\frac{1}{n}\right) = \frac{1}{3}.$$

练习 1. 求下列极限.

(1) $\lim\limits_{n\to\infty}\left(1+\dfrac{1}{2}+\dfrac{1}{4}+\cdots+\dfrac{1}{2^n}\right)$;

(2) $\lim\limits_{n\to\infty} \dfrac{1+2+3+\cdots+(n-1)}{n^2}$;

(3) $\lim\limits_{n\to\infty}\left[\dfrac{1}{1\cdot2}+\dfrac{1}{2\cdot3}+\cdots+\dfrac{1}{n(n+1)}\right]$;

(4) $\lim\limits_{n\to\infty}(\sqrt{2}\cdot\sqrt[4]{2}\cdot\sqrt[8]{2}\cdot\cdots\cdot\sqrt[2^n]{2})$;

(5) $\lim\limits_{n\to\infty}(1+x)(1+x^2)\cdots(1+x^{2^n})\,(|x|<1)$.

练习 2. 设数列 $\{x_n\}$ 有界，且 $\lim\limits_{n\to\infty} y_n = 0$，试证 $\lim\limits_{n\to\infty} x_n y_n = 0$.

2.3 数列极限存在的判别法

定理 2.6（单调有界准则） 单调有界数列必有极限.

证明 为确定起见，设数列 $\{x_n\}$ 是单调增加的有界数列，于是有

$$x_1 \leqslant x_2 \leqslant \cdots \leqslant x_n \leqslant \cdots \leqslant M,$$

其中，M 为其上界，故 $\{x_n\}$ 有上确界，记为

$$\mu = \sup\{x_n\}.$$

故对于一切 n，有 $x_n \leqslant \mu$. 由上确界的性质知，$\forall \varepsilon > 0$，$\exists N$，使得 $x_n > \mu - \varepsilon$. 又因 $\{x_n\}$ 是单调增加的，故当 $n > N$ 时，恒有

$$\mu - \varepsilon < x_n \leqslant \mu < \mu + \varepsilon,$$

即

$$|x_n - \mu| < \varepsilon,$$

故 $\{x_n\}$ 有极限，且

$$\lim_{n \to \infty} x_n = \mu = \sup\{x_n\}.$$

同理，可证单调减少的有界数列必有极限.

例 1 证明数列 $\left\{\left(1 + \dfrac{1}{n}\right)^n\right\}$ 的极限.

证明 首先，证明 $x_n = \left(1 + \dfrac{1}{n}\right)^n$ 是单调增加的. 由二项式公式

$$x_n = 1 + n \cdot \frac{1}{n} + \frac{n(n-1)}{2!} \cdot \frac{1}{n^2} + \cdots + \frac{n(n-1)\cdots(n-n+1)}{n!} \cdot \frac{1}{n^n}$$

$$= 1 + 1 + \frac{1}{2!}\left(1 - \frac{1}{n}\right) + \cdots + \frac{1}{n!}\left(1 - \frac{1}{n}\right)\left(1 - \frac{2}{n}\right)\cdots\left(1 - \frac{n-1}{n}\right).$$

同理

$$x_{n+1} = 1 + 1 + \frac{1}{2!}\left(1 - \frac{1}{n+1}\right) + \cdots + \frac{1}{n!}\left(1 - \frac{1}{n+1}\right)$$

$$\left(1 - \frac{2}{n+1}\right)\cdots\left(1 - \frac{n-1}{n+1}\right) + \frac{1}{(n+1)!}\left(1 - \frac{1}{n+1}\right)$$

$$\left(1 - \frac{2}{n+1}\right)\cdots\left(1 - \frac{n}{n+1}\right),$$

比较 x_n 和 x_{n+1}，后者多最后一项，且 x_{n+1} 的前 $n+1$ 项都不小于 x_n 相应的项，所以 $x_n \leqslant x_{n+1}$，$n = 1, 2, \cdots$.

再证 $\{x_n\}$ 有界. 在 x_n 的展开式中用 0 代替 $\dfrac{i}{n}$，便得

$$0 \leqslant x_n \leqslant 1 + 1 + \frac{1}{2!} + \cdots + \frac{1}{n!}$$

$$\leqslant 2 + \frac{1}{2} + \cdots + \frac{1}{2^{n-1}}$$

$$= 2 + \frac{\frac{1}{2} - \frac{1}{2} \cdot \frac{1}{2^{n-1}}}{1 - \frac{1}{2}} = 3 - \frac{1}{2^{n-1}} < 3.$$

即 $\{x_n\}$ 有界. 由定理 2.6,极限 $\lim\limits_{n \to \infty} \left(1 + \frac{1}{n}\right)^n$ 存在.　　　□

以后,我们总用 e 来代表极限 $\lim\limits_{n \to \infty} \left(1 + \frac{1}{n}\right)^n$ (e$= 2.71828\cdots$是无理数).

> **练习** 1. 求下列极限.
>
> (1) $\lim\limits_{n \to \infty} \left(1 + \frac{x}{n} + \frac{x^2}{2n^2}\right)^{-n}$;　(2) $\lim\limits_{n \to \infty} \left(\frac{n+1}{n+2}\right)^{3n}$.

例 2　设 $a > 0$, $x_1 > 0$,且

$$x_n = \frac{1}{2}\left(x_{n-1} + \frac{a}{x_{n-1}}\right), n = 2, 3, 4, \cdots, \tag{1}$$

试证数列 $\{x_n\}$ 收敛,并求其极限值.

证明　由 $a > 0$, $x_1 > 0$ 及式 (1) 易知 $x_n > 0$,故 $\{x_n\}$ 有下界. 由平均值不等式知

$$x_n = \frac{1}{2}\left(x_{n-1} + \frac{a}{x_{n-1}}\right) \geqslant \sqrt{x_{n-1}\frac{a}{x_{n-1}}} = \sqrt{a},$$

从而 $x_n^2 \geqslant a$. 又由式 (1) 知

$$x_{n+1} = \frac{1}{2}\left(x_n + \frac{a}{x_n}\right) = \frac{1}{2}\left(1 + \frac{a}{x_n^2}\right)x_n \leqslant x_n,$$

即 $\{x_n\}$ 是单调减少的. 由定理 2.6 (单调有界准则) 知 $\{x_n\}$ 收敛. 设 $\lim\limits_{n \to \infty} x_n = A$ $(A \geqslant \sqrt{a})$,在式 (1) 两边取极限,得

$$A = \frac{1}{2}\left(A + \frac{a}{A}\right),$$

解得 $A = \pm\sqrt{a}$,由保号性知 $-\sqrt{a}$ 为增根,应舍去. 故

$$\lim\limits_{n \to \infty} x_n = \sqrt{a}.　　　□$$

值得注意的是,像例 2 这样的题目,首先判定数列收敛性是极为重要的,然后才能由式 (1) 两边取极限来确定数列的极限. 否则,将得到错误的结果. 比如,满足关系式 $x_{n+1} = 5x_n + 1$ $(n = 1, 2, \cdots)$,且 $x_1 = 1$ 的数列 $\{x_n\}$ 是发散的,如果未判定收敛性就令 $\lim\limits_{n \to \infty} x_n = A$,而对 $x_{n+1} = 5x_n + 1$ 两边取极限,就将得到错误的结果 $A = -\frac{1}{4}$.

练习 2. 设 $x_1 = \sqrt{2}$，$x_2 = \sqrt{2+\sqrt{2}}$，$\cdots$，$x_n = \sqrt{2+x_{n-1}}$，求 $\lim\limits_{n\to\infty} x_n$.

定理 2.7（两边夹挤准则）如果

（ⅰ）$y_n \leqslant x_n \leqslant z_n$ $(n=1,2,\cdots)$；

（ⅱ）$\lim\limits_{n\to\infty} y_n = a$，$\lim\limits_{n\to\infty} z_n = a$，

则

$$\lim_{n\to\infty} x_n = a.$$

证明　由条件（ⅱ），$\forall \varepsilon > 0$，$\exists N > 0$，使得当 $n > N$ 时，恒有

$$|y_n - a| < \varepsilon \ \text{及} \ |z_n - a| < \varepsilon,$$

由此及条件（ⅰ），当 $n > N$ 时，有

$$a - \varepsilon < y_n \leqslant x_n \leqslant z_n < a + \varepsilon,$$

即有

$$|x_n - a| < \varepsilon.$$

因此，$\lim\limits_{n\to\infty} x_n = a.$ □

定理 2.7（两边夹挤准则）是利用与 $\{x_n\}$ 有关的 $\{y_n\}$ 和 $\{z_n\}$ 来判断其极限的存在性的，并且给出了极限值. 当 $\{x_n\}$ 的极限不好求时，可利用此准则将其转化为两个易求极限的数列 $\{y_n\}$ 和 $\{z_n\}$ 的极限计算. 当然在选择 $\{y_n\}$ 和 $\{z_n\}$ 时，应要求它们的极限相等.

例 3　设 $0 < a < 1$，试证 $\lim\limits_{n\to\infty}\left[(n+1)^a - n^a\right] = 0$

证明　因为

$$0 < (n+1)^a - n^a = n^a\left[\left(1+\frac{1}{n}\right)^a - 1\right]$$

$$< n^a\left[\left(1+\frac{1}{n}\right) - 1\right] = \frac{1}{n^{1-a}},$$

易知 $\dfrac{1}{n^{1-a}} \to 0 \ (n\to\infty)$，故由定理 2.7 知

$$\lim_{n\to\infty}\left[(n+1)^n - n^a\right] = 0. \quad \square$$

例 4　设 a_1，a_2，$\cdots$，a_k 是 k 个正数，试证：

$$\lim_{n\to\infty} \sqrt[n]{a_1^n + a_2^n + \cdots + a_k^n} = \max\{a_1, a_2, \cdots, a_k\}.$$

证明　设 $\max\{a_1, a_2, \cdots, a_k\} = A$，于是有

$$A < \sqrt[n]{a_1^n + a_2^n + \cdots + a_k^n} \leqslant A\sqrt[n]{k},$$

由于 $\lim\limits_{n\to\infty} A = A$，$\lim\limits_{n\to\infty} A\sqrt[n]{k} = A$，由两边夹挤准则知

$$\lim_{n\to\infty} \sqrt[n]{a_1^n + a_2^n + \cdots + a_k^n} = \max\{a_1, a_2, \cdots, a_k\} = A. \qquad \square$$

练习 3. 求下列极限.

(1) $\lim\limits_{n\to\infty} \left[\dfrac{1}{n^2} + \dfrac{1}{(n+1)^2} + \cdots + \dfrac{1}{(2n)^2} \right]$；

(2) $\lim\limits_{n\to\infty} \left(\dfrac{1}{\sqrt{n^2+1}} + \dfrac{1}{\sqrt{n^2+2}} + \cdots + \dfrac{1}{\sqrt{n^2+n}} \right)$；

2.4 函数的极限

对函数 $y = f(x)$，根据自变量的变化过程可以分两种情况来讨论它的极限.

2.4.1 $x \to \infty$ 时函数 $f(x)$ 的极限

设函数 $y = f(x)$ 在 $[a, +\infty)$ 有定义，当 x 无限增大时，函数 $f(x)$ 无限地接近某一常数 A，则称 x 趋于无穷大时 $y = f(x)$ 以 A 为极限. 与数列极限的定义类似，我们给出下面的精确定义.

定义 2.2 设函数 $y = f(x)$ 在 $[a, +\infty)$ 上有定义，A 为常数. 若 $\forall \varepsilon > 0$，$\exists X > 0$，使得当 $x > X$ 时，有

$$|f(x) - A| < \varepsilon,$$

则称函数 $f(x)$ 当 $x \to +\infty$ 时有极限，极限值为 A，记作

$$\lim_{x \to +\infty} f(x) = A,$$

或

$$f(x) \to A，当 x \to +\infty 时.$$

上述定义的几何意义是：$\forall \varepsilon > 0$，$\exists X > 0$，使得 $y = f(x)$ 在 $[X, +\infty)$ 上的图像完全位于以直线 $y = A$ 为中心、宽为 2ε 的带形区域（见图 2.2）内.

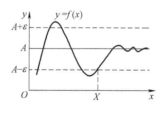

图 2.2

定义 2.3　设函数 $y=f(x)$ 在 $(-\infty,a)$ 上有定义，A 为常数，若 $\forall \varepsilon>0$，$\exists X>0$，使得当 $x<-X$ 时，恒有

$$|f(x)-A|<\varepsilon,$$

则称 $x\to-\infty$ 时函数 $f(x)$ 有极限，极限值为 A，记为

$$\lim_{x\to-\infty}f(x)=A,$$

或

$$f(x)\to A,当 x\to-\infty 时.$$

定义 2.4　设 $y=f(x)$ 在 $(-\infty,a)\cup(a,+\infty)$ 上有定义，A 为常数，若 $\forall \varepsilon>0$，$\exists X>0$，使得当 $|x|>X$ 时，恒有

$$|f(x)-A|<\varepsilon,$$

则称 $x\to\infty$ 时函数 $f(x)$ 有极限，极限值为 A，记为

$$\lim_{x\to\infty}f(x)=A,$$

或

$$f(x)\to A,当 x\to\infty 时.$$

例 1　试证 $\lim\limits_{x\to+\infty}\dfrac{x^2-1}{x^2+1}=1.$

证明　当 $x>0$ 时，有

$$\left|\frac{x^2-1}{x^2+1}-1\right|=\frac{2}{x^2+1}<\frac{2}{x^2}.$$

$\forall \varepsilon>0$，为了使 $\left|\dfrac{x^2-1}{x^2+1}-1\right|<\varepsilon$，只需使 $\dfrac{2}{x^2}<\varepsilon$，即 $x>\sqrt{\dfrac{2}{\varepsilon}}$．因此，若取 $X=\sqrt{\dfrac{2}{\varepsilon}}$，则对所有 $x>X$，都有

$$\left|\frac{x^2-1}{x^2+1}-1\right|<\frac{2}{x^2}<\varepsilon.$$

于是由定义 2.2 即可推出结论.　　　　　□

例 2　试证 $\lim\limits_{x\to\infty}\dfrac{x}{3x-1}=\dfrac{1}{3}.$

证明　因为这里考虑的是 $x\to\infty$ 时函数的极限，所以可以限定在 $|x|>1$ 上考虑问题. 由于

$$\left|\frac{x}{3x-1}-\frac{1}{3}\right|=\frac{1}{3|3x-1|}\leqslant\frac{1}{3(3|x|-1)}$$
$$=\frac{1}{3(2|x|+|x|-1)}<\frac{1}{6|x|},$$

所以，$\forall \varepsilon>0$，只要 $\dfrac{1}{6|x|}<\varepsilon$，即 $|x|>\dfrac{1}{6\varepsilon}$，就恒有

$$\left|\frac{x}{3x-1}-\frac{1}{3}\right|<\varepsilon,$$

故可选取 $\qquad X = \max\left\{1, \dfrac{1}{6\varepsilon}\right\}.$ $\qquad\qquad$ □

练习 1. 用定义证明下列极限：

(1) $\displaystyle\lim_{x\to+\infty} \dfrac{\sin x}{\sqrt{x}} = 0$；(2) $\displaystyle\lim_{x\to\infty} \dfrac{2x+3}{x} = 2$；

(3) $\displaystyle\lim_{x\to+\infty} \dfrac{x^2-1}{x-1} = 2$.

2.4.2 $x \to x_0$ 时函数的极限

例 3

由物理实验知，自由落体运动规律是 $h = \dfrac{1}{2}gt^2$，求 t_0 时的瞬时速度 $v(t_0)$.

解 从时刻 t_0 到 t，落体的平均速度

$$\overline{v}(t) = \frac{s(t)-s(t_0)}{t-t_0} = \frac{\frac{1}{2}gt^2 - \frac{1}{2}gt_0^2}{t-t_0} = \frac{1}{2}g(t+t_0), \quad t \neq t_0.$$

上式是时间 t 的函数，$t = t_0$ 时无意义. 平均速度表明这段时间间隔内运动快慢的平均值. 显然，当 t 越接近 t_0 时，这个平均速度就越接近 t_0 时刻的真实速度. 因此，我们让 t 无限接近 t_0，观察平均速度 $\overline{v}(t)$ 的变化趋势：

$$\overline{v}(t) \to gt_0, \text{当 } t \to t_0 \text{ 时},$$

由此得到 $v(t_0) = gt_0$. 其实物理上就是这样定义瞬时速度的.

在上述实例的分析中，我们又一次使用了当 t 无限接近 t_0 时，函数 $\overline{v}(t)$ 无限趋近 $v(t_0)$ 等虽然可以理解但又模糊不清的语言. 为了精确地描述其真实含义，我们用所谓 "ε-δ" 语言给出下述的定义.

定义 2.5 设 $y = f(x)$ 在 x_0 的某去心邻域上有定义，A 为常数. 若 $\forall \varepsilon > 0$，$\exists \delta > 0$，使得当 $0 < |x-x_0| < \delta$ 时，恒有

$$|f(x) - A| < \varepsilon,$$

则称 $x \to x_0$ 时函数 $y = f(x)$ 有极限，极限值为 A，记为

$$\lim_{x\to x_0} f(x) = A,$$

或

$$f(x) \to A, \text{当 } x \to x_0 \text{ 时}.$$

上述定义的几何意义是：$\forall \varepsilon > 0$，$\exists \delta > 0$，使得函数 $y = f(x)$ 在 x_0 的去心邻域 $(x_0-\delta, x_0) \bigcup (x_0, x_0+\delta)$ 内的图像完全位于以直线 $y = A$ 为中心、宽为 2ε 的带形区域内（见图 2.3）.

在此极限定义中，"$0<|x-x_0|<\delta$"指出 $x \neq x_0$. 这说明函数 $f(x)$ 在 x_0 的极限与函数 $f(x)$ 在 x_0 的情况无关. 其中包含两层意思：其一，x_0 可以不属于函数 $f(x)$ 的定义域；其二，x_0 可以属于函数 $f(x)$ 的定义域，这时函数 $f(x)$ 在 x_0 的极限与函数

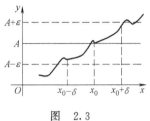

图　2.3

$f(x)$ 在 x_0 的函数值 $f(x_0)$ 没有任何联系. 总之，函数 $f(x)$ 在 x_0 的极限仅与函数 $f(x)$ 在 x_0 附近的 x 的函数值 $f(x)$ 的变化有关，而与 $f(x)$ 在 x_0 的情况无关.

例 4　试证 $\lim\limits_{x \to x_0} \sin x = \sin x_0$.

证明　由于

$$|\sin x - \sin x_0| = \left| 2\sin\frac{x-x_0}{2}\cos\frac{x+x_0}{2} \right| \leqslant 2\left| \sin\frac{x-x_0}{2} \right|$$
$$\leqslant |x - x_0|,$$

故 $\forall \varepsilon > 0$，只要 $|x - x_0| < \varepsilon$，就有

$$|\sin x - \sin x_0| < \varepsilon,$$

因此，取 $\varepsilon = \delta$ 即可.　□

同理，有 $\lim\limits_{x \to x_0} \cos x = \cos x_0$；$\lim\limits_{x \to x_0} a^x = a^{x_0}$；$\lim\limits_{x \to x_0} \log_a x = \lim\limits_{x \to x_0} \log_a x_0$ $(x_0 > 0)$.

例 5　试证 $\lim\limits_{x \to 2} \dfrac{x^3 - 8}{x - 2} = 12$.

证明　因为考虑的是 $x \to 2$ 的过程，所以仅需在 $x = 2$ 附近讨论问题，如限定 $1 < x < 3$，$x \neq 2$，即限定在 $0 < |x-2| < 1$ 范围内讨论问题，这时

$$\left| \frac{x^3-8}{x-2} - 12 \right| = |x^2 + 2x - 8| = |x-2| \cdot |x+4| < 7|x-2|,$$

故 $\forall \varepsilon > 0$，只要取 $\delta = \min\left\{ 1, \dfrac{\varepsilon}{7} \right\}$，则当 $0 < |x-2| < \delta$ 时，就有

$$\left| \frac{x^3-8}{x-2} - 12 \right| < \varepsilon.$$

因此

$$\lim\limits_{x \to 1} \frac{x^3-8}{x-2} = 12.$$　□

练习 2. 用极限定义证明 $\lim\limits_{x \to x_0} \cos x = \cos x_0$.

当限定 x 小于 x_0 且趋于 x_0 时，如果函数 $f(x)$ 的极限存在，则称之为 $f(x)$ 当 $x \to x_0$ 时的**左极限**，记为

$$\lim_{x \to x_0^-} f(x) \text{ 或 } f(x_0^-).$$

当限定 x 大于 x_0 且趋于 x_0 时，如果函数 $f(x)$ 的极限存在，则称之为 $f(x)$ 当 $x \to x_0$ 时的**右极限**，记为

$$\lim_{x \to x_0^+} f(x) \text{ 或 } f(x_0^+).$$

左、右极限统称为**单侧极限**，从极限及单侧极限的定义，显然有如下定理.

定理 2.8 极限 $\lim\limits_{x \to x_0} f(x) = A$ 的充要条件是左极限 $f(x_0^-)$ 和右极限 $f(x_0^+)$ 均存在，且 $f(x_0^-) = f(x_0^+) = A$.

练习 3. 用左、右极限证明 $\lim\limits_{x \to x_0} \ln x = \ln x_0 (x_0 > 0)$.

例 6 试证符号函数

$$\operatorname{sgn} x = \begin{cases} 1, & x > 0, \\ 0, & x = 0, \\ -1, & x < 0 \end{cases}$$

当 $x \to 0$ 时，极限不存在.

证明 当 $x \to 0$ 时符号函数 $\operatorname{sgn} x$ 的左、右极限分别为

$$\operatorname{sgn}(0^-) = \lim_{x \to 0^-} \operatorname{sgn} x = -1,$$

$$\operatorname{sgn}(0^+) = \lim_{x \to 0^+} \operatorname{sgn} x = 1,$$

左、右极限不等，故 $x \to 0$ 时，$\operatorname{sgn} x$ 极限不存在. □

练习 4. 证明 $\lim\limits_{x \to 0} \dfrac{x}{|x|}$ 不存在.

2.5 函数极限的性质及两个重要极限

2.5.1 函数极限的性质

函数极限的性质与数列极限的性质相似，而且证明过程也很一致，为了避免重复，对于有些定理只做叙述而不做证明.

定理 2.9（唯一性） 如果极限 $\lim\limits_{x \to x_0} f(x)$ 存在，必唯一.

定理 2.10（局部有界性） 如果 $\lim\limits_{x \to x_0} f(x)$ 存在，则函数

$f(x)$ 在 x_0 的某去心邻域内有界，即 $\exists M>0$ 和 $\delta>0$，当 $x\in \overset{\circ}{U}(x_0,\delta)$ 时，有

$$|f(x)|\leqslant M.$$

定理 2.11（保序性）　设 $\lim\limits_{x\to x_0}f(x)=A$，$\lim\limits_{x\to x_0}g(x)=B$.

（ⅰ）如果 $A<B$，则 $\exists\delta>0$，使得当 $0<|x-x_0|<\delta$ 时，恒有 $f(x)<g(x)$；

（ⅱ）如果有 $\delta>0$，使得当 $0<|x-x_0|<\delta$ 时，恒有 $f(x)\leqslant g(x)$，则必有 $A\leqslant B$.

推论（保号性）　设 $\lim\limits_{x\to x_0}f(x)=A$.

（ⅰ）若 $A>0$，则有 $\delta>0$，使得当 $0<|x-x_0|<\delta$ 时，$f(x)>0$；

（ⅱ）若有 $\delta>0$，使得当 $0<|x-x_0|<\delta$ 时，$f(x)\geqslant 0$，则 $A\geqslant 0$.

定理 2.12　如果 $\lim\limits_{x\to x_0}f(x)$ 和 $\lim\limits_{x\to x_0}g(x)$ 都存在，则 $\lim\limits_{x\to x_0}[f(x)\pm g(x)]$、$\lim\limits_{x\to x_0}[f(x)\cdot g(x)]$ 和 $\lim\limits_{x\to x_0}\dfrac{f(x)}{g(x)}$［其中 $\lim\limits_{x\to x_0}g(x)\neq 0$］也都存在，且

$$\lim_{x\to x_0}[f(x)\pm g(x)]=\lim_{x\to x_0}f(x)\pm\lim_{x\to x_0}g(x),$$

$$\lim_{x\to x_0}[f(x)\cdot g(x)]=\lim_{x\to x_0}f(x)\cdot\lim_{x\to x_0}g(x),$$

$$\lim_{x\to x_0}\frac{f(x)}{g(x)}=\frac{\lim\limits_{x\to x_0}f(x)}{\lim\limits_{x\to x_0}g(x)}.$$

推论 1　$\lim\limits_{x\to x_0}f(x)$ 存在，则对于任意常数 c，有

$$\lim_{x\to x_0}cf(x)=c\lim_{x\to x_0}f(x).$$

推论 2　若 $\lim\limits_{x\to x_0}f(x)=A$，$m$ 为正整数，则

$$\lim_{x\to x_0}f^m(x)=\left[\lim_{x\to x_0}f(x)\right]^m=A^m.$$

推论 3　对多项式

$$P(x)=a_0x^n+a_1x^{n-1}+\cdots+a_n$$

及有理函数

$$R(x)=\frac{P(x)}{Q(x)}=\frac{a_0x^n+a_1x^{n-1}+\cdots+a_n}{b_0x^m+b_1x^{m-1}+\cdots+b_m},$$

当 $x\to x_0$ 时，有

$$\lim_{x\to x_0}P(x)=P(x_0),\lim_{x\to x_0}R(x)=R(x_0)=\frac{P(x_0)}{Q(x_0)}\quad[Q(x_0)\neq 0].$$

定理 2.13　设 $y=f(\varphi(x))$ 是由 $y=f(u)$ 和 $u=\varphi(x)$ 复合而成的

函数，且 $f(\varphi(x))$ 在 x_0 的某去心邻域内有定义，如果 $\lim\limits_{x \to x_0} \varphi(x) = u_0$，且在 x_0 的某去心 δ_0 邻域内 $\varphi(x) \neq u_0$，又 $\lim\limits_{u \to u_0} f(u) = A$，则

$$\lim_{x \to x_0} f(\varphi(x)) = \lim_{u \to u_0} f(u) = A.$$

证明 $\forall \varepsilon > 0$，由 $\lim\limits_{u \to u_0} f(u) = A$，$\exists \eta > 0$，使得当 $0 < |u - u_0| < \eta$ 时，恒有

$$|f(u) - A| < \varepsilon.$$

对于这个 η，由 $\lim\limits_{x \to x_0} \varphi(x) = u_0$，$\exists \delta (0 < \delta < \delta_0)$，使得当 $0 < |x - x_0| < \delta$ 时，恒有

$$0 < |\varphi(x) - u_0| < \eta.$$

由此可见，当 $0 < |x - x_0| < \delta$ 时，恒有

$$|f(\varphi(x)) - A| < \varepsilon,$$

故 $\lim\limits_{x \to x_0} f(\varphi(x)) = A.$ □

将定理中 $x \to x_0$ 换为 $x \to \infty$，亦有同样的结果. 此外，这个定理表明在极限运算中可以进行变量代换.

推论 若 $\lim f(x) = A$，$\lim g(x) = B > 0$，则 $\lim g(x)^{f(x)} = B^A$.

证明 由极限的保号性，极限点附近有 $g(x) > 0$，所以

$$y = g(x)^{f(x)} = e^{f(x) \ln g(x)} = \exp(f(x) \ln g(x))$$

是由 $y = e^u$，$u = f(x) \ln g(x)$ 复合而成的复合函数. 因为

$$\lim[f(x) \ln g(x)] = A \ln B = u_0,$$

$$\lim_{u \to u_0} e^u = e^{u_0} = \exp(A \ln B) = B^A,$$

所以

$$\lim g(x)^{f(x)} = B^A.$$ □

证明中，$\lim \ln g(x) = \ln B$ 的根据何在，请读者考虑.

例 1 求极限 $\lim\limits_{x \to +\infty} (\sqrt{x^2 + 4x} - \sqrt{x^2 + 3})$.

解
$$\lim_{x \to +\infty} (\sqrt{x^2 + 4x} - \sqrt{x^2 + 3}) = \lim_{x \to +\infty} \frac{4x - 3}{\sqrt{x^2 + 4x} + \sqrt{x^2 + 3}}$$

$$= \lim_{x \to +\infty} \frac{4 - \dfrac{3}{x}}{\sqrt{1 + \dfrac{4}{x}} + \sqrt{1 + \dfrac{3}{x}}}$$

$$= \frac{\lim\limits_{x \to +\infty} \left(4 - \dfrac{3}{x}\right)}{\lim\limits_{x \to +\infty} \sqrt{1 + \dfrac{4}{x}} + \lim\limits_{x \to +\infty} \sqrt{1 + \dfrac{3}{x}}}$$

$$= \frac{4}{1 + 1} = 2.$$

例 2 求极限 $\lim\limits_{x \to 3} \dfrac{x-3}{x^2-9}$.

解 $\lim\limits_{x \to 3} \dfrac{x-3}{x^2-9} = \lim\limits_{x \to 3} \dfrac{x-3}{(x-3)(x+3)} = \lim\limits_{x \to 3} \dfrac{1}{x+3} = \dfrac{1}{6}$.

例 3 求极限 $\lim\limits_{x \to x_0} x^{\mu} = x_0^{\mu}$.

解 当 $x_0 > 0$ 时，由定理 2.13 推论可知 $\lim\limits_{x \to x_0} x^{\mu} = x_0^{\mu}$.

当 $x_0 < 0$ 时，若 x^{μ} 在 x_0 的某去心邻域内有定义，令 $t = -x$，则 $x \to x_0$ 时，$t \to -x_0$，所以

$$\lim\limits_{x \to x_0} x^{\mu} = \lim\limits_{t \to -x_0} (-1)^{\mu} t^{\mu} = (-1)^{\mu}(-x_0)^{\mu} = x_0^{\mu}.$$

例 4 求极限 $\lim\limits_{x \to 0} \dfrac{\sqrt{1+x}-1}{\sqrt[3]{1+x}-1}$.

解 令 $u = (1+x)^{\frac{1}{6}}$，则 $x \to 0$ 时，$u \to 1$，故

$$\lim\limits_{x \to 0} \dfrac{\sqrt{1+x}-1}{\sqrt[3]{1+x}-1} = \lim\limits_{u \to 1} \dfrac{u^3-1}{u^2-1} = \lim\limits_{u \to 1} \dfrac{u^2+u+1}{u+1} = \dfrac{3}{2}.$$

练习 1. 计算下列极限.

(1) $\lim\limits_{x \to -1} \dfrac{x^2+2x+5}{x^2+1}$; (2) $\lim\limits_{x \to 1} \dfrac{x^2-2x+1}{x^2-1}$;

(3) $\lim\limits_{x \to 0} \dfrac{(x+h)^2-x^2}{h}$; (4) $\lim\limits_{x \to \infty} \dfrac{x^2-1}{2x^2-x-1}$;

(5) $\lim\limits_{x \to \infty} \dfrac{(3x-1)^{25}(2x-1)^{20}}{(2x+1)^{45}}$; (6) $\lim\limits_{x \to 1} \left(\dfrac{1}{1-x} - \dfrac{3}{1-x^3} \right)$;

(7) $\lim\limits_{x \to 4} \dfrac{\sqrt{2x+1}-3}{\sqrt{x-2}-\sqrt{2}}$; (8) $\lim\limits_{x \to 0} \dfrac{\sqrt{x^2+p^2}-p}{\sqrt{x^2+q^2}-q}$ $(p>0, q>0)$;

(9) $\lim\limits_{x \to \infty} (\sqrt{x^2+1}-\sqrt{x^2-1})$; (10) $\lim\limits_{x \to -8} \dfrac{\sqrt{1-x}-3}{2+\sqrt[3]{x}}$.

练习 2. 已知 $\lim\limits_{x \to \pi} f(x)$ 存在，且 $f(x) = \cos x + 2\sin \dfrac{x}{2} \cdot \lim\limits_{x \to \pi} f(x)$，则 $f(x) = $ _____.

2.5.2 两个重要极限

类似于数列，函数也有两边夹挤准则（即定理 2.7）.

定理 2.14 如果

（ⅰ）在极限点附近 $g(x) \leqslant f(x) \leqslant h(x)$；

（ⅱ） $\lim g(x)=A$ ，$\lim h(x)=A$ ，

则
$$\lim f(x)=A.$$

证明方法与定理 2.7 类似.

作为这一准则的应用，下面介绍一个重要的极限：

$$\lim_{x\to0}\frac{\sin x}{x}=1.$$

因为 $\dfrac{\sin x}{x}$ （$x\ne0$）是偶函数，故只需考虑 $x\to0^+$ 时的极限（右极限），并且限定在 $0<x<\dfrac{\pi}{2}$ 内讨论问题.

以点 O 为圆心作单位圆，设 x 表示圆心角 $\angle AOB$ 的弧度数（见图 2.4），则

$$\sin x=|BC|,\ x=\overset{\frown}{AB},\ \tan x=|AD|.$$

因为 $\triangle AOB$ 的面积 $<$ 圆扇形 AOB 的面积 $<\triangle AOD$ 的面积，故

$$\frac{1}{2}\sin x<\frac{1}{2}x<\frac{1}{2}\tan x.$$

或
$$\sin x<x<\tan x\quad\left(0<x<\frac{\pi}{2}\right),$$

因而 $\sin x>0$，在上式中同除以 $\sin x$，得

$$1<\frac{x}{\sin x}<\frac{1}{\cos x}.$$

取倒数有

$$\cos x<\frac{\sin x}{x}<1.$$

因为 $\lim\limits_{x\to0}\cos x=\cos0=1$，$\lim\limits_{x\to0}1=1$，所以，由两边夹挤准则有

$$\lim_{x\to0^+}\frac{\sin x}{x}=1.$$

故
$$\lim_{x\to0}\frac{\sin x}{x}=1.$$

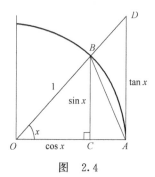

图 2.4

例 5　计算 $\lim\limits_{x\to 0}\dfrac{x}{\tan x}$.

解　$\lim\limits_{x\to 0}\dfrac{x}{\tan x}=\lim\limits_{x\to 0}\dfrac{x}{\sin x}\cos x=1.$

例 6　计算 $\lim\limits_{x\to 0}\dfrac{1-\cos x}{2x^2}$.

解　$\lim\limits_{x\to 0}\dfrac{1-\cos x}{2x^2}=\lim\limits_{x\to 0}\dfrac{2\sin^2\dfrac{x}{2}}{2x^2}=\lim\limits_{x\to 0}\dfrac{\sin^2\dfrac{x}{2}}{4\left(\dfrac{x}{2}\right)^2}$

$$=\dfrac{1}{4}\lim\limits_{x\to 0}\left(\dfrac{\sin\dfrac{x}{2}}{\dfrac{x}{2}}\right)^2=\dfrac{1}{4}.$$

例 7　设 $a>b>c>0$，$x_n=\sqrt[n]{a^n+b^n+c^n}$，求 $\lim\limits_{n\to\infty}x_n$.

解　由于

$$a<x_n<a\sqrt[n]{3},$$

因为 $\lim\limits_{n\to\infty}a=a$，$\lim\limits_{n\to\infty}(a\sqrt[n]{3})=a$，由两边夹挤准则知

$$\lim\limits_{n\to\infty}x_n=a.$$

练习 3. 求下列极限.

(1) $\lim\limits_{x\to 0}\dfrac{\sin kx}{x}$；　　(2) $\lim\limits_{x\to 0}\dfrac{x+x^2}{\tan 2x}$；

(3) $\lim\limits_{x\to 0^+}\dfrac{\sin^2\sqrt{x}}{x}$；　(4) $\lim\limits_{x\to n\pi}\dfrac{\sin x}{x-n\pi}$（$n$ 为正整数）；

(5) $\lim\limits_{x\to\infty}x\arcsin\dfrac{1}{x}$；　(6) $\lim\limits_{x\to a}\dfrac{\sin x-\sin a}{x-a}$.

下面介绍另一个重要极限.

$$\lim\limits_{x\to\infty}\left(1+\dfrac{1}{x}\right)^x=e \text{ 或 } \lim\limits_{x\to 0}(1+x)^{\frac{1}{x}}=e.$$

先证 $x\to+\infty$ 的情形. 不妨设 $x>1$，记 $[x]=n$，则 $n\leqslant x<n+1$，从而有

$$\left(1+\dfrac{1}{n+1}\right)^n<\left(1+\dfrac{1}{x}\right)^x<\left(1+\dfrac{1}{n}\right)^{n+1},$$

即

$$\left(1+\dfrac{1}{n+1}\right)^{n+1}\cdot\dfrac{1}{1+\dfrac{1}{n+1}}<\left(1+\dfrac{1}{x}\right)^x<\left(1+\dfrac{1}{n}\right)^n\left(1+\dfrac{1}{n}\right).$$

因为 $x \to +\infty$ 等价于 $n \to \infty$，以及

$$\lim_{n \to \infty} \left[\left(1 + \frac{1}{n+1}\right)^{n+1} \cdot \frac{1}{1 + \frac{1}{n+1}} \right] = e \cdot 1 = e,$$

和

$$\lim_{n \to \infty} \left[\left(1 + \frac{1}{n}\right)^n \left(1 + \frac{1}{n}\right) \right] = e \cdot 1 = e,$$

由两边夹挤准则，有

$$\lim_{x \to +\infty} \left(1 + \frac{1}{x}\right)^x = e.$$

再证 $x \to -\infty$ 的情形. 不妨设 $x < -1$，令 $x = -t$，则 $x \to -\infty$ 等价于 $t \to +\infty$，因此

$$\lim_{x \to -\infty} \left(1 + \frac{1}{x}\right)^x = \lim_{t \to +\infty} \left(1 - \frac{1}{t}\right)^{-t} = \lim_{t \to +\infty} \left(\frac{t}{t-1}\right)^t$$

$$= \lim_{t \to +\infty} \left[\left(1 + \frac{1}{t-1}\right)^{t-1} \left(1 + \frac{1}{t-1}\right) \right] = e. \qquad \square$$

例 8 求 $\lim\limits_{x \to 0} (1 + \sin x)^{\frac{1}{3x}}$.

解 $\lim\limits_{x \to 0} (1 + \sin x)^{\frac{1}{3x}} = \lim\limits_{x \to 0} (1 + \sin x)^{\frac{1}{\sin x} \cdot \frac{\sin x}{3x}} = e^{\frac{1}{3}}$.

例 9 求 $\lim\limits_{x \to \infty} \left(\dfrac{x}{1+x}\right)^x$.

解 $\lim\limits_{x \to \infty} \left(\dfrac{x}{1+x}\right)^x = \lim\limits_{x \to \infty} \dfrac{1}{\left(1 + \frac{1}{x}\right)^x} = \dfrac{1}{e}$.

*__定理 2.15（柯西收敛准则）__ 极限 $\lim\limits_{x \to x_0} f(x)$ 存在的充分必要条件是：$\forall \varepsilon > 0$，$\exists \delta > 0$，使得当 x_1，$x_2 \in \mathring{U}_\delta(x_0)$ 时，恒有

$$|f(x_1) - f(x_2)| < \varepsilon.$$

练习 4. 求下列极限.

(1) $\lim\limits_{x \to 0} (1 - 3x)^{\frac{1}{x}}$;   (2) $\lim\limits_{x \to 0} (1 + \tan x)^{\frac{1}{\sin x}}$;

(3) $\lim\limits_{x \to +\infty} \left(\dfrac{2x-1}{2x+1}\right)^x$;   (4) $\lim\limits_{x \to \infty} \left(\dfrac{x}{1+x}\right)^{2x}$;

练习 5. 已知 $\lim\limits_{x \to \infty} \left(\dfrac{x+a}{x-a}\right)^x = 9$，求常数 a.

2.6　无穷小和无穷大

2.6.1　无穷小

在一个极限过程中，以零为极限的变量叫作这个极限过程中的无穷小. 下面我们仅就两种极限过程（$x \to x_0$ 与 $x \to \infty$）中的无穷小给出严格的定义，其他的情况与其类似.

定义 2.6　若 $\forall \varepsilon > 0, \exists \delta > 0 (X > 0)$，使得当 $0 < |x - x_0| < \delta(|x| > X)$ 时，恒有

$$|f(x)| < \varepsilon,$$

则称函数 $f(x)$ 是 $x \to x_0 (x \to \infty)$ 时的无穷小，或者称当 $x \to x_0$ $(x \to \infty)$ 时，$f(x)$ 是**无穷小**.

例如，$(x - x_0)^2$ 是 $x \to x_0$ 时的无穷小，$\dfrac{1}{x}$ 是 $x \to \infty$ 时的无穷小.

应该注意，无穷小是变化过程中趋于零的变量，不要把它与很小的常数混为一谈. 任何非零的数都不是无穷小. 下面关于无穷小的定理，我们仅就 $x \to x_0$ 的过程来进行证明.

定理 2.16　有限个无穷小之和仍为无穷小.

证明　考虑 $x \to x_0$ 时两个无穷小 α 与 β 之和

$$\omega = \alpha + \beta.$$

$\forall \varepsilon > 0$，因 α 与 β 均为无穷小，$\exists \delta > 0$，使得当 $0 < |x - x_0| < \delta$ 时，恒有

$$|\alpha| < \varepsilon, \quad |\beta| < \varepsilon$$

同时成立，于是，当 $0 < |x - x_0| < \delta$ 时，恒有

$$|\omega| = |\alpha + \beta| \leqslant |\alpha| + |\beta| < 2\varepsilon. \qquad \square$$

定理 2.17　无穷小与极限点附近有界的函数的乘积是无穷小.

证明　设函数 $u = u(x)$ 在 x_0 的某一去心邻域 $0 < |x - x_0| < \delta_0$ 内有界，即存在常数 M，使得 $|u| \leqslant M$；且 $x \to x_0$ 时，α 是无穷小. 于是，$\forall \varepsilon > 0$，$\exists \delta \ (0 < \delta < \delta_0)$，使得当 $0 < |x - x_0| < \delta$ 时，恒有

$$|\alpha| < \varepsilon.$$

从而

$$|u\alpha| = |u| \cdot |\alpha| < M\varepsilon. \qquad \square$$

推论 1　无穷小与常数之积是无穷小.

推论2　有限个无穷小之积是无穷小.

定理2.18　用一个有极限，但极限不为零的函数去除无穷小所得的商是无穷小.

证明　设 $\lim\limits_{x \to x_0} u = a \neq 0$，由定理2.17，只需证明 $\dfrac{1}{u}$ 在 x_0 的某去心邻域内有界. 对 $\varepsilon = \dfrac{|a|}{2}$，$\exists \delta > 0$，使得当 $0 < |x - x_0| < \delta$ 时，恒有

$$|u - a| < \frac{|a|}{2}.$$

因为，此时

$$|u| = |a + u - a| \geqslant |a| - |u - a| > |a| - \frac{|a|}{2} = \frac{|a|}{2},$$

所以，当 $0 < |x - x_0| < \delta$ 时，恒有

$$\left| \frac{1}{u} \right| < \frac{2}{|a|},$$

即 $\dfrac{1}{u}$ 有界. $\qquad\qquad\qquad\qquad\qquad\qquad\square$

定理2.19（极限与无穷小的关系）　在一个极限过程中，函数 $f(x)$ 以 A 为极限的充分必要条件是 $f(x)$ 可表示为常数 A 与一个无穷小之和. 即

$$\lim_{x \to x_0} f(x) = A \Leftrightarrow f(x) = A + \alpha(x),$$

其中，$\alpha(x)$ 是 $x \to x_0$ 时的无穷小.

证明　$\lim\limits_{x \to x_0} f(x) = A$ 的定义：" $\forall \varepsilon > 0$，$\exists \delta > 0$，使得当 $0 < |x - x_0| < \delta$ 时，恒有 $|f(x) - A| < \varepsilon$ ". 这恰好是函数 $\alpha(x) = f(x) - A$ 在 $x \to x_0$ 时为无穷小的定义. $\qquad\square$

2.6.2　无穷大

定义2.7　若 $\forall M > 0, \exists \delta > 0(X > 0)$，使得当 $0 < |x - x_0| < \delta(|x| > X)$ 时，恒有

$$|f(x)| > M,$$

则称函数 $f(x)$ 在 $x \to x_0$（$x \to \infty$）时为**无穷大**，记为

$$\lim_{\substack{x \to x_0 \\ (x \to \infty)}} f(x) = \infty.$$

将上述定义中的 $|f(x)| > M$，改为 $f(x) > M$ [或 $f(x) < -M$]，则 $f(x)$ 就是 $x \to x_0$（或 $x \to \infty$）时的正（负）无穷大，记为

$$\lim_{\substack{x \to x_0 \\ (x \to \infty)}} f(x) = +\infty \left[\text{或} \lim_{\substack{x \to x_0 \\ (x \to \infty)}} f(x) = -\infty \right].$$

注意：

(1) 定义中的 M 可任意大；

(2) 当 $x \to x_0 (x \to \infty)$ 时，若 $f(x)$ 为无穷大，则这时 $f(x)$ 是没有极限的！为了表示函数的这种变化性态，我们仍借用极限符号，记为

$$\lim_{\substack{x \to x_0 \\ (x \to \infty)}} f(x) = \infty ;$$

(3) 无穷大不是一个很大的常数，不要把它与很大的常数混为一谈；

(4) 无穷大是无界函数，但无界函数不见得是某一个过程的无穷大，例如 $y = x \sin x$ 是无界函数，但 $x \to +\infty$ 时它不是无穷大.

同样可定义 $n \to \infty$，$x \to +\infty$，$x \to -\infty$，$x \to x_0^-$，$x \to x_0^+$ 极限过程的无穷大.

例 1　试证 $\lim\limits_{x \to 1} \dfrac{1}{x-1} = \infty$.

证明　$\forall M > 0$，若要 $\left| \dfrac{1}{x-1} \right| > M$，只需 $0 < |x-1| < \dfrac{1}{M}$，故取 $\delta = \dfrac{1}{M}$ 即可.　　　　□

直线 $x = 1$ 是双曲线 $y = \dfrac{1}{x-1}$ 的铅直渐近线.

一般地说，如果 $\lim\limits_{x \to x_0} f(x) = \infty$，则称直线 $x = x_0$ 是曲线 $y = f(x)$ 的铅直渐近线.

例 2　试证 $\{x_n\} = \left\{ \dfrac{n^3 + 7n - 2}{n^2 + n} \right\}$ 在 $n \to \infty$ 时为正无穷大.

证明　由于 $n^2 > n$，故

$$\frac{n^3 + 7n - 2}{n^2 + n} > \frac{n^3}{2n^2} = \frac{n}{2},$$

可见 $\forall M > 0$，只要 $\dfrac{n}{2} > M$，即 $n > 2M$，就有

$$\frac{n^3 + 7n - 2}{n^2 + n} > M,$$

故可取 $N = [2M]$，因此 $\{x_n\}$ 是正无穷大.　　　　□

定理 2.20（无穷大与无穷小的关系）

（ⅰ）若 $\lim f(x)=\infty$，则 $\lim \dfrac{1}{f(x)}=0$；

（ⅱ）若 $\lim f(x)=0$，且 $f(x)\neq 0$，则 $\lim \dfrac{1}{f(x)}=\infty$，

即无穷大的倒数是无穷小；非零无穷小的倒数是无穷大.

* **证明** 仅对 $x \to x_0$ 的情形给出证明.

（ⅰ）$\forall \varepsilon > 0$，由于 $\lim\limits_{x \to x_0} f(x) = \infty$，所以，对 $M = \dfrac{1}{\varepsilon} > 0$，$\exists \delta > 0$，使得当 $0 < |x-x_0| < \delta$ 时，恒有 $|f(x)| > M$，又因为 $f(x) \neq 0$，从而

$$\left| \frac{1}{f(x)} \right| < \varepsilon,$$

故

$$\lim_{x \to x_0} \frac{1}{f(x)} = 0.$$

（ⅱ）$\forall M > 0$，由于 $\lim\limits_{x \to x_0} f(x) = 0$，所以，对 $\varepsilon = \dfrac{1}{M} > 0$，$\exists \delta > 0$，使得当 $0 < |x-x_0| < \delta$ 时，恒有 $|f(x)| < \varepsilon$，从而

$$\left| \frac{1}{f(x)} \right| > M,$$

故

$$\lim_{x \to x_0} \frac{1}{f(x)} = \infty. \qquad \square$$

容易证明：两个正（负）无穷大之和仍为正（负）无穷大；无穷大与有界变量的和、差仍为无穷大；有非零极限的变量与无穷大之积或无穷大与无穷大之积仍为无穷大；用非零值有界变量去除无穷大仍为无穷大.

2.6.3 无穷小的比较

同一过程中的两个无穷小 α 与 β，虽然都以零为极限，但它们趋于零的快慢可能大不相同. 这便引出了无穷小阶的概念.

定义 2.8 设 $\lim \alpha = 0$，$\lim \beta = 0$.

（ⅰ）如果 $\lim \dfrac{\beta}{\alpha} = 0$，则称 β 是 α 的**高阶无穷小**，简记为 $\beta = o(\alpha)$.

（ⅱ）如果 $\lim \dfrac{\beta}{\alpha} = \infty$，则称 β 是 α 的**低阶无穷小**.

（ⅲ）如果 $\lim \dfrac{\beta}{\alpha} = C \neq 0$，则称 α 与 β 为**同阶无穷小**.

特别地，当 $C=1$ 时，称 α 与 β 是**等价无穷小**，记为 $\alpha\sim\beta$.

（Ⅳ）如果 $\lim\dfrac{\beta}{\alpha^k}=C\neq0$，$k>0$，则称 β 是 α 的 k 阶无穷小.

显然，$k>1$ 时，β 是 α 的高阶无穷小；当 $k<1$ 时，β 是 α 的低阶无穷小；$k=1$ 时，α 与 β 为同阶无穷小.

例如，$n\to\infty$ 时 $\dfrac{1}{n^2}$ 是 $\dfrac{1}{n}$ 的高阶无穷小，$\dfrac{1}{n^2}=o\left(\dfrac{1}{n}\right)$；$x\to\infty$ 时，$\dfrac{1}{x}$ 与 $\dfrac{10}{x}$ 是同阶无穷小；$x\to0$ 时，$\sin x\sim x$，$\tan x\sim x$，$1-\cos x\sim\dfrac{1}{2}x^2$；$x\to0$ 时，x^3 是 x 的三阶无穷小，$\sqrt{x}$ 是 x 的 $\dfrac{1}{2}$ 阶无穷小.

练习 1. 当 $x\to1$ 时，无穷小 $1-x$ 和（1）$1-\sqrt[3]{x}$；（2）$(1-\sqrt{x})$ 是否是同阶的？是否是等价的？

下面介绍两个关于等价无穷小的定理.

定理 2.21 $\alpha\sim\beta$ 的充要条件是 $\beta-\alpha=o(\alpha)$［或 $\beta-\alpha=o(\beta)$］.

证明 $\alpha\sim\beta$，即 $\lim\dfrac{\beta}{\alpha}=1$，它等价于 $\lim\left(\dfrac{\beta}{\alpha}-1\right)=0$，即

$$\lim\frac{\beta-\alpha}{\alpha}=0,$$

故 $\beta-\alpha=o(\alpha)$. □

这个定理说明：两个等价无穷小的差，比它们中的任何一个都是高阶无穷小；或者说，一个无穷小 α 与它的高阶无穷小 $o(\alpha)$ 之和，仍与原无穷小 α 等价，$\alpha+o(\alpha)\sim\alpha$. 例如，当 $x\to0$ 时

$$\sin x+x^2\sim x,(\sqrt{x}-x)\sim\sqrt{x}.$$

定义 2.9 设 α 与 β 为两个无穷小，若 $\beta-\alpha=o(\alpha)$，则称 α 是 β 的**主部**.

两个等价无穷小可互为主部.

练习 2. 当 $x\to0$ 时，试确定下列各无穷小对于 x 的阶数，并写出其幂函数的主部.

（1）$\sqrt[3]{x^2}-\sqrt{x}$；（2）$\sqrt{a+x^3}-\sqrt{a}$.

定理 2.22 设 $\alpha\sim\hat{\alpha}$，$\beta\sim\hat{\beta}$，且 $\lim\dfrac{\hat{\beta}}{\hat{\alpha}}=A$（或 ∞），则

$$\lim\frac{\beta}{\alpha}=\lim\frac{\hat{\beta}}{\hat{\alpha}}=A（或\infty）.$$

证明 因为

$$\lim \frac{\hat{\alpha}}{\alpha} = 1, \lim \frac{\hat{\beta}}{\beta} = 1,$$

所以

$$\lim \frac{\beta}{\alpha} = \lim \left(\frac{\hat{\alpha}}{\alpha} \frac{\hat{\beta}}{\hat{\alpha}} \frac{\beta}{\hat{\beta}} \right) = A \, (\text{或} \infty). \qquad \square$$

这个定理说明，两个无穷小之比的极限，可由它们等价无穷小之比的极限代替．这种求极限的方法，通常称为**等价无穷小代换法**，它能够给 $\frac{0}{0}$ 型未定式的极限运算带来方便．

例 3 求 $\lim\limits_{x \to 0} \dfrac{\sqrt{1+x+x^2}-1}{x^3+\sin 2x}$．

解 因为 $x \to 0$ 时，$(\sqrt{1+x+x^2}-1) \sim \dfrac{1}{2}(x+x^2) \sim \dfrac{1}{2}x$，以及 $(x^3+\sin 2x) \sim \sin 2x \sim 2x$，故

$$\lim_{x \to 0} \frac{\sqrt{1+x+x^2}-1}{x^3+\sin 2x} = \lim_{x \to 0} \frac{\dfrac{1}{2}x}{2x} = \frac{1}{4}.$$

例 4 求 $\lim\limits_{x \to 0} \dfrac{x(\tan x - \sin x)}{\sin x^4}$．

解 因为 $x \to 0$ 时，$\tan x \sim x$，$(1-\cos x) \sim \dfrac{1}{2}x^2$，所以 $\tan x - \sin x = \tan x(1-\cos x) \sim \dfrac{1}{2}x^3$，又 $x \to 0$ 时 $\sin x^4 \sim x^4$，故

$$\lim_{x \to 0} \frac{x(\tan x - \sin x)}{\sin x^4} = \lim_{x \to 0} \frac{x \cdot \dfrac{1}{2}x^3}{x^4} = \frac{1}{2}.$$

注意：两个无穷小的和差未必与它们的等价无穷小的和差等价．

例 5 已知 $\lim\limits_{x \to \infty} \left(\dfrac{x^2}{x+1} - ax - b \right) = 0$，求 a，b．

解 由

$$\lim_{x \to \infty} \left(\frac{x^2}{x+1} - ax + b \right) = \lim_{x \to \infty} x \left(\frac{x}{x+1} - a - \frac{b}{x} \right) = 0,$$

有

$$\lim_{x \to \infty} \left(\frac{x}{x+1} - a - \frac{b}{x} \right) = 0,$$

于是

$$a = \lim_{x \to \infty} \left(\frac{x}{x+1} - \frac{b}{x} \right) = 1,$$

故有
$$\lim_{x \to \infty} \left(\frac{x^2}{x+1} - x - b \right) = 0,$$
因而
$$b = \lim_{x \to \infty} \left(\frac{x^2}{x+1} - x \right) = \lim_{x \to \infty} \frac{-x}{x+1} = -1.$$

练习 3. 用等价无穷小代换法求下列极限.

(1) $\displaystyle\lim_{x \to 0} \frac{1 - \cos mx}{x^2}$;　　　(2) $\displaystyle\lim_{x \to 0} \frac{\ln(1+x)}{\sqrt{1+x}-1}$;

(3) $\displaystyle\lim_{x \to 0} \frac{\arctan 2x}{\arcsin 3x}$;　　　(4) $\displaystyle\lim_{x \to 0^+} \frac{\sin x^3 \tan x (1 - \cos x)}{\sqrt{x + \sqrt[3]{x}} \left(\sqrt[6]{x^5} \sin^5 x \right)}$.

2.7 函数的连续性

2.7.1 连续与间断

在许多变化过程中,如果自变量的改变非常小,那么因变量的相应改变也非常小. 函数的连续性,就是对这种渐变性的数学描述. 在微积分中主要研究的对象就是连续函数.

设函数 $y = f(x)$ 在 x_0 的某邻域内有定义,当自变量从 x_0 变到 x 时,函数随着从 $f(x_0)$ 变到 $f(x)$. 称差 $\Delta x = x - x_0$ 为**自变量在 x_0 处的增量**,称差

$$\Delta y = f(x) - f(x_0) = f(x_0 + \Delta x) - f(x_0) \qquad (2.7.1)$$

为函数(对应)的增量. 显然,当 x_0 固定时,函数增量是自变量增量的函数. 自变量增量与函数增量的几何意义如图 2.5 所示.

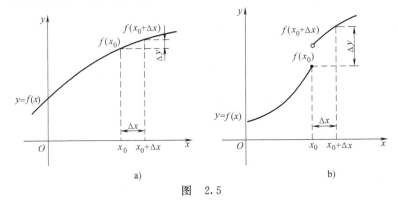

图　2.5

定义 2.10　设 $y = f(x)$ 在 x_0 的某去心邻域上有定义,如果 $f(x)$ 在 x_0 处也有定义,且

$$\lim_{\Delta x \to 0} \Delta y = 0, \tag{2.7.2}$$

则称函数 $y = f(x)$ 在点 x_0 处**连续**，并称 x_0 是 $f(x)$ 的**连续点**. 否则，称 x_0 是函数 $f(x)$ 的**间断点**.

图 2.5a 中，x_0 点是连续点；图 2.5b 中，x_0 点是间断点. 函数的连续反映一种连绵不断的变化状态：自变量的微小变动只能引起函数值的微小变动.

式 (2.7.2) 等价于

$$\lim_{x \to x_0} f(x) = f(x_0), \tag{2.7.3}$$

即 $\forall \varepsilon > 0$，$\exists \delta > 0$，使得当 $|x - x_0| < \delta$ 时，恒有

$$|f(x) - f(x_0)| < \varepsilon. \tag{2.7.4}$$

式 (2.7.3) 和式 (2.7.4) 也是函数 $f(x)$ 在点 x_0 处连续的定义. 由此可见，若 $f(x)$ 在点 x_0 处连续，则 $x \to x_0$ 时有极限，且等于 $f(x_0)$. 但有极限却不能保证连续，即有如下关系：

$$\boxed{连续} \underset{\Leftarrow}{\overset{\Rightarrow}{}} \boxed{有极限}$$

例如，$y = \dfrac{x^2 - 1}{x - 1}$，当 $x \to 1$ 时有极限为 2，但它在 $x = 1$ 处不连续，因为 $x = 1$ 时函数无定义.

式 (2.7.3) 又等价于

$$f(x_0^-) = f(x_0^+) = f(x_0). \tag{2.7.5}$$

如果 $f(x_0^-) = f(x_0)$，则称 $f(x)$ 在 x_0 处**左连续**；如果 $f(x_0^+) = f(x_0)$，则称 $f(x)$ 在 x_0 处**右连续**. 图 2.5b 中函数 $f(x)$ 在 x_0 处左连续，但不右连续. 显然，$f(x)$ 在 x_0 处连续的充要条件是它在 x_0 处左、右都连续.

如果 $f(x)$ 在区间 (a, b) 内每一点处都连续，则称 $f(x)$ 在开区间 (a, b) 内连续，记为 $f(x) \in C(a, b)$. 如果 $f(x) \in C(a, b)$，且 $f(a^+) = f(a)$，$f(b^-) = f(b)$，则称 $f(x)$ 在闭区间 $[a, b]$ 上连续，记为 $f(x) \in C[a, b]$. 在定义域上连续的函数称为**连续函数**.

一个区间上连续函数的图形是一条无缝隙的连绵不断的曲线.

由前几节中的例题和习题知：x^μ，$\sin x$，$\cos x$，a^x，$\log_a x$ 及多项式函数 $P(x)$ 和有理函数 $R(x)$ 都是连续函数.

例 1 已知函数

$$f(x) = \begin{cases} \dfrac{\sin x}{x}, & x < 0, \\[2mm] a, & x = 0, \\[2mm] x \sin \dfrac{1}{x} + b, & x > 0, \end{cases}$$

讨论：（1）a、b 为何值时，$\lim\limits_{x \to 0} f(x)$ 存在；（2）a、b 为何值时，$f(x)$ 在 $x = 0$ 处连续.

解 因为

$$f(0^-) = \lim\limits_{x \to 0^-} \frac{\sin x}{x} = 1, \qquad f(0^+) = \lim\limits_{x \to 0^+} \left(x \sin \frac{1}{x} + b \right) = b,$$

所以

（1）要 $\lim\limits_{x \to 0} f(x)$ 存在，必须满足 $f(0^-) = f(0^+)$，即 $b = 1$（a 可任取）.

（2）要使 $f(x)$ 在 $x = 0$ 处连续，必须满足 $f(0^-) = f(0^+) = f(0)$，即 $a = b = 1$.

如果 x_0 是间断点，则式（2.7.5）受到破坏，据此间断点又分为两大类.

1. 第一类间断点

左、右极限 $f(x_0^-)$ 和 $f(x_0^+)$ 都存在的间断点 x_0，称为**第一类间断点**.

（1）$f(x_0^-) \neq f(x_0^+)$，即左、右极限都存在，但不相等. 不管函数在 x_0 处是否有定义，这种第一类间断点叫作**跳跃间断点**. $f(x_0^+) - f(x_0^-)$ 称为其**跃度**. 这种量的突变往往伴随着质的变化.

例 2 函数 $f(x) = \dfrac{2}{1 + e^{1/(x-1)}}$，因 $f(1^-) = 2, f(1^+) = 0$，所以 $x = 1$ 是函数第一类间断点中的跳跃间断点（见图 2.6）.

（2）$f(x_0^-) = f(x_0^+)$，但不等于 $f(x_0)$ 或 $f(x_0)$ 不存在，即有极限而不连续. 这种第一类间断点叫作可去间断点. 顾名思义，这个词强调的是只要补充或修改函数在 x_0 处的定义，令 $f(x_0) = \lim\limits_{x \to x_0} f(x)$，就可以得到在 x_0 处连续的函数. 务必注意，"可去"二字只说明间断点的性质，不要把可去间断点误认为不是间断点.

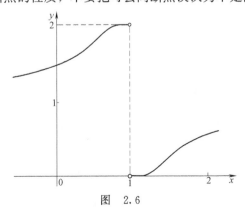

图 2.6

例 3 函数 $f(x)=\dfrac{\sin x}{x}$，在 $x=0$ 处无定义. 因为 $\lim\limits_{x\to 0}\dfrac{\sin x}{x}=1$，所以 $x=0$ 是可去间断点. 只要补充定义 $f(0)=1$，函数就在 $x=0$ 处连续.

2. 第二类间断点

左、右极限至少有一个不存在的间断点，叫作**第二类间断点**.

例 4 因为 $\lim\limits_{x\to\frac{\pi}{2}^-}\tan x=+\infty$，所以 $x=\dfrac{\pi}{2}$ 是函数 $\tan x$ 的第二类间断点. 由于 $x\to\dfrac{\pi}{2}$ 时，曲线伸向无穷远，所以 $x=\dfrac{\pi}{2}$ 也叫作无穷间断点.

例 5 因为 $\lim\limits_{x\to 0^+}\sin\dfrac{1}{x}$ 不存在，所以 $x=0$ 是 $\sin\dfrac{1}{x}$ 的第二类间断点. 在 $x=0$ 附近，函数 $f(x)=\sin\dfrac{1}{x}$ 的图形在 -1 与 1 之间反复振荡，所以 $x=0$ 也叫作振荡间断点（见图 2.7）.

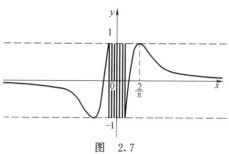

图 2.7

练习 1. 求下列函数的连续区间、间断点及其类型，如果是可去间断点，如何补充或修改这一点处函数的定义使它连续？

(1) $f(x)=(1+x)^{\frac{1}{x}}\ (x>-1)$;　　(2) $f(x)=\dfrac{x}{\sin x}$;

(3) $f(x)=\dfrac{x^2-x}{|x|(x^2-1)}$;　　(4) $f(x)=\begin{cases}\dfrac{\sin x}{x}, & x<0 \\[2mm] x^2-1, & x\geqslant 0;\end{cases}$

(5) $f(x)=(1+\mathrm{e}^{\frac{1}{x}})/(2-3\mathrm{e}^{\frac{1}{x}})$.

练习 2. 对函数 $f(x)=\arctan\dfrac{1}{x}$，能否在 $x=0$ 处补充定义函数值，使函数连续？为什么？

2.7.2　函数连续性的判定定理

判定函数的连续性最基本的方法是用定义判定. 下面介绍几个常用的定理, 以便从已知函数的连续性来推断它们构成的函数的连续性.

定理 2.23　如果 $f(x)$ 和 $g(x)$ 都在点 x_0 处连续, 则

$$f(x) \pm g(x), f(x)g(x), \frac{f(x)}{g(x)}[其中\ g(x_0) \neq 0]$$

都在 x_0 处连续.

练习 3. 若函数 $f(x)$ 与 $g(x)$ 都在 $x=x_0$ 点处不连续, 则 $f(x)+g(x)$ 和 $f(x) \cdot g(x)$ 是否在 $x=x_0$ 点处也不连续?

练习 4. 若 $f(x)$ 连续, 则 $\left| f(x) \right|$ 与 $f^2(x)$ 是否也连续? 又若 $\left| f(x) \right|$ 与 $f^2(x)$ 连续, 则 $f(x)$ 是否也连续?

定理 2.24　如果 $u=\varphi(x)$ 在点 x_0 处连续, $u_0=\varphi(x_0)$, 又 $y=f(u)$ 在点 u_0 处连续, 则复合函数 $y=f(\varphi(x))$ 在点 x_0 处也连续.

根据函数连续的定义和极限的运算法则以及定理 2.23, 定理 2.24 是显然成立的.

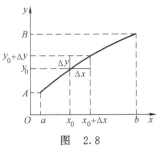

图　2.8

定理 2.25　单调的连续函数的反函数是单调的连续函数.

从图 2.8 看, 结论是明显的, 不予证明.

例 6　因为 $\sin x$, $\cos x \in C(-\infty, +\infty)$,

所以

$$\tan x = \frac{\sin x}{\cos x}, \cot x = \frac{\cos x}{\sin x},$$

$$\sec x = \frac{1}{\cos x}, \csc x = \frac{1}{\sin x},$$

在分母不为零的点处都是连续的, 即在它们的定义域上连续.

因函数 $\frac{1}{x}$ 在任意 $x \neq 0$ 处都连续, 所以复合函数 $y = \sin \frac{1}{x}$ 在任意 $x \neq 0$ 处也都连续.

定理 2.26　初等函数在其有定义的 "区间内" 处处连续.

这是定理 2.23、定理 2.24 和基本初等函数是定义域上的连续函数的直接推论. 要注意的是: 定理 2.26 不是说初等函数在定义

域上处处连续，而是说"若初等函数在 x_0 的某邻域上有定义，则它在 x_0 处就连续"．比如函数

$$y = \sqrt{x \sin^2 \frac{1}{x}},$$

其定义域是 $\left\{ x \mid x > 0 \text{ 及 } x = -\dfrac{1}{k\pi}, \ k = 1, 2, \cdots \right\}$，但它只在 $x > 0$ 上连续，$x = -\dfrac{1}{k\pi}$ 的这些点上不能考虑函数的连续性，因为自变量这时是离散的（参看函数连续与间断的定义）．

初等函数无定义的孤立点是间断点；分段函数的分段点可能是间断点，也可能是连续点，需要判定．例如：

函数 $y = \ln\sin^2 x$ 的无定义点是 $x = k\pi (k = 0, \pm 1, \cdots)$，它们都是孤立的，因此都是间断点；

函数 $y = \mathrm{e}^{\frac{1}{x+2}} \Big/ \left(\dfrac{1}{x-1} - \dfrac{2}{x} \right)$ 的无定义点是 $-2, 0, 1, 2$，它们都是孤立的，因此都是间断点；

符号函数 $y = \mathrm{sgn}\, x$ 是分段函数，它的分段点 $x = 0$ 是间断点；

而分段函数

$$f(x) = \begin{cases} \dfrac{\sin x}{x}, & x \neq 0, \\ 1, & x = 0 \end{cases}$$

的分段点 $x = 0$ 则是连续点．

此外，狄利克雷函数 $y = D(x)$ 处处有定义，但处处是第二类间断点；函数 $y = xD(x)$ 处处有定义，仅在 $x = 0$ 处连续．

练习 5. 证明：

(1) $f(x) = \begin{cases} -1, & x < 0, \\ 1, & x > 0 \end{cases}$ 是初等函数；

(2) 符号函数 $\mathrm{sgn}\, x$ 不是初等函数．

2.7.3　连续在极限运算中的应用

定理 2.27　设 $f(u)$ 在 u_0 处连续，又 $\lim \varphi(x) = u_0$，则
$$\lim f(\varphi(x)) = f(\lim \varphi(x)) = f(u_0).$$

这是定理 2.13 的推广．说明极限运算可取到连续函数内．下面几个极限也是很重要的．

例 7　试证 $\lim\limits_{x \to 0} \dfrac{\log_a(1+x)}{x} = \dfrac{1}{\ln a}$．

证明

$$\lim_{x \to 0} \frac{\log_a(1+x)}{x} = \lim_{x \to 0} \log_a(1+x)^{\frac{1}{x}} = \log_a \left[\lim_{x \to 0} (1+x)^{\frac{1}{x}} \right]$$

$$= \log_a \mathrm{e} = \frac{1}{\ln a}. \qquad \square$$

特别地，有

$$\lim_{x \to 0} \frac{\ln(1+x)}{x} = 1.$$

即当 $x \to 0$ 时，$\ln(1+x) \sim x$.

例 8　试证 $\displaystyle\lim_{x \to 0} \frac{a^x - 1}{x} = \ln a$.

证明　通过变换，令 $a^x - 1 = t$，则 $a^x = 1 + t$，$x = \log_a(1+t)$，且 $x \to 0$ 等价于 $t \to 0$，于是由例 7 有

$$\lim_{x \to 0} \frac{a^x - 1}{x} = \lim_{t \to 0} \frac{t}{\log_a(1+t)} = \ln a. \qquad \square$$

特别地，有

$$\lim_{x \to 0} \frac{\mathrm{e}^x - 1}{x} = 1.$$

即当 $x \to 0$ 时，$(\mathrm{e}^x - 1) \sim x$.

例 9　试证 $\displaystyle\lim_{x \to 0} \frac{(1+x)^\mu - 1}{x} = \mu$（$\mu$ 为实数）.

证明　令 $(1+x)^\mu - 1 = y$，则 $(1+x)^\mu = 1 + y$，有

$$\mu \ln(1+x) = \ln(1+y),$$

所以

$$\frac{(1+x)^\mu - 1}{x} = \frac{y}{x} = \frac{y}{\ln(1+y)} \cdot \frac{\mu \ln(1+x)}{x}.$$

因 $x \to 0$ 等价于 $y \to 0$，于是由例 7，有

$$\lim_{x \to 0} \frac{(1+x)^\mu - 1}{x} = \lim_{y \to 0} \frac{y}{\ln(1+y)} \cdot \lim_{x \to 0} \frac{\mu \ln(1+x)}{x} = \mu. \qquad \square$$

这个结果说明：当 $x \to 0$ 时，$[(1+x)^\mu - 1] \sim \mu x$.

练习 6. 计算下列极限.

(1) $\displaystyle\lim_{x \to 0} \frac{\ln(x+a) - \ln a}{x}$;　　(2) $\displaystyle\lim_{x \to 0} \frac{\sqrt{1 - x \sin x} - 1}{\mathrm{e}^{x^2} - 1}$;

(3) $\displaystyle\lim_{x \to 0} \frac{\sqrt[m]{1 + \alpha x} \cdot \sqrt[n]{1 + \beta x} - 1}{x}$;

(4) $\displaystyle\lim_{x \to 0} \left(\frac{a^x + b^x + c^x}{3} \right)^{\frac{1}{x}}$ $(a, b, c > 0)$.

2.7.4 闭区间上连续函数的性质

闭区间上的连续函数有几个重要性质,它们是研究许多问题的基础. 读者可以略去本节定理证明,而通过几何直观来认识它们.

定理 2.28(有界性) 闭区间上的连续函数必有界.

*证明 反证法,设 $f(x)$ 在 $[a,b]$ 上连续,但无界,则对任何正整数 n,都有点 $x_n \in [a,b]$,使得 $|f(x_n)| > n$,从而 $\lim\limits_{n \to \infty} f(x_n) = \infty$. 于是,从有界数列 $\{x_n\}$ 中抽出一个收敛的子数列 $x_{n_k} \to x_0 (k \to \infty)$,此处 $x_0 \in [a,b]$,亦有 $\lim\limits_{k \to \infty} f(x_{n_k}) = \infty$.

另一方面,由于 $f(x) \in C[a,b]$,所以 $\lim\limits_{x \to x_0} f(x) = f(x_0)$,而 $x_{n_k} \to x_0 (k \to \infty)$,故有 $\lim\limits_{k \to \infty} f(x_{n_k}) = f(x_0)$.

这个结论与假设矛盾,说明反证的假设是错误的. □

定义 2.11 如果在区间 I 上存在点 ξ,使得当 $x \in I$ 时,恒有
$$f(\xi) \leqslant f(x) \quad [f(x) \leqslant f(\xi)],$$
则称 $f(\xi)$ 为 $f(x)$ 在 I 上的**最小(大)值**,记为
$$f(\xi) = \min_{x \in I} f(x) \quad [f(\xi) = \max_{x \in I} f(x)].$$

定理 2.29(最大最小值存在定理) 闭区间上的连续函数必有最小值和最大值.

*证明 设 $f(x) \in C[a,b]$,则 $f(x)$ 在 $[a,b]$ 上有界,因此有上确界和下确界. 下面仅证明 $f(x)$ 有最大值,即证 $f(x)$ 可以达到上确界 β. 事实上,由上确界性质,对每个 $\varepsilon = \dfrac{1}{n}(n=1,2,\cdots)$,都有 $x_n \in [a,b]$,使得
$$\beta - \frac{1}{n} < f(x_n) \leqslant \beta, n = 1, 2, \cdots,$$
故
$$\lim_{n \to \infty} f(x_n) = \beta.$$

从有界数列 $\{x_n\}$ 中抽取一个收敛的子数列 $\{x_{n_k}\}$,设 $x_{n_k} \to x_0 \in [a,b]$,亦有
$$\lim_{k \to \infty} f(x_{n_k}) = \beta,$$
而由 $f(x)$ 在 x_0 处连续,有 $\lim\limits_{x \to x_0} f(x) = f(x_0)$. 特别地,有
$$\lim_{k \to \infty} f(x_{n_k}) = f(x_0).$$
根据极限的唯一性可知 $f(x_0) = \beta$,即在 $x_0 \in [a,b]$ 处达到了最大值.

类似地，可以证明 $f(x)$ 有最小值.　　　　　　　□

开区间上的连续函数或闭区间内有间断点的函数都不一定有界，不一定有最大值和最小值. 比如，$x^2 \in C(-1,1)$，x^2 在 $(-1,1)$ 内虽然有界，但无最大值. 函数 $\tan x$ 在闭区间 $[0,\pi]$ 上无界，也无最大值和最小值，因为 $x=\dfrac{\pi}{2}$ 是它的第二类间断点.

定理 2.30（零点存在定理）　设函数 $f(x)$ 在闭区间 $[a,b]$ 上连续，且 $f(a)f(b)<0$，则至少存在一点 $\xi \in (a,b)$，使得
$$f(\xi)=0.$$

直观上，曲线上的动点从直线 $y=0$ 的一侧连续爬到另一侧，至少要通过直线 $y=0$ 一次，交点的横坐标就是 ξ，且 $f(\xi)=0$（见图 2.9）.

这个定理常常用来确定方程
$$f(x)=0$$
解的存在性及存在范围. 比如，方程
$$x^5+x-1=0,$$
设 $P(x)=x^5+x-1$，由于 $P(x) \in C[0,1]$，$P(0)=-1$，$P(1)=1$，所以在区间 $(0,1)$ 内方程有解. 又 $P\left(\dfrac{1}{2}\right)=-0.46875$，所以在区间 $\left(\dfrac{1}{2},1\right)$ 内有解，又 $P\left(\dfrac{3}{4}\right) \approx -0.0127$，所以在区间 $\left(\dfrac{3}{4},1\right)$ 内有解，…，这样算下去，直到区间的长度在精度要求范围内，取其中点作为方程的近似解，误差不超过区间长度的一半. 像这种每次将区间缩小一半寻找方程近似解的方法叫作**二分法**，它是求方程解近似值的常用方法.

练习 7. 试证任何三次多项式至少有一个零点.

练习 8. 证明方程 $x \cdot 2^x = 1$ 至少有一个小于 1 的正根.

定理 2.31（介值定理）　闭区间上的连续函数一定能取得介于最小值和最大值之间的任何值. 即如果 $f(x) \in C[a,b]$，且数值 μ 满足
$$\min_{x \in [a,b]} f(x) < \mu < \max_{x \in [a,b]} f(x),$$
则至少存在一点 $\xi \in (a,b)$，使得 $f(\xi)=\mu$.

这是定理 2.30 的推论. 介值定理实质上是说连续函数能取尽任何两个函数值之间的一切数值，这是连续的本性.

> **练习9.** 若 $f(x)$ 在 $[a,b]$ 上连续，$a < x_1 < x_2 < \cdots < x_n < b$，则在 $[x_1,x_2]$ 中必存在 ξ，使得
> $$f(\xi) = \frac{f(x_1) + f(x_2) + \cdots + f(x_n)}{n}.$$

2.7.5　一致连续性

函数 $f(x)$ 在区间 I 上连续是指函数在 I 的每一点处都连续，这种连续性是逐点的、点态的，而且区间 I 可以是开的、闭的、半开半闭的，也可以是无界的．按照定义，也就是 $f(x)$ 在区间 I 的每一点都连续．即对区间 I 中任意的点 x_0 及任意的 $\varepsilon > 0$，存在 $\delta > 0$，对 I 中任意的点 x，当 $|x - x_0| < \delta$ 时，有 $|f(x) - f(x_0)| < \varepsilon$．对同一个 $\varepsilon > 0$，当 x_0 不同时，δ 一般也是不同的．δ 不仅依赖于事先给定的正数 ε，还与点 x_0 有关．但在许多实际应用中，需要存在一个对区间 I 上所有点都适用的 δ，它具有一种整体的性质，这就需要引进一个新的概念．

定义 2.12　设函数 $f(x)$ 在区间 I 上有定义，若对任意的 $\varepsilon > 0$，存在 $\delta = \delta(\varepsilon) > 0$，使得对 I 内的任意两点 x_1 和 x_2，当 $|x_1 - x_2| < \delta$ 时，均有 $|f(x_1) - f(x_2)| < \varepsilon$，则称 $f(x)$ 在区间 I 上**一致连续**.

例 10　证明 $\sin x$ 在区间 $(-\infty, +\infty)$ 上一致连续.

证明　对区间 $(-\infty, +\infty)$ 上的任意两点 x_1、x_2，有

$$|\sin x_1 - \sin x_2| = 2 \left| \cos \frac{x_1 + x_2}{2} \right| \cdot \left| \sin \frac{x_1 - x_2}{2} \right| \leqslant |x_1 - x_2|,$$

故对任意的 $\varepsilon > 0$，取 $\delta = \varepsilon$，则当 $|x_1 - x_2| < \delta$ 时，有 $|\sin x_1 - \sin x_2| < \varepsilon$．所以，$\sin x$ 在区间 $(-\infty, +\infty)$ 上一致连续．

例 11　证明 $\dfrac{1}{x}$ 在区间 $(c, 1)$（其中 $0 < c < 1$）上一致连续，而在 $(0, 1)$ 上连续但非一致连续.

证明　对任意的 $x_1, x_2 \in (c, 1)$，有

$$\left| \frac{1}{x_1} - \frac{1}{x_2} \right| = \frac{|x_1 - x_2|}{x_1 x_2} \leqslant \frac{1}{c^2} |x_1 - x_2|,$$

对任意的 $\varepsilon > 0$，为使 $\left| \dfrac{1}{x_1} - \dfrac{1}{x_2} \right| < \varepsilon$，只需使 $\dfrac{1}{c^2} |x_1 - x_2| < \varepsilon$．取 $\delta = c^2 \varepsilon$，即可证明 $\dfrac{1}{x}$ 在区间 $(c, 1)$ 上的一致连续性.

当考虑区间 $(0,1)$ 时，$\dfrac{1}{x}$ 在 $(0,1)$ 上连续. 但若取 $x'_n=\dfrac{1}{n+1}$，$x''_n=\dfrac{1}{n}$，则 $\left|\dfrac{1}{x'_n}-\dfrac{1}{x''_n}\right|=1$，而当 $n\to\infty$ 时，$|x'_n-x''_n|=\dfrac{1}{n(n+1)}<\dfrac{1}{n^2}\to0$. 所以，对于任意小于 1 的 $\varepsilon>0$，不论 δ 多么小，都可以找到 x'_n、x''_n，虽然 $|x'_n-x''_n|<\delta$，但 $\left|\dfrac{1}{x'_n}-\dfrac{1}{x''_n}\right|=1>\varepsilon$. □

从定义 2.12 和例题中可以看出，在某个区间内一致连续的函数显然必在这个区间内连续. 但反过来，在一个开区间内连续的函数可能在这个开区间内不一致连续. 但是，闭区间上的连续函数一定在该区间上是一致连续的.

> **练习 10.** 函数 $\sqrt{x}$ 在 $[0,+\infty)$ 上是一致连续的.

定理 2.32 ［康托尔（Cantor）定理］ 闭区间 $[a,b]$ 上的连续函数 $f(x)$ 在 $[a,b]$ 上一致连续.

2.8 例题

例 1 设 $f(x)=a_1\sin x+a_2\sin2x+\cdots+a_n\sin nx$，且对所有 x 满足 $|f(x)|\leqslant|\sin x|$，试证 $|a_1+2a_2+\cdots+na_n|\leqslant1$.

证明 设
$$g(x)=\left|\frac{f(x)}{\sin x}\right|=\left|a_1+a_2\frac{\sin2x}{\sin x}+\cdots+a_n\frac{\sin nx}{\sin x}\right|,$$
则由题目条件知 $g(x)\leqslant1$，而
$$\lim_{x\to0}g(x)=\lim_{x\to0}\left|a_1+a_2\frac{\sin2x}{\sin x}+\cdots+a_n\frac{\sin nx}{\sin x}\right|,$$
$$=|a_1+2a_2+\cdots+na_n|.$$
由极限的保序性知
$$|a_1+2a_2+\cdots+na_n|\leqslant1. \qquad\square$$

例 2 确定实数 a、b，使得当 $x\to a$ 时，函数 $f(x)=\dfrac{x-1}{\ln|x|}$ 是无穷小；当 $x\to b$ 时，$f(x)$ 为无穷大.

解 当 $x\to a$ 时，$f(x)$ 是无穷小，有两种可能：其一，分子 $x-1$ 为无穷小；其二，分母 $\ln|x|$ 为无穷大.

当 $x-1$ 为无穷小时，即 $x\to1$ 时，有

$$\lim_{x\to 1}f(x)=\lim_{x\to 1}\frac{x-1}{\ln|x|}\xlongequal{\diamondsuit\, t=x-1}\lim_{t\to 0}\frac{t}{\ln(1+t)}=1.$$

当 $\ln|x|$ 为无穷大时，即 $x\to 0$ 时（因 a 为实数，所以 $x\to\infty$ 的情况应舍去），有

$$\lim_{x\to 0}\frac{x-1}{\ln|x|}=0.$$

故 $a=0$.

当 $x\to b$ 时，$f(x)$ 为无穷大，也有两种可能：其一，分子 $x-1$ 是无穷大，此时 $x\to\infty$，因为 b 是实数（$b\neq\infty$），所以这种情况应舍去；其二，分母是无穷小，即有 $\ln|x|\to 0$，此时 $x\to -1$ 或 $x\to 1$. 而

$$\lim_{x\to -1}\frac{x-1}{\ln|x|}=\infty,\quad \lim_{x\to 1}\frac{x-1}{\ln|x|}=1,$$

故 $b=-1$.

例 3　设 $\lim\limits_{x\to+\infty}\left(\dfrac{x+c}{x-c}\right)^x=\dfrac{c-1}{4}\mathrm{e}^{2c}$，求常数 c.

解　显然 $c\neq 0$，由于

$$\lim_{x\to+\infty}\left(\frac{x+c}{x-c}\right)^x=\lim_{x\to+\infty}\left[\left(\frac{1+c/x}{1-c/x}\right)^{x/c}\right]^c=\mathrm{e}^{2c},$$

故 $\dfrac{c-1}{4}=1$，从而有 $c=5$.

例 4　已知 $\lim\limits_{n\to+\infty}(\sqrt{x^2+x+1}-ax-b)=0$，求 a、b.

解　由极限与无穷小的关系，有

$$\sqrt{x^2+x+1}-ax-b=\alpha,\alpha\to 0(\text{当 }x\to\infty\text{ 时}).$$

因此，$\sqrt{x^2+x+1}=ax+b+\alpha$，故有

$$\frac{\sqrt{x^2+x+1}}{x}=a+\frac{b}{x}+\frac{\alpha}{x},$$

两边取极限，得

$$\lim_{n\to+\infty}\frac{\sqrt{x^2+x+1}}{x}=\lim_{n\to+\infty}\left(a+\frac{b}{x}+\frac{\alpha}{x}\right),$$

得 $a=1$. 而

$$b=\lim_{n\to+\infty}(\sqrt{x^2+x+1}-ax)=\lim_{n\to+\infty}(\sqrt{x^2+x+1}-x)$$

$$=\lim_{n\to+\infty}\frac{x+1}{\sqrt{x^2+x+1}+x}=\lim_{n\to+\infty}\frac{1+\frac{1}{x}}{\sqrt{1+\frac{1}{x}+\frac{1}{x^2}}+1}=\frac{1}{2},$$

即 $b=\dfrac{1}{2}$.

例 5　设 $f(x)\in C(a,b)$，且 $f(a^+)$ 和 $f(b^-)$ 都存在，试证 $f(x)$ 在 (a,b) 上有界.

证明　（方法一）设 $f(a^+)=A,f(b^-)=B$，对取定的 $\varepsilon_0=1$，存在 $\delta\left(0<\delta<\dfrac{b-a}{2}\right)$，使得当 $x\in(a,a+\delta)$ 时，恒有

$$|f(x)-A|<1,$$

从而有

$$|f(x)|<|A|+1.$$

当 $x\in(b-\delta,b)$ 时，恒有

$$|f(x)-B|<1,$$

从而有

$$|f(x)|<|B|+1.$$

由于 $f(x)\in C[a+\delta,b-\delta]\subset C(a,b)$，故 $x\in[a+\delta,b-\delta]$ 时，存在常数 $M_1>0$，使得

$$|f(x)|<M_1.$$

令 $M=\max\{M_1,|A|+1,|B|+1\}$，则当 $x\in(a,b)$ 时，恒有

$$|f(x)|<M,$$

即 $f(x)$ 在 (a,b) 上有界.

（方法二）令 $F(a)=f(a^+),F(b)=f(b^-)$，当 $x\in(a,b)$ 时，$F(x)=f(x)$ 则 $F(x)\in C[a,b]$. 因此，存在 $M>0$，使得当 $x\in[a,b]$ 时，恒有

$$|F(x)|<M,$$

从而 $x\in(a,b)$ 时，恒有

$$|f(x)|<M. \qquad\Box$$

例 6　设 $f(x)\in C[a,b]$，A、B 为任意两个正数，试证对任意两点 $x_1,x_2\in[a,b]$，至少存在一点 $\xi\in[a,b]$，使得

$$Af(x_1)+Bf(x_2)=(A+B)f(\xi).$$

证明　因为 $f(x)\in C[a,b]$，所以 $f(x)$ 在 $[a,b]$ 上有最大值 M 和最小值 m，因此有

$$m\leqslant f(x_1)\leqslant M,m\leqslant f(x_2)\leqslant M.$$

因 $A,B>0$，故

$$Am\leqslant Af(x_1)\leqslant AM,\qquad Bm\leqslant Bf(x_2)\leqslant BM,$$

两式相加得

$$(A+B)m\leqslant Af(x_1)+Bf(x_2)\leqslant(A+B)M,$$

因此

$$m \leqslant \frac{Af(x_1) + Bf(x_2)}{A+B} \leqslant M,$$

再由介值定理知，至少存在一点 $\xi \in [a, b]$，使得

$$f(\xi) = \frac{Af(x_1) + Bf(x_2)}{A+B},$$

故

$$Af(x_1) + Bf_2(x_2) = (A+B)f(\xi). \qquad \square$$

例 7　设函数 $f(x)$ 在 $[0,1]$ 上连续，并且此函数在 $[0,1]$ 区间上的最小值是 0，最大值是 1，试证方程 $f(x) = x$ 在 $[0,1]$ 上必有根.

证明　若 $f(0) = 0$，则 0 就是方程 $f(x) = x$ 的根. 若 $f(1) = 1$，则 1 就是方程 $f(x) = x$ 的根.

若 $f(0) \neq 0$ 且 $f(1) \neq 1$. 设 $F(x) = f(x) - x$，有 $F(0) = f(0) > 0, F(1) = f(1) - 1 < 0$，从而 $F(x) = 0$ 在 $(0,1)$ 上有根，即 $f(x) = x$ 有根. $\qquad \square$

例 8　若 $f(x)$ 对一切正实数 x_1、x_2 满足 $f(x_1 \cdot x_2) = f(x_1) + f(x_2)$，试证在区间 $(0, +\infty)$ 内，只要 $f(x)$ 在一点连续就处处连续.

证明　令 $x_1 = x_2 = 1$，则有 $f(1) = f(1) + f(1)$，故 $f(1) = 0$.

设 $x_0 \in (0, +\infty)$，$f(x)$ 在 x_0 处连续，则由于

$$\lim_{x \to 1} f(x) = \lim_{h \to 0} f(1+h) = \lim_{h \to 0} [f(x_0) + f(1+h) - f(x_0)]$$
$$= \lim_{h \to 0} [f(x_0 + x_0 h) - f(x_0)] = 0,$$

故 $f(x)$ 在 $x = 1$ 处连续. $\forall x \in (0, +\infty)$，由于

$$\lim_{\Delta x \to 0} [f(x + \Delta x) - f(x)] = \lim_{\Delta x \to 0} \left[f(x) + f\left(1 + \frac{\Delta x}{x}\right) - f(x) \right]$$
$$= \lim_{\Delta x \to 0} f\left(1 + \frac{\Delta x}{x}\right) = 0.$$

所以 $f(x)$ 在 $(0, +\infty)$ 内处处连续. $\qquad \square$

例 9　设函数 $f(x)$ 在区间 $[0, +\infty)$ 上连续，且 $\lim\limits_{x \to +\infty} f(x)$ 存在且有限. 试证：$f(x)$ 在区间 $[0, +\infty)$ 上一致连续.

证明　先证对任意的 $\varepsilon > 0$，存在 $M > 0$，使得对任意的 x_1，$x_2 > M$，有 $|f(x_1) - f(x_2)| < \varepsilon$. 设 $A = \lim\limits_{x \to +\infty} f(x)$，则对任意的 $\varepsilon > 0$，存在 $M > 0$，当 $x > M$ 时，有 $|f(x) - A| < \varepsilon$. 故对任

意的 x_1，$x_2 > M$，有

$$|f(x_1) - f(x_2)| \leqslant |f(x_1) - A| + |f(x_2) - A| < \varepsilon.$$

在有界闭区间 $[0, M+1]$ 上，应用定理 2.32，则对上述的 $\varepsilon > 0$，存在 $\delta > 0$（不妨设 $\delta < 1$），使得对任意的 $x_1, x_2 \in [0, M+1]$，当 $|x_1 - x_2| < \delta$ 时，$|f(x_1) - f(x_2)| < \varepsilon$.

综上，对上述的 $\varepsilon > 0$，$\delta > 0$，当 $|x_1 - x_2| < \delta$ 时，若 $x_1, x_2 \in [0, M+1]$，则 $|f(x_1) - f(x_2)| < \varepsilon$；若 $x_1, x_2 \in [M, +\infty)$，则 $|f(x_1) - f(x_2)| < \varepsilon$. 故 $f(x)$ 在区间 $[0, +\infty)$ 上连续.　□

习题 2

1. 若 $x_1 = a > 0$，$y_1 = b > 0$ $(a < b)$ 且

$$x_{n+1} = \sqrt{x_n y_n},\ y_{n+1} = \frac{x_n + y_n}{2},$$

证明：$\lim\limits_{n \to \infty} x_n = \lim\limits_{n \to \infty} y_n$.

2. 若 $|x_n| \leqslant q |x_{n-1}|$，且 $q < 1$，试证 $\lim\limits_{n \to \infty} x_n = 0$.

3. 在函数极限定义中，

(1) 将 "$0 < |x - x_0| < \delta$" 换为 "$0 < |x - x_0| \leqslant \delta$" 或 "$0 \leqslant |x - x_0| < \delta$"，与原定义是否等价，为什么？

(2) 将 "$|f(x) - A| < \varepsilon$" 换为 "$|f(x) - A| \leqslant \varepsilon$" 或 "$|f(x) - A| < 2\varepsilon$"，与原定义是否等价，为什么？

4. 计算下列极限.

(1) $\lim\limits_{x \to a} \dfrac{\sqrt[m]{x} - \sqrt[m]{a}}{x - a}$ $(a > 0, m \geqslant 2$，且 m 为整数$)$；

(2) $\lim\limits_{x \to a^+} \dfrac{\sqrt{x} - \sqrt{a} + \sqrt{x - a}}{\sqrt{x^2 - a^2}}$ $(a > 0)$；

(3) $\lim\limits_{x \to +\infty} (\sin \sqrt{x+1} - \sin \sqrt{x})$；

(4) $\lim\limits_{x \to 0} \dfrac{\sqrt{\cos x} - \sqrt[3]{\cos x}}{\sin^2 x}$.

5. 已知 $\lim\limits_{x \to \infty} \left[\dfrac{x^2 + 1}{x + 1} - (ax + b) \right] = 0$，求常数 a、b.

6. 计算下列极限.

(1) $\lim\limits_{x \to 0} \dfrac{\tan x - \sin x}{x^2 \sin x}$；

(2) $\lim\limits_{x \to \frac{\pi}{3}} \dfrac{1 - 2\cos x}{\sin\left(x - \frac{\pi}{3}\right)}$；

(3) $\lim\limits_{x \to 0} \dfrac{\sin 2x}{\sqrt{x+2} - \sqrt{2}}$；

(4) $\lim\limits_{x \to 0} \dfrac{\sqrt{1 - \cos x}}{x}$；

(5) $\lim\limits_{x \to 0} \dfrac{\tan(a+x)\tan(a-x) - \tan^2 a}{x^2}$；

(6) $\lim\limits_{x \to 0} (\cos x)^{1/x^2}$；

(7) $\lim\limits_{x \to 0} (2\sin x + \cos x)^{\frac{1}{x}}$；

(8) $\lim\limits_{x \to 1} (3 - 2x)^{\frac{1}{x-1}}$；

(9) $\lim\limits_{x \to 0} \left(e^{\frac{1}{x}} + \dfrac{1}{x} \right)^x$.

7. 通过圆的内接正多边形的面积求证圆的面积公式 $S = \pi R^2$.

8. 当 $x \to 0$ 时，试确定下列各无穷小对于 x 的阶数，并写出其幂函数的主部.

(1) $\ln(1 + x)$；　(2) $\tan x - \sin x$.

9. 若 $\alpha \sim \hat{\alpha}$，$\beta \sim \hat{\beta}$，试证：

(1) $\lim \alpha f(x) = \lim \hat{\alpha} f(x)$；

(2) $\lim (1 + \alpha)^{\frac{1}{\beta}} = \lim (1 + \hat{\alpha})^{\frac{1}{\hat{\beta}}}$.

10. 设

$$f(x) = \begin{cases} 1 + x^2, & x < 0, \\ a, & x = 0, \\ \dfrac{\sin bx}{x}, & x > 0, \end{cases}$$

试问：(1) a、b 为何值时，$\lim\limits_{x \to 0} f(x)$ 存在？(2) a、b 为何值时，$f(x)$ 在 $x = 0$ 处连续？

11. 设 $|f(x)| \leqslant |g(x)|$，$g(x)$ 在 $x = 0$ 处连续，

且 $g(0)=0$，试证 $f(x)$ 在 $x=0$ 处连续.

12. 证明：若 $f(x)$ 在 $(-\infty,+\infty)$ 内连续，且 $\lim\limits_{x\to\infty}f(x)$ 存在，则 $f(x)$ 必有界.

13. 试证方程 $x=a\sin x+b(a>0,b>0)$ 至少有一个正根并且它不超过 $a+b$.

14. 若 $f(x)\in C[0,2a]$，且 $f(0)=f(2a)$，试证在区间 $[0,a]$ 内至少存在一点 ξ，使得 $f(\xi)=f(\xi+a)$.

15. 设 $f(x)\in C[a,b]$，对 (a,b) 内任意两点 x_1、$x_2(x_1\neq x_2)$，恒有 $f(x_1)\neq f(x_2)$，证明：$f(x)$ 在 $[a,b]$ 上单调.

16. 设函数 $f(x)$ 在区间 $[a,b]$ 上单调上升，且其值域为区间 $[f(a),f(b)]$，证明：$f(x)$ 在 $[a,b]$ 上连续.

17. 证明：函数 $\sin\dfrac{\pi}{x}$ 在开区间 $(0,1)$ 上连续且有界，但非一致连续.

18. 证明：函数 $\sin x^2$ 在开区间 $(-\infty,+\infty)$ 上连续且有界，但非一致连续. 用 "ε-δ" 语言叙述 $\sin x^2$ 在 $(-\infty,+\infty)$ 上不一致连续.

第 3 章
导数与微分

导数概念是变量的变化速度在数学上的抽象，是微分学中的重要概念.

在生产实践和科学研究中，常常要考虑以下两个基本问题.

(1) 函数随自变量的变化速度问题，即函数对自变量的变化率问题.

(2) 自变量的微小变化导致函数变化多少的问题.

这就是本章所要讨论的两个中心内容：导数与微分.

3.1 导数的概念

3.1.1 实例

例 1　直线运动的速度问题：质点做直线运动，已知路程 s 与时间 t 的函数关系 $s = s(t)$，试确定 t_0 时的速度 $v(t_0)$.

从时刻 t_0 到 $t_0 + \Delta t$，质点走过的路程为

$$\Delta s = s(t_0 + \Delta t) - s(t_0),$$

这段时间内的平均速度

$$\overline{v}(\Delta t) = \frac{\Delta s}{\Delta t}.$$

若运动是匀速的，平均速度就等于质点在每个时刻的速度.

若运动是非匀速的，平均速度 $\overline{v}(\Delta t)$ 是这段时间内运动快慢的平均值，Δt 越小，它越近似地表示 t_0 时运动的快慢. 因此，人们把 t_0 时的速度 $v(t_0)$ 定义为

$$v(t_0) = \lim_{\Delta t \to 0} \frac{\Delta s}{\Delta t} = \lim_{\Delta t \to 0} \frac{s(t_0 + \Delta t) - s(t_0)}{\Delta t},$$

并称之为 t_0 时的瞬时速度.

例 2　平面曲线的切线斜率：设有一平面曲线 C，其方程为 $y = f(x)$，试确定曲线 C 在点 $M_0(x_0, f(x_0))$ 处的切线的斜率.

什么是曲线 C 在点 M_0 处的切线呢？在曲线 C 上任取一个异于

M_0 的点 $M(x_0+\Delta x,\ y_0+\Delta y)$，过 M_0、M 的直线称为曲线 C 的割线. 当点 M 沿曲线 C 趋向于点 M_0 时，若割线 M_0M 有极限位置 M_0T，则称直线 M_0T 为曲线 C 在点 M_0 处的切线（见图 3.1）.

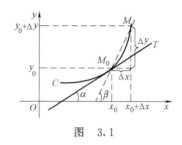

图　3.1

割线 M_0M 的斜率为

$$\tan\beta=\frac{\Delta y}{\Delta x}=\frac{f(x_0+\Delta x)-f(x_0)}{\Delta x},$$

其中，β 为割线 M_0M 的倾角.

当点 M 沿曲线 C 趋向 M_0 时，即 $\Delta x\to0$ 时，$\beta\to\alpha$，于是切线 M_0T 的斜率 k 为

$$k=\tan\alpha=\lim_{\Delta x\to0}\frac{\Delta y}{\Delta x}$$
$$=\lim_{\Delta x\to0}\frac{f(x_0+\Delta x)-f(x_0)}{\Delta x}.$$

上面两个例子中，尽管自变量与函数所表示的意义属于不同的学科领域——物理学与几何学，但从数学运算的角度来看，实质是一样的，这就是：①给自变量以任意增量并算出函数的增量；②构造函数的增量与自变量增量的比值；③求出当自变量的增量趋向于零时这个比值的极限. 在实际中，还可举出许多其他问题，如电流的大小、化学反应的速度等问题，都可归结为这类运算.

> **练习 1.** 有一细杆，已知从杆的一端算起长度为 x 的一段的质量为 $m(x)$，试给出细杆上距离此端点为 x_0 的点处线密度的定义.
>
> **练习 2.** 设物体绕定轴旋转，其转角 θ 与时间 t 的函数关系为 $\theta=\theta(t)$，如果旋转是匀速的，则称 $\omega=\Delta\theta/\Delta t$ 为旋转的角速度. 如果旋转是非匀速的，该如何定义 t_0 时的角速度呢？

3.1.2　导数的定义

定义 3.1　设函数 $y=f(x)$ 在 x_0 的某邻域内有定义，当自变量从 x_0 变到 $x_0+\Delta x$ 时，函数 $y=f(x)$ 的增量

$$\Delta y = f(x_0 + \Delta x) - f(x_0)$$

与自变量的增量 Δx 之比

$$\frac{\Delta y}{\Delta x} = \frac{f(x_0 + \Delta x) - f(x_0)}{\Delta x},$$

称为 $f(x)$ 的平均变化率. 如果 $\Delta x \rightarrow 0$ 时，平均变化率的极限

$$\lim_{\Delta x \to 0} \frac{\Delta y}{\Delta x} = \lim_{\Delta x \to 0} \frac{f(x_0 + \Delta x) - f(x_0)}{\Delta x} \qquad (3.1.1)$$

存在，则称 $f(x)$ 在 x_0 处**可导**或**有导数**，并称此极限值为函数 $f(x)$ **在 x_0 处的导数**. 可用下列记号

$$y'|_{x=x_0}, \quad f'(x_0), \quad \frac{\mathrm{d}y}{\mathrm{d}x}\Big|_{x=x_0}, \quad \frac{\mathrm{d}f}{\mathrm{d}x}\Big|_{x=x_0}$$

中的任何一个表示，如

$$f'(x_0) = \lim_{\Delta x \to 0} \frac{f(x_0 + \Delta x) - f(x_0)}{\Delta x}.$$

若记 $x_0 + \Delta x = x$，则 $f(x)$ 在 x_0 处的导数可写为

$$f'(x_0) = \lim_{x \to x_0} \frac{f(x) - f(x_0)}{x - x_0}.$$

当式 (3.1.1) 所给出的极限不存在时，就说函数 $f(x)$ 在 x_0 处不可导或导数不存在. 特别地，当式 (3.1.1) 所给出的极限为正（负）无穷大时，有时也说在 x_0 处导数是正（负）无穷大，但这时导数不存在.

练习 3. 若 $f'(a)$ 存在，求

(1) $\lim\limits_{h \to 0} \dfrac{f(a-h) - f(a)}{h}$;

(2) $\lim\limits_{n \to \infty} n \left[f(a) - f\left(a + \dfrac{1}{n}\right) \right].$

练习 4. 按导数定义，求下列函数在 $x = 2$ 处的导数.

(1) $f(x) = x^3$; (2) $f(x) = x^2 \sin(x-2)$.

由例 2 可知，导数 $f'(x_0)$ 的几何意义是曲线 $y = f(x)$ 在点 $M_0(x_0, y_0)$ 处的切线斜率. 于是曲线 $y = f(x)$ 在点 M_0 的切线方程为

$$y - f(x_0) = f'(x_0)(x - x_0).$$

若 $f'(x_0) \neq 0$，则法线方程为

$$y - f(x_0) = -\frac{1}{f'(x_0)}(x - x_0).$$

在导数定义中，自变量的改变量 Δx 的符号不受限制，但有时也需要考虑 Δx 仅为正或仅为负的情形.

定义 3.2 若极限

$$\lim_{\Delta x \to 0^-} \frac{\Delta y}{\Delta x} = \lim_{\Delta x \to 0^-} \frac{f(x_0 + \Delta x) - f(x_0)}{\Delta x}$$

$$\left(\lim_{\Delta x \to 0^+} \frac{\Delta y}{\Delta x} = \lim_{\Delta x \to 0^+} \frac{f(x_0 + \Delta x) - f(x_0)}{\Delta x} \right)$$

存在，则称函数 $f(x)$ 在点 x_0 处**左（右）可导**，其极限值为函数 $f(x)$ 在点 x_0 处的**左（右）导数**，记作 $f'_-(x_0) [f'_+(x_0)]$.

显然，函数 $f(x)$ 在点 x_0 处可导的充要条件是 $f(x)$ 在 x_0 处的左、右导数都存在且相等. 这时

$$f'_-(x_0) = f'_+(x_0) = f'(x_0).$$

在研究分段函数在分段点处的可导性时，常常要分左、右导数来讨论.

练习 5. 如果 $f(x)$ 为偶函数，且 $f'(0)$ 存在，试证 $f'(0) = 0$.

练习 6. 讨论下列函数在 $x = 0$ 处的连续性与可导性.

(1) $f(x) = \begin{cases} x, & x < 0, \\ \ln(1+x), & x \geqslant 0; \end{cases}$

(2) $f(x) = \begin{cases} \sqrt[3]{x} \sin \dfrac{1}{x}, & x \neq 0, \\ 0, & x = 0; \end{cases}$

(3) $f(x) = \arctan \dfrac{1}{x}$.

练习 7. 设 $F(x) = \begin{cases} f(x), & x \leqslant x_0, \\ ax + b, & x > x_0, \end{cases}$ 其中 $f(x)$ 在 x_0 处的左导数 $f'_-(x_0)$ 存在，要使 $F(x)$ 在 x_0 处可导，问 a 和 b 应取何值？

例 3 已知 $f'(x_0) = 5$，求 $\lim\limits_{\Delta x \to 0} \dfrac{f(x_0 + 2\Delta x) - f(x_0 - 3\Delta x)}{\Delta x}$.

解 由已知条件及导数定义，有

$$\lim_{\Delta x \to 0} \frac{f(x_0 + 2\Delta x) - f(x_0 - 3\Delta x)}{\Delta x}$$

$$= \lim_{\Delta x \to 0} \left[\frac{f(x_0 + 2\Delta x) - f(x_0)}{\Delta x} + \frac{f(x_0) - f(x_0 - 3\Delta x)}{\Delta x} \right]$$

$$= 2 \lim_{\Delta x \to 0} \frac{f(x_0 + 2\Delta x) - f(x_0)}{2\Delta x} + 3 \lim_{\Delta x \to 0} \frac{f(x_0) - f(x_0 - 3\Delta x)}{3\Delta x}$$

$$= 2f'(x_0) + 3f'(x_0) = 5f'(x_0) = 25.$$

练习 8. 设 $f'(0)$ 存在，$f(0)=0$，试求 $\lim\limits_{x \to 0} f(1-\cos x)/\tan x^2$.

练习 9. 设 $f(0)=0$，则 $f(x)$ 在 $x=0$ 处可导的充要条件为 （ ）.

(A) $\lim\limits_{h \to 0} \dfrac{1}{h^2} f(1-\cos h)$ 存在 (B) $\lim\limits_{h \to 0} \dfrac{1}{2h} f(1-e^h)$ 存在

(C) $\lim\limits_{h \to 0} \dfrac{1}{h^2} f(\tan h - \sin h)$ 存在

(D) $\lim\limits_{h \to 0} \dfrac{1}{h} [f(h)-f(-h)]$ 存在

定理 3.1 如果函数 $f(x)$ 在 x_0 处有导数 $f'(x_0)$，则 $f(x)$ 在 x_0 处必连续.

证明 因为 $\Delta y = \dfrac{\Delta y}{\Delta x} \cdot \Delta x$ （$\Delta x \neq 0$），故

$$\lim_{\Delta x \to 0} \Delta y = \lim_{\Delta x \to 0} \frac{\Delta y}{\Delta x} \cdot \lim_{\Delta x \to 0} \Delta x = f'(x_0) \cdot 0 = 0. \qquad \square$$

但是函数具有连续性不能保证函数也具有可导性.

例 4 试证函数 $y=|x|$ 在 $x=0$ 处连续，但不可导.

证明 因为
$$\Delta y = f(0+\Delta x)-f(0)=|\Delta x|,$$
显然，$\Delta x \to 0$ 时，$\Delta y \to 0$，即 $y=|x|$ 在 $x=0$ 处连续，但由于

$$f'_-(0) = \lim_{\Delta x \to 0^-} \frac{\Delta y}{\Delta x} = \lim_{\Delta x \to 0^-} \frac{|\Delta x|}{\Delta x} = -1,$$

$$f'_+(0) = \lim_{\Delta x \to 0^+} \frac{\Delta y}{\Delta x} = \lim_{\Delta x \to 0^+} \frac{|\Delta x|}{\Delta x} = 1,$$

故 $y=|x|$ 在 $x=0$ 处不可导. 几何上易知曲线 $y=|x|$ 在 $(0,0)$ 处无切线（见图 3.2）.

当 $x \neq 0$ 时，有 $|x|' = \text{sgn} x$. $\qquad \square$

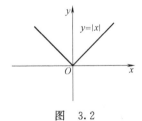

图 3.2

例 5 试证函数

$$f(x) = \begin{cases} x \sin \dfrac{1}{x}, & x \neq 0, \\ 0, & x=0 \end{cases}$$

在 $x=0$ 处连续，但不可导.

证明 因为

$$\lim_{x\to 0}f(x)=\lim_{x\to 0}x\sin\frac{1}{x}=0=f(0).$$

所以函数在 $x=0$ 处连续. 又因为

$$\frac{\Delta y}{\Delta x}=\frac{f(\Delta x)-f(0)}{\Delta x}=\frac{\Delta x\sin\dfrac{1}{\Delta x}}{\Delta x}=\sin\frac{1}{\Delta x},$$

当 $\Delta x\to 0$ 时，上式无极限，所以函数在 $x=0$ 处不可导.   □

使函数连续但不可导的点，其函数图形在其对应点处，往往无切线，或者有切线但切线垂直于 x 轴，对于后一种情况，有时也称导数为无穷大.

定义 3.3 如果函数 $y=f(x)$ 在区间内每一点处都有导数，则称 $f(x)$ 在区间 (a,b) 内可导，简记为 $f(x)\in D(a,b)$. 这时对 (a,b) 内每一个点 x 都有一个确定的导数值

$$f'(x)=\lim_{\Delta x\to 0}\frac{f(x+\Delta x)-f(x)}{\Delta x}$$

与之对应，故在区间 (a,b) 内确定一个新函数，称之为函数 $y=f(x)$ 的**导函数**，记为 $f'(x),y',\dfrac{\mathrm{d}y}{\mathrm{d}x}$ 或 $\dfrac{\mathrm{d}f}{\mathrm{d}x}$，即

$$f'(x)=\lim_{\Delta x\to 0}\frac{f(x+\Delta x)-f(x)}{\Delta x},\quad x\in(a,b).$$

显然，导函数 $f'(x)$ 在 x_0 处的值，就是函数 $f(x)$ 在 x_0 处的导数，即

$$f'(x)\big|_{x=x_0}=f'(x_0).$$

所以人们习惯地将导函数简称为**导数**.

> **练习 10.** 按导数定义，求下列函数的导数.
>
> (1) $y=\sqrt{x}$；(2) $y=\cot x$.
>
> **练习 11.** 设 $f(x+y)=\dfrac{f(x)+f(y)}{1-f(x)f(y)}$，且 $f'(0)=1$，求 $f'(x)$.

3.2 导数的基本公式与四则运算求导法则

用定义求函数 $y=f(x)$ 在点 x 处的导数的三个步骤如下：

(1) 计算函数的增量 $\Delta y=f(x+\Delta x)-f(x)$.

(2) 求平均变化率 $\dfrac{\Delta y}{\Delta x}$.

（3）取极限 $\lim\limits_{\Delta x \to 0} \dfrac{\Delta y}{\Delta x}$，如果这个极限存在，它就是所求的导数 $f'(x)$.

3.2.1　导数的基本公式

（1）常数 $y = C$ 的导数为零.

$$\Delta y = C - C = 0,$$

$$\frac{\Delta y}{\Delta x} = \frac{0}{\Delta x} = 0,$$

$$(C)' = \lim_{\Delta x \to 0} \frac{\Delta y}{\Delta x} = 0.$$

（2）幂函数 $y = x^{\mu}$ 的导数为 $\mu x^{\mu-1}$.

$$\Delta y = (x + \Delta x)^{\mu} - x^{\mu} = x^{\mu}\left[\left(1 + \frac{\Delta x}{x}\right)^{\mu} - 1\right],$$

$$\frac{\Delta y}{\Delta x} = x^{\mu}\frac{\left(1 + \dfrac{\Delta x}{x}\right)^{\mu} - 1}{\Delta x} = x^{\mu-1}\frac{\left(1 + \dfrac{\Delta x}{x}\right)^{\mu} - 1}{\dfrac{\Delta x}{x}},$$

$$(x^{\mu})' = \lim_{\Delta x \to 0} \frac{\Delta y}{\Delta x} = \mu x^{\mu-1}.$$

（3）正弦函数 $y = \sin x$ 的导数为 $\cos x$，余弦函数 $y = \cos x$ 的导数是 $-\sin x$.

$$\Delta y = \sin(x + \Delta x) - \sin x = 2\cos\left(x + \frac{\Delta x}{2}\right)\sin\frac{\Delta x}{2},$$

$$\frac{\Delta y}{\Delta x} = 2\cos\left(x + \frac{\Delta x}{2}\right)\frac{\sin\dfrac{\Delta x}{2}}{\Delta x},$$

利用 $\cos x$ 的连续性及重要极限，得到

$$(\sin x)' = \lim_{\Delta x \to 0} \frac{\Delta y}{\Delta x} = \cos x,$$

即正弦函数的导数是余弦函数.

类似地可推出，余弦函数的导数是负的正弦函数：

$$(\cos x)' = -\sin x.$$

（4）指数函数 $y = a^{x}$（$a > 0$，$a \neq 1$）的导数为 $a^{x}\ln a$.

$$\Delta y = a^{x+\Delta x} - a^{x} = a^{x}(a^{\Delta x} - 1),$$

$$\frac{\Delta y}{\Delta x} = a^{x}\frac{a^{\Delta x} - 1}{\Delta x},$$

于是有

$$(a^{x})' = \lim_{\Delta x \to 0} \frac{\Delta y}{\Delta x} = a^{x}\ln a.$$

特别地，有

$$(e^x)' = e^x,$$

即以 e 为底的指数函数的导数等于它本身.

（5）对数函数 $y = \log_a x$ $(a > 0, a \neq 1)$ 的导数为 $\dfrac{1}{x \ln a}$.

$$\Delta y = \log_a(x + \Delta x) - \log_a x = \log_a\left(1 + \frac{\Delta x}{x}\right),$$

$$\frac{\Delta y}{\Delta x} = \frac{1}{x} \cdot \frac{x}{\Delta x} \log_a\left(1 + \frac{\Delta x}{x}\right) = \frac{1}{x} \log_a\left(1 + \frac{\Delta x}{x}\right)^{\frac{x}{\Delta x}},$$

于是有

$$(\log_a x)' = \lim_{\Delta x \to 0} \frac{\Delta y}{\Delta x} = \frac{1}{x \ln a}.$$

特别地，有

$$(\ln x)' = \frac{1}{x},$$

即自然对数的导数等于自变量的倒数.

我们把基本初等函数的导数公式罗列如下，其中公式（9）～公式（16）将在后面几节给出证明. 请读者务必熟记这些公式.

（1）$(C)' = 0$；　　　　　　（2）$(x^\mu)' = \mu x^{\mu-1}$；

（3）$(a^x)' = a^x \ln a$；　　　（4）$(e^x)' = e^x$；

（5）$(\log_a x)' = \dfrac{1}{x \ln a}$；　（6）$(\ln x)' = \dfrac{1}{x}$；

（7）$(\sin x)' = \cos x$；　　　（8）$(\cos x)' = -\sin x$；

（9）$(\tan x)' = \dfrac{1}{\cos^2 x} = \sec^2 x$；

（10）$(\cot x)' = -\dfrac{1}{\sin^2 x} = -\csc^2 x$；

（11）$(\sec x)' = \sec x \tan x$；

（12）$(\csc x)' = -\csc x \cot x$；

（13）$(\arcsin x)' = \dfrac{1}{\sqrt{1 - x^2}}$；

（14）$(\arccos x)' = -\dfrac{1}{\sqrt{1 - x^2}}$；

（15）$(\arctan x)' = \dfrac{1}{1 + x^2}$；

（16）$(\text{arccot} x)' = -\dfrac{1}{1 + x^2}$.

3.2.2　四则运算求导法则

导数定义虽然在原则上提供了求导数的方法，但用这种方法计算导数很麻烦、很困难，所以有必要研究求导方法. 下面先讨论四则运算的求导法则.

定理 3.2 如果函数 $u=u(x)$ 和 $v=v(x)$ 在 x 点处均可导，则函数

$$y=u \pm v, y=uv, y=\frac{u}{v} \quad (v \neq 0)$$

在同一点 x 处均可导，且

（ⅰ）$(u \pm v)'=u' \pm v'$；

（ⅱ）$(uv)'=u'v+uv'$；

（ⅲ）$\left(\dfrac{u}{v}\right)'=\dfrac{u'v-uv'}{v^2} \quad (v \neq 0)$.

证明 对应于 x 的增量 Δx，函数 $u(x)$ 和 $v(x)$ 的增量分别为

$$\Delta u=u(x+\Delta x)-u(x), \Delta v=v(x+\Delta x)-v(x),$$

从而

$$u(x+\Delta x)=u(x)+\Delta u, v(x+\Delta x)=v(x)+\Delta v.$$

（ⅰ）的证明：函数 $y=u \pm v$ 的增量

$$\Delta y=[u(x+\Delta x) \pm v(x+\Delta x)]-[u(x) \pm v(x)]=\Delta u \pm \Delta v,$$

$$\frac{\Delta y}{\Delta x}=\frac{\Delta u}{\Delta x} \pm \frac{\Delta v}{\Delta x},$$

取极限，得

$$\lim_{\Delta x \to 0} \frac{\Delta y}{\Delta x}=\lim_{\Delta x \to 0} \frac{\Delta u}{\Delta x} \pm \lim_{\Delta x \to 0} \frac{\Delta v}{\Delta x}=u' \pm v',$$

此即

$$(u \pm v)'=u' \pm v'.$$

（ⅱ）的证明：函数 $y=uv$ 的增量

$$\begin{aligned}
\Delta y &= u(x+\Delta x)v(x+\Delta x)-u(x)v(x) \\
&= [u(x)+\Delta u][v(x)+\Delta v]-u(x)v(x) \\
&= u\Delta v+v\Delta u+\Delta u\Delta v,
\end{aligned}$$

由于 $u(x)$、$v(x)$ 均可导，且 $v(x)$ 连续，故

$$\begin{aligned}
\lim_{\Delta x \to 0} \frac{\Delta y}{\Delta x} &= u \lim_{\Delta x \to 0} \frac{\Delta v}{\Delta x}+v \lim_{\Delta x \to 0} \frac{\Delta u}{\Delta x}+\lim_{\Delta x \to 0} \frac{\Delta u}{\Delta x} \lim_{\Delta x \to 0} \Delta v \\
&= uv'+vu',
\end{aligned}$$

即

$$(uv)'=u'v+uv'.$$

（ⅲ）的证明：函数 $y=\dfrac{u}{v}$ 的增量

$$\Delta y=\frac{u(x+\Delta x)}{v(x+\Delta x)}-\frac{u(x)}{v(x)}=\frac{u(x)+\Delta u}{v(x)+\Delta v}-\frac{u(x)}{v(x)}$$

$$= \frac{v\Delta u - u\Delta v}{v\ (v+\Delta v)},$$

这里用到了 $v \neq 0$,以及由 $v(x)$ 的连续性所得的当 Δx 充分小时,$v(x+\Delta x) \neq 0$.

因此

$$\frac{\Delta y}{\Delta x} = \frac{v\dfrac{\Delta u}{\Delta x} - u\dfrac{\Delta v}{\Delta x}}{v(v+\Delta v)}.$$

利用 $u(x)$、$v(x)$ 的可导性及 $v(x)$ 的连续性,知

$$\lim_{\Delta x \to 0}\frac{\Delta y}{\Delta x} = \frac{v\lim\limits_{\Delta x \to 0}\dfrac{\Delta u}{\Delta x} - u\lim\limits_{\Delta x \to 0}\dfrac{\Delta v}{\Delta x}}{v(v+\lim\limits_{\Delta x \to 0}\Delta v)} = \frac{vu'-uv'}{v^2},$$

即

$$\left(\frac{u}{v}\right)' = \frac{u'v-uv'}{v^2} \quad (v \neq 0). \qquad \square$$

定理 3.2 中(ⅰ)和(ⅱ)的情形可以推广到有限个函数的情形.

例 1
$$\begin{aligned}
(x\sin x + \mathrm{e}^x\cos x)' &= (x\sin x)' + (\mathrm{e}^x\cos x)'\\
&= x'\sin x + x(\sin x)' + (\mathrm{e}^x)'\cos x + \mathrm{e}^x(\cos x)'\\
&= \sin x + x\cos x + \mathrm{e}^x\cos x - \mathrm{e}^x\sin x.
\end{aligned}$$

例 2
$$(\tan x)' = \left(\frac{\sin x}{\cos x}\right)' = \frac{(\sin x)'\cos x - \sin x(\cos x)'}{\cos^2 x}$$

$$= \frac{\cos^2 x + \sin^2 x}{\cos^2 x} = \frac{1}{\cos^2 x}.$$

所以,有 3.2.1 小节的导数基本公式(9)

$$(\tan x)' = \frac{1}{\cos^2 x} = \sec^2 x.$$

同样可推出 3.2.1 小节的导数基本公式(10)～公式(12).

练习 1. 求下列函数的导数.

(1) $y = \sqrt{x\sqrt{x\sqrt{x}}}$;　　　　(2) $y = 2\lg x - 3\arctan x$;

(3) $y = x\tan x - \cot x$;　　　　(4) $y = 2^x\mathrm{e}^x$;

(5) $y = x\sin x\ln x$;　　　　(6) $y = (x-a)(x-b)(x-c)$;

(7) $y = \dfrac{\mathrm{e}^x-1}{\mathrm{e}^x+1}$;　　　　(8) $y = \dfrac{1+\sqrt{x}}{1-\sqrt{x}} + \dfrac{3}{\sqrt[3]{x^2}}$.

练习 2. 求曲线 $y = \dfrac{1}{\sqrt{x}}$ 在点 $\left(\dfrac{1}{4}, 2\right)$ 处的切线方程和法线方程.

练习 3. 求函数 $y = \dfrac{x^3}{3} + \dfrac{x^2}{2} - 2x$ 在 $x = 0$ 处的导数和导数为零的点.

3.3　其他求导法则

3.3.1　反函数与复合函数求导法则

定理 3.3（反函数求导法则） 设 $x = \varphi(y)$ 在某区间内单调连续，在该区间内点 y 处可导，且 $\varphi'(y) \neq 0$，则其反函数 $y = f(x)$ 在 y 的对应点 x 处也可导，且

$$f'(x) = \frac{1}{\varphi'(y)}.$$

证明 由 $x = \varphi(y)$ 单调，连续可知，$y = f(x)$ 也是单调、连续的，给 x 以增量 $\Delta x \neq 0$，显然

$$\Delta y = f(x + \Delta x) - f(x) \neq 0,$$

于是

$$\frac{\Delta y}{\Delta x} = \frac{1}{\dfrac{\Delta x}{\Delta y}}.$$

由于这里 $\Delta x \to 0$ 等价于 $\Delta y \to 0$，又 $\varphi'(y) \neq 0$，故

$$f'(x) = \lim_{\Delta x \to 0} \frac{\Delta y}{\Delta x} = \frac{1}{\lim\limits_{\Delta y \to 0} \dfrac{\Delta x}{\Delta y}} = \frac{1}{x'_y} = \frac{1}{\varphi'(y)}. \qquad \square$$

从导数的几何意义上看（见图 3.3），有 $\alpha + \beta = \dfrac{\pi}{2}$，所以 $\tan\alpha = \dfrac{1}{\tan\beta}$，这个结果是很明显的. 简单地说：反函数的导数等于直接函数导数的倒数.

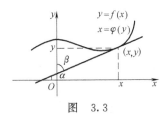

图　3.3

例 1 在区间 $\left(-\dfrac{\pi}{2}, \dfrac{\pi}{2}\right)$ 内，由于 $x = \sin y$ 单调增加、可导，且 $(\sin y)' = \cos y > 0$，于是由定理 3.3，有 3.2.1 小节的导数基本公

式 (13)，即

$$(\arcsin x)' = \frac{1}{(\sin y)'} = \frac{1}{\cos y} = \frac{1}{\sqrt{1-\sin^2 y}} = \frac{1}{\sqrt{1-x^2}}, \quad -1 < x < 1.$$

同样可得 3.2.1 小节的导数基本公式 (14)～公式 (16).

练习 1. 设 $x = \varphi(y)$ 与 $y = f(x)$ 互为反函数，$\varphi(2) = 1$，且 $f'(1) = 3$，求 $\varphi'(2)$.

复合是构成函数的重要形式，所以复合函数求导也是十分重要的.

定理 3.4（复合函数求导法则） 如果

（ⅰ）函数 $u = \varphi(x)$ 在点 x 处可导 $u'_x = \varphi'(x)$；

（ⅱ）函数 $y = f(u)$ 在对应点 u 处也可导 $y'_u = f'(u)$，则复合函数 $y = f(\varphi(x))$ 在该点处可导，且有公式

$$\frac{dy}{dx} = \frac{dy}{du} \frac{du}{dx},$$

即

$$[f(\varphi(x))]'_x = f'_u(\varphi(x)) \varphi'_x(x).$$

证明 给 x 以增量 Δx，设函数 $u = \varphi(x)$ 对应的增量为 Δu，此 Δu 又引起函数 $y = f(u)$ 的增量 Δy.

由条件（ⅱ）知，有

$$\lim_{\Delta u \to 0} \frac{\Delta y}{\Delta u} = f'(u),$$

根据极限与无穷小的关系，有

$$\frac{\Delta y}{\Delta u} = f'(u) + \alpha,$$

当 $\Delta u \to 0$ 时，其中 $\alpha = \alpha(\Delta u) \to 0$. 上式中的 $\Delta u \neq 0$，两边同乘 Δu，得到

$$\Delta y = f'(u) \Delta u + \alpha \Delta u. \tag{3.3.1}$$

因为 u 是中间变量，所以 Δu 有等于零的可能. 而当 $\Delta u = 0$ 时，必有 $\Delta y = 0$，粗看它可以包含在式 (3.3.1) 中，但这时 α 无定义. 为简便，当 $\Delta u = 0$ 时补充定义 $\alpha(0) = 0$. 这样，无论 Δu 是否为零，函数 y 的增量 Δy 都统一由式 (3.3.1) 表达.

用 $\Delta x \neq 0$ 除式 (3.3.1) 两边，得

$$\frac{\Delta y}{\Delta x} = f'(u) \frac{\Delta u}{\Delta x} + \alpha \frac{\Delta u}{\Delta x},$$

令 $\Delta x \to 0$，由条件（ⅰ）知 $\Delta u \to 0$，从而 $\alpha \to 0$，于是有

$$y'_x = f'(u) \varphi'(x),$$

即

$$\frac{dy}{dx} = \frac{dy}{du}\frac{du}{dx}. \qquad\qquad \square$$

这个定理说明：复合函数对自变量的导数等于它对中间变量的导数乘以中间变量对自变量的导数. 这个法则被形象地称为**链式法则**.

用数学归纳法，容易将这一法则推广到有限次复合的函数上去. 例如，设

$$y = f(u), u = \varphi(v), v = \psi(x)$$

均可导，则复合函数 $y = f[\varphi(\psi(x))]$ 也可导，且

$$\frac{dy}{dx} = \frac{dy}{du}\frac{du}{dv}\frac{dv}{dx} = f'(u)\varphi'(v)\psi'(x).$$

例 2　求 $y = \sin 5x$ 的导数.

解　函数 $y = \sin 5x$ 是函数 $y = \sin u$ 与 $u = 5x$ 的复合函数. 由复合函数求导法则，有

$$(\sin 5x)' = (\sin u)'(5x)' = \cos u \cdot 5 = 5\cos 5x.$$

例 3　求函数 $y = (x^2 + 1)^{100}$ 的导数.

解　函数 $y = (x^2 + 1)^{100}$ 是函数 $y = u^{100}$ 与 $u = x^2 + 1$ 的复合函数. 由复合函数求导法则，有

$$[(x^2 + 1)^{100}]' = (u^{100})'(x^2 + 1)' = 100u^{99} \cdot 2x.$$
$$= 200x(x^2 + 1)^{99}.$$

例 4　求函数 $y = \ln(\ln(\ln x))$ 的导数.

解　将 $\ln(\ln x)$ 看作一个整体，由对数函数 $\ln x$ 的导数公式，有

$$y' = \frac{1}{\ln(\ln x)}[\ln(\ln x)]',$$

再将 $\ln x$ 看作一个整体，由对数函数 $\ln x$ 的导数公式，有

$$y' = \frac{1}{\ln(\ln x)}[\ln(\ln x)]' = \frac{1}{\ln(\ln x)}\frac{1}{\ln x}(\ln x)'$$
$$= \frac{1}{\ln(\ln x)}\frac{1}{\ln x}\frac{1}{x} = \frac{1}{x\ln x\ln(\ln x)}.$$

例 5　$(e^{x^2})' = e^{x^2}(x^2)' = 2xe^{x^2}.$

$$(\ln|x|)' = \frac{1}{|x|}\mathrm{sgn}\,x = \frac{1}{x}.$$

$$[\ln(x + \sqrt{1 + x^2})]' = \frac{1}{x + \sqrt{1 + x^2}}\left(1 + \frac{1}{2\sqrt{1 + x^2}}2x\right) = \frac{1}{\sqrt{x^2 + 1}}.$$

练习2. 求下列函数的导数.

(1) $y=a^{\sin3x}$；(2) $y=\cos^2 x^3$；

(3) $y=\sin\cos\dfrac{1}{x}$；(4) $y=\cot^3\sqrt{1+x^2}$；

(5) $y=\sec^2 e^{x^2+1}$；(6) $y=-\csc^2 e^{8x}$；

(7) $y=\exp(\ln x)^{-1}$；(8) $y=\exp\sqrt{\ln(ax^2+bx+c)}$；

(9) $y=\left(\arcsin\dfrac{x}{a}\right)^2$ $(a>0)$；(10) $y=e^{-x^2}\cos e^{-x^2}$.

练习3. 若 $f(x)=\sin x$，求 $f'(a)$，$[f(a)]'$，$f'(2x)$，$[f(2x)]'$ 和 $f'(f(x))$，$[f(f(x))]'$.

练习4. 试证：可导的偶函数其导数是奇函数，可导的奇函数其导数是偶函数.

练习5. 设 $f(x)$ 满足关系 $af(x)+bf\left(\dfrac{1}{x}\right)=\dfrac{c}{x}$，且 $|a|\neq|b|$，求 $f'(x)$.

3.3.2 隐函数与参数方程求导法则

下面举例说明求隐函数导数的一般方法.

例6 求隐函数 $xy-e^x+e^y=0$ 的导数.

解 设想把 $xy-e^x+e^y=0$ 所确定的函数 $y=y(x)$ 代入方程，则得恒等式

$$xy-e^x+e^y=0,$$

将此恒等式两边同时对 x 求导，得

$$(xy)'_x-(e^x)'_x+(e^y)'_x=(0)'_x,$$

因为 y 是 x 的函数，所以 e^y 是 x 的复合函数，求导时要用复合函数求导法，故有

$$y+xy'-e^x+e^y y'=0,$$

由此解得

$$y'=\frac{e^x-y}{e^y+x}.$$

例7 试证曲线 $x^2+2y^2=8$ 与曲线 $x^2=2\sqrt{2}y$ 在点 $(2,\sqrt{2})$ 处垂直相交（正交）.

证明 易见点 $(2,\sqrt{2})$ 是两曲线的交点，下面只需证明两条曲线在该点的切线斜率互为负倒数. 对 $x^2+2y^2=8$ 两边关于 x 求导，得

$$2x+4yy'=0,$$

所以

$$y'\big|_{(2,\sqrt{2})}=-\frac{1}{\sqrt{2}}.$$

再对 $x^2=2\sqrt{2}\,y$ 两边关于 x 求导，得

$$2x=2\sqrt{2}\,y',$$

故

$$y'\big|_{x=2}=\sqrt{2}. \qquad\square$$

> **练习** 6. 求下列隐函数的导函数或指定点的导数.
>
> （1）$\sqrt{x}+\sqrt{y}=\sqrt{a}$；（2）$\arctan\dfrac{y}{x}=\ln\sqrt{x^2+y^2}$；
>
> （3）$2^x+2y=2^{x+y}$；（4）$x-y=\arcsin x-\arcsin y$；
>
> （5）$x^2+2xy-y^2=2x$，求 $y'\big|_{x=2}$；
>
> （6）$\arccos(x+2)^{-\frac{1}{2}}+\mathrm{e}^y\sin x=\arctan y$，求 $y'(0)$.

例 8　求函数 $y=x^{\sin x}$ $(x>0)$ 的导数.

解　这类函数即不是幂函数，又不是指数函数，叫作**幂指函数**. 将函数 $y=x^{\sin x}$ 两边取对数，得隐函数

$$\ln y=\sin x\ln x.$$

由隐函数求导法，将上式两边关于 x 求导，得

$$\frac{1}{y}y'=\cos x\ln x+\frac{1}{x}\sin x,$$

从而有

$$y'=x^{\sin x}\left(\cos x\ln x+\frac{1}{x}\sin x\right).$$

这种先取自然对数再求导的方法叫作**取对数求导法**. 对一般的幂指函数

$$y=u(x)^{v(x)}\quad[u(x)>0]$$

求导时，需要用这一方法. 此外，对含有多个因式相乘除或带有乘方、开方的函数求导时也可利用这一方法来简化求导过程.

例 9　求函数 $y=(x-1)\sqrt[3]{\dfrac{(x-2)^2}{x-3}}$ 在 $y\neq0$ 处的导数.

解　先取函数绝对值，再取对数，得

$$\ln|y|=\ln|x-1|+\frac{2}{3}\ln|x-2|-\frac{1}{3}\ln|x-3|,$$

两边关于 x 求导，整理得

$$y' = (x-1)\sqrt[3]{\frac{(x-2)^2}{x-3}}\left(\frac{1}{x-1} + \frac{2}{3}\frac{1}{x-2} - \frac{1}{3}\frac{1}{x-3}\right).$$

练习 7. 求下列函数的导函数或指定点的导数.

(1) $y = (\sin x)^{\cos x}$；　(2) $y = (1+x^2)^{\frac{1}{x}}$，求 $y'(1)$；

(3) $y = \sqrt[3]{\dfrac{x(x^2+1)}{(x^2-1)^2}}$；(4) $x^y + y^x = 3$，求 $y'(1)$.

有时候人们用参数形式表示变量 y 对变量 x 的函数关系. 例如，函数关系

$$y = \sqrt{a^2 - x^2}, -a \leqslant x \leqslant a,$$

可以用参数表示为

$$x = a\cos t, y = a\sin t, 0 \leqslant t \leqslant \pi.$$

参数式也称为**参数方程**. 一般地，设函数 $y = y(x)$ 由参数方程

$$\begin{cases} x = \varphi(t), \\ y = \psi(t), \end{cases} t \in T \tag{3.3.2}$$

所确定，关于它的求导法则有如下结论：

定理 3.5 若 $x = \varphi(t)$、$y = \psi(t)$ 在点 t 处可导，且 $\varphi'(t) \neq 0$，$x = \varphi(t)$ 在 t 的某邻域内是单调的连续函数，则参数方程 (3.3.2) 确定的函数在点 $x = \varphi(t)$ 处亦可导，且

$$y'_x = \frac{y'_t}{x'_t} = \frac{\psi'(t)}{\varphi'(t)}.$$

证明 因为 $x = \psi(t)$ 是单调的连续函数，所以有反函数 $t = \varphi^{-1}(x)$，将其代入 $y = \psi(t)$，得复合函数 $y = \psi(\varphi^{-1}(x))$，利用复合函数求导法和反函数求导法，得

$$y'_x = \psi'(t)[\varphi^{-1}(x)]' = \psi'(t)\frac{1}{\varphi'(t)} = \frac{\psi'(t)}{\varphi'(t)}. \qquad \square$$

例 10 求摆线

$$\begin{cases} x = a(t - \sin t), \\ y = a(1 - \cos t) \end{cases}$$

在 $t = \dfrac{\pi}{2}$ 处的切线方程.

解 由于

$$y'_x = \frac{y'_t}{x'_t} = \frac{a\sin t}{a(1-\cos t)} = \frac{\sin t}{1-\cos t} \quad (t \neq 2k\pi),$$

所以摆线在 $t = \dfrac{\pi}{2}$ 处的切线斜率为

$$y'_x \Big|_{t=\frac{\pi}{2}} = \frac{\sin t}{1 - \cos t} \Big|_{t=\frac{\pi}{2}} = 1.$$

摆线上对应于 $t = \frac{\pi}{2}$ 的点是 $\left(\left(\frac{\pi}{2} - 1 \right) a, a \right)$，故所求切线方程为

$$y - a = x - \left(\frac{\pi}{2} - 1 \right) a,$$

即

$$x - y + \left(2 - \frac{\pi}{2} \right) a = 0.$$

例 11　已知弹道曲线方程

$$\begin{cases} x = v_1 t, \\ y = v_2 t - \dfrac{1}{2} g t^2, \end{cases}$$

其中，t 为炮弹飞行时间，求炮弹飞行速度的大小和方向.

解　水平分速度为

$$\frac{\mathrm{d}x}{\mathrm{d}t} = v_1,$$

铅直分速度为

$$\frac{\mathrm{d}y}{\mathrm{d}t} = v_2 - gt,$$

故炮弹速度的大小为

$$v = \sqrt{\left(\frac{\mathrm{d}x}{\mathrm{d}t} \right)^2 + \left(\frac{\mathrm{d}y}{\mathrm{d}t} \right)^2} = \sqrt{v_1^2 + (v_2 - gt)^2}.$$

炮弹飞行的方向就是轨道的切线方向，可由切线斜率反映出来，即

$$y'_x = \frac{y'_t}{x'_t} = \frac{v_2 - gt}{v_1}.$$

练习 8. 求下列参数方程确定的函数的导数 y'_x.

(1) $\begin{cases} x = t^3 + 1, \\ y = t^2; \end{cases}$ 　　(2) $\begin{cases} x = \theta - \sin\theta, \\ y = 1 - \cos\theta; \end{cases}$

(3) $\begin{cases} x = \ln(1 + t^2), \\ y = t - \arctan t; \end{cases}$ 　　(4) $\begin{cases} x = \mathrm{e}^t \sin t, \\ y = \mathrm{e}^y (\sin t - \cos t); \end{cases}$

(5) $\begin{cases} x = 2t + |t|, \\ y = 5t^2 + 4t|t|. \end{cases}$

练习 9. 设 $x = f(t) - \pi$, $y = f(\mathrm{e}^{3t} - 1)$, 其中 f 可导, 且 $f'(0) \neq 0$, 求 $y'_x \big|_{t=0}$.

练习 10. 证明圆的渐伸线 $x=a(\cos t+t\sin t)$，$y=a(\sin t-t\cos t)$ 的法线是圆 $x^2+y^2=a^2$ 的切线.

*3.3.3 极坐标下导数的几何意义

设曲线 Γ 的极坐标方程为

$$r=r(\theta),$$

利用直角坐标与极坐标的关系 $x=r\cos\theta$，$y=r\sin\theta$，得到 Γ 的参数方程

$$\begin{cases} x=r(\theta)\cos\theta, \\ y=r(\theta)\sin\theta, \end{cases}$$

其中，参数 θ 为极角.

由参数方程求导法，得曲线 Γ 的切线对 x 轴的斜率为

$$y'_x=\frac{y'_\theta}{x'_\theta}=\frac{r'(\theta)\sin\theta+r(\theta)\cos\theta}{r'(\theta)\cos\theta-r(\theta)\sin\theta}=\frac{r'\tan\theta+r}{r'-r\tan\theta}.$$

设曲线 Γ 在点 $M(r,\theta)$ 处的极半径 OM 与切线 MT 间的夹角为 ψ，则 $\psi=\alpha-\theta$（见图 3.4），故有

$$\tan\psi=\tan(\alpha-\theta)=\frac{y'_x-\tan\theta}{1+y'_x\tan\theta}.$$

将 y'_x 的上述表达式代入上式，并化简，得

$$\tan\psi=\frac{r(\theta)}{r'(\theta)}.$$

这一重要公式说明：在极坐标系下，曲线的极半径 $r(\theta)$ 与其导数 $r'(\theta)$ 之比等于极半径与曲线的切线之间较小夹角的正切.

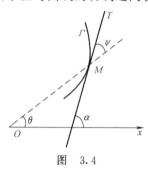

图　3.4

例 12　求对数螺线 $r=a\,\mathrm{e}^{b\theta}$（$a$，$b$ 为正的常数）的 ψ 解.

解　由于 $r'=(a\,\mathrm{e}^{b\theta})'=ab\,\mathrm{e}^{b\theta}=br$，所以

$$\tan\psi=\frac{r}{r'}=\frac{1}{b},$$

故 $\psi = \arctan \dfrac{1}{b}$ 为常数.

练习 11. 求对数螺线 $r = e^{\theta}$ 在点 $(r, \theta) = \left(e^{\frac{\pi}{2}}, \dfrac{\pi}{2} \right)$ 处的切线的直角坐标方程.

3.3.4 相对变化率问题

设 x、y 都是 t 的函数,对于函数 $y = f(x)$,已知 x 对 t 的变化率为 x'_t,求 y 对 t 的变化率 y'_t,通常称之为 **相对变化率问题**. 这实际上就是复合函数的求导问题,即

$$y'_t = y'_x \cdot x'_t.$$

例 13 溶液从深为 18cm、顶直径为 12cm 的正圆锥形漏斗中漏入直径为 10cm 的圆柱形筒中(见图 3.5),当溶液在漏斗中深为 12cm 时,液面下降速度为 1cm/min,问此时圆柱形筒中液面上升的速度是多少?

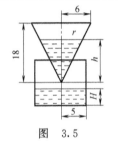

图 3.5

解 设漏斗中原有溶液的体积为 K,漏的过程中,漏斗内溶液深为 h,圆筒内溶液深为 H. 由相似比可知漏斗内液面的圆半径 $r = \dfrac{h}{3}$,故漏斗内剩余液体为

$$V_{\text{锥}} = \frac{1}{3} \pi r^2 h = \frac{1}{27} \pi h^3,$$

此时圆筒内液体的体积为

$$V_{\text{柱}} = \pi 5^2 H = 25 \pi H.$$

由于 $V_{\text{锥}} + V_{\text{柱}} = K$,所以 h 与 H 之间满足关系

$$\frac{1}{27} \pi h^3 + 25 \pi H = K,$$

两边关于 t 求导,得

$$\frac{1}{9} \pi h^2 h'_t + 25 \pi H'_t = 0,$$

即

$$H'_t = \frac{-1}{9 \times 25} h^2 h'_t.$$

因此,$h = 12$,$h'_t = -1$(因 h'_t 表示液面上升速度)时,圆筒内液面上升的速度为

$$H'_t \big|_{h=12} = -\frac{1}{9 \times 25} \times 12^2 \times (-1) = 0.64 \ (\text{cm/min}).$$

3.4　高阶导数

如果函数 $y=f(x)$ 的导函数 $f'(x)$ 仍可导 $[f'(x)]'$，则称 $[f'(x)]'$ 为函数 $y=f(x)$ 的二阶导数，记为

$$y'',f''(x),\frac{\mathrm{d}^2 y}{\mathrm{d}x^2}\text{或}\frac{\mathrm{d}^2 f}{\mathrm{d}x^2},$$

即

$$f''(x)=\lim_{\Delta x\to 0}\frac{f'(x+\Delta x)-f'(x)}{\Delta x}.$$

一般地，把 $y=f(x)$ 的 $n-1$ 阶导数的导数称为 $f(x)$ 的 n 阶导数，记为

$$y^{(n)},f^{(n)}(x),\frac{\mathrm{d}^n y}{\mathrm{d}x^n}\text{或}\frac{\mathrm{d}^n f}{\mathrm{d}x^n},$$

即

$$f^{(n)}(x)=\lim_{\Delta x\to 0}\frac{f^{(n-1)}(x+\Delta x)-f^{(n-1)}(x)}{\Delta x}.$$

如果函数 $f(x)$ 在点 x 处有 n 阶导数，则在 x 附近 $f(x)$ 有 $n-1$ 阶导数，且在 x 处 $n-1$ 阶导数必连续.

函数的二阶及二阶以上的各阶导数统称为**高阶导数**，把函数 $f(x)$ 的导数 $f'(x)$ 称为 $f(x)$ 的**一阶导数**.

高阶导数也有实际背景. 例如，已知物体的运动规律 $s=s(t)$，则速度 $v(t)$ 是路程函数 $s(t)$ 对时间 t 的导数，即 $v(t)=s'(t)$. 而加速度 $a(t)$ 又是速度函数 $v(t)$ 对时间 t 的导数，即 $a(t)=v'(t)$. 所以加速度 $a(t)$ 是路程函数 $s(t)$ 对时间 t 的二阶导数.

练习 1. 求下列函数的二阶导数.

(1) $y=\sqrt{x^2-1}$；　(2) $y=x\ln(x+\sqrt{x^2+a^2})-\sqrt{x^2+a^2}$；

(3) $b^2 x^2+a^2 y^2=a^2 b^2$；　　(4) $y=\tan(x+y)$；

(5) $\begin{cases}x=a\cos t,\\ y=b\sin t;\end{cases}$　　(6) $\begin{cases}x=\ln(1+t^2),\\ y=t-\arctan t;\end{cases}$

(7) $\begin{cases}x=f'(t),\\ y=tf'(t)-f(t),\end{cases}$　　其中 $f(t)$ 具有二阶导数，且不等于零.

根据高阶导数的定义，求高阶导数就是多次连续地求导，所以只需按求导法则和基本公式逐阶地算下去即可.

例 1　证明下列 n 阶导数公式：

(1) $(\mathrm{e}^{\lambda x})^{(n)} = \lambda^n \mathrm{e}^{\lambda x}$（$\lambda$ 为常数），$(a^x)^{(n)} = a^x (\ln a)^n$；

(2) $(\sin x)^{(n)} = \sin\left(x + n \cdot \dfrac{\pi}{2}\right)$；

(3) $(\cos x)^{(n)} = \cos\left(x + n \cdot \dfrac{\pi}{2}\right)$；

(4) $(x^\mu)^{(n)} = \mu(\mu-1)\cdots(\mu-n+1)x^{\mu-n}$（$\mu$ 为常数，$x > 0$）；

(5) $\left(\dfrac{1}{x+a}\right)^{(n)} = (-1)^n \dfrac{n!}{(x+a)^{n+1}}$；

(6) $[\ln(x+a)]^{(n)} = (-1)^{n-1} \dfrac{(n-1)!}{(x+a)^n}$．

证明： 仅证式（2）与式（5），其余留给读者作为练习．

（2）由于

$$(\sin x)' = \cos x = \sin\left(x + \frac{\pi}{2}\right),$$

$$(\sin x)'' = \cos\left(x + \frac{\pi}{2}\right) = \sin\left(x + 2 \cdot \frac{\pi}{2}\right),$$

假定 $(\sin x)^{(k)} = \sin\left(x + k \cdot \dfrac{\pi}{2}\right)$ 成立，则

$$(\sin x)^{(k+1)} = \left[\sin\left(x + k \cdot \frac{\pi}{2}\right)\right]' = \cos\left(x + k \cdot \frac{\pi}{2}\right)$$

$$= \sin\left(x + (k+1)\frac{\pi}{2}\right),$$

由数学归纳法知式（2）对任何正整数 n 都成立．

（5）由本例中的公式（4），得

$$\left(\frac{1}{x+a}\right)^{(n)} = \left[(x+a)^{-1}\right]^{(n)} = (-1)(-2)\cdots(-n)(x+a)^{-1-n}$$

$$= (-1)^n \frac{n!}{(x+a)^{n+1}}. \qquad \square$$

例 2　求多项式 $P_n(x) = a_0 + a_1(x-x_0) + a_2(x-x_0)^2 + \cdots + a_n(x-x_0)^n$ 在 x 和 x_0 处的各阶导数．

解　$P_n'(x) = a_1 + 2a_2(x-x_0) + \cdots + na_n(x-x_0)^{n-1}$,

$P_n''(x) = 2! \, a_2 + 3 \cdot 2a_3(x-x_0) + \cdots + n(n-1)a_n(x-x_0)^{n-2}$,

$\vdots$

$P_n^{(n)}(x) = n! \, a_n$,

$P_n^{(n+1)}(x) = P_n^{(n+2)}(x) = \cdots = 0$.

由此可见，多项式的导数是低一次的多项式；n 次多项式的 n 阶导数为常数，高于 n 阶的导数均为零．此外，在点 x_0 处有

$P_n(x_0) = a_0, P_n'(x_0) = a_1, P''(x_0) = 2!a_2, \cdots, P_n^{(n)}(x_0) = n!a_n$,

即有

$$a_0 = P_n(x_0), a_1 = P'_n(x_0), a_2 = \frac{1}{2!}P''_n(x_0), \cdots, a_n = \frac{1}{n!}P_n^{(n)}(x_0).$$

从而有公式

$$P_n(x) = P_n(x_0) + P'_n(x_0)(x-x_0) + \frac{P''_n(x_0)}{2!}(x-x_0)^2 + \cdots +$$

$$\frac{P_n^{(n)}(x_0)}{n!}(x-x_0)^n.$$

这说明 $(x-x_0)$ 的多项式 $P_n(x)$（或系数）完全由它在 x_0 处的函数值和各阶导数值确定.

若函数 u 与 v 均存在 n 阶导数，则它们的乘积也 n 阶可导，用数学归纳法，读者不难证明下述所谓的**莱布尼茨公式**：

$$(uv)^{(n)} = \sum_{k=0}^{n} C_n^k u^{(n-k)} v^{(k)} = u^{(n)}v + nu^{(n-1)}v' +$$

$$\frac{n(n-1)}{2!}u^{(n-2)}v'' + \cdots + uv^{(n)},$$

其中，规定 $u^{(0)} = u, v^{(0)} = v$.

例3 求 $y = x^2 \sin x$ 的 100 阶导数.

解 由莱布尼茨公式及本节例 1 中的 n 阶导数公式，得

$$y^{(100)} = x^2(\sin x)^{(100)} + 100(x^2)'(\sin x)^{(99)} + \frac{100 \times 99}{2!}(x^2)''(\sin x)^{(98)}$$

$$= x^2 \sin\left(x + 100 \cdot \frac{\pi}{2}\right) + 200x \sin\left(x + 99 \cdot \frac{\pi}{2}\right) + 100 \times$$

$$99 \sin\left(x + 98 \cdot \frac{\pi}{2}\right)$$

$$= x^2 \sin x - 200x \cos x - 9900 \sin x.$$

练习 2. 对下列函数求指定的导数.

(1) $y = x^2 e^x$，求 $y^{(100)}$；

(2) $y = x(2x-1)^2(x+3)^3$，求 $y^{(6)}$；

(3) $y = \sin \frac{x}{2} + \cos 2x$，求 $y^{(27)}\big|_{x=\pi}$；

(4) $y = \frac{x^{10}}{1-x}$，求 $y^{(10)}$.

练习 3. 设 $f(x)$ 具有各阶导数，且 $f'(x) = [f(x)]^2$，求 $f^{(n)}(x)$.

练习 4. 设 $P(x) = x^5 - 2x^4 + 3x - 2$，将 $P(x)$ 化为 $(x-1)$ 的幂的多项式.

下面举例说明隐函数求高阶导数的方法.

例 4　已知 $x^2+xy+y^2=4$，求 y''.

解　方程两边对 x 求导

$$2x+y+xy'+2yy'=0, \tag{1}$$

解得

$$y'=-\frac{2x+y}{x+2y}. \tag{2}$$

将式（1）两边再对 x 求导，得

$$2+y'+y'+xy''+2(y')^2+2yy''=0,$$

解出

$$y''=-\frac{2+2y'+2(y')^2}{x+2y}.$$

将 y' 的表达式（2）代入，并整理得

$$y''=-\frac{6(x^2+xy+y^2)}{(x+2y)^3}=-\frac{24}{(x+2y)^3}.$$

练习 5. 设 $u=f(\varphi(x)+y^2)$，其中 $y=y(x)$ 由方程 $y+\mathrm{e}^y=x$ 确定，且 $f(x)$ 和 $\varphi(x)$ 均有二阶导数，求 $\dfrac{\mathrm{d}u}{\mathrm{d}x}$ 和 $\dfrac{\mathrm{d}^2u}{\mathrm{d}x^2}$.

对于参数方程

$$x=\varphi(t),y=\psi(t).$$

如果导数存在，则它的一阶导数

$$y'_x=\frac{y'_t}{x'_t}=\frac{\psi'(t)}{\varphi'(t)}$$

仍然是参数 t 的函数. 它与 $x=\varphi(t)$ 构成一阶导数的参数形式

$$x=\varphi(t),y'_x=\frac{\psi'(t)}{\varphi'(t)}.$$

若求二阶导数，需再用参数方程求导法求导

$$y''_{xx}=\frac{(y'_x)'_t}{x'_t}=\frac{\left[\dfrac{\psi'(t)}{\varphi'(t)}\right]'}{\varphi'(t)}.$$

例 5　设 $x=a\cos t$，$y=b\sin t$，求 y''_{xx}.

解　$y'_x=\dfrac{y'_t}{x'_t}=\dfrac{b\cos t}{-a\sin t}=-\dfrac{b}{a}\cot t,$

$$y''_{xx}=\frac{(y'_x)'_t}{x'_t}=\frac{\left(-\dfrac{b}{a}\cot t\right)'}{(a\cos t)'}=\frac{\dfrac{b}{a}\dfrac{1}{\sin^2 t}}{-a\sin t}=-\frac{b}{a^2}\frac{1}{\sin^3 t}.$$

练习 6. 设 $y=y(x)$ 由 $\begin{cases} x=3t^2+2t+3, \\ e^y\sin t-y+1=0 \end{cases}$ 确定，求 $\dfrac{\mathrm{d}^2y}{\mathrm{d}x^2}\Big|_{t=0}$.

练习 7. n 在什么条件下，函数

$$f(x)=\begin{cases} x^n\sin\dfrac{1}{x}, & x\neq 0, \\ 0, & x=0 \end{cases}$$

在 $x=0$ 处 (1) 连续；(2) 可导；(3) 导数连续；(4) 有二阶导数.

练习 8. 设 $y=|x|^3$，$x\in(-\infty,+\infty)$，试证 $y''(x)=6|x|$.

3.5 微分

3.5.1 微分的概念

考查一个具体问题.

一个正方形的金属薄片，当温度变化时，其长由 x_0 变到 $x_0+\Delta x$，此时该薄片的面积 A 则相应地有一个改变量

$$\Delta A=(x_0+\Delta x)^2-x_0^2=2x_0\Delta x+(\Delta x)^2.$$

可见，ΔA 由两部分组成，第一部分是 $2x_0\Delta x$，它是 Δx 的线性函数，第二部分是 $(\Delta x)^2$，它是比 Δx 高阶的无穷小. 由于计算 $2x_0\Delta x$ 较方便，如果用它作为计算 ΔA 的近似值，则当 $|\Delta x|$ 很小时，所产生的误差也很小. 所以在表达式

$$\Delta A=2x_0\Delta x+(\Delta x)^2$$

中，第一部分是主要的，第二部分是次要的，如果略去次要部分，就有近似表达式

$$\Delta A\approx 2x_0\Delta x.$$

在一般情况下，对于函数 $y=f(x)$，当自变量 x 有增量 Δx 时，相应的函数有增量

$$\Delta y=f(x_0+\Delta x)-f(x_0),$$

对于 Δy 也应该可以分成如下两部分

$$\Delta y=A\Delta x+o(\Delta x),$$

其中，A 是与 Δx 无关的常数. 下面将证明，如果函数 $f(x)$ 在该点的导数存在，增量 Δy 就一定能表示成这样的形式.

定义 3.4　设函数 $y=f(x)$ 在 x 附近有定义，若自变量从 x 变到 $x+\Delta x$ 时，函数的增量可表示为 $\Delta y=A\Delta x+o(\Delta x)$ 的形式，其中 A 与 Δx 无关，则称函数 $f(x)$ 在 x 处**可微**，并把 $A\Delta x$ 称为函数 $y=f(x)$ 在 x 处的**微分**，记为 $\mathrm{d}y$ 或 $\mathrm{d}f(x)$，即

$$\mathrm{d}y=A\Delta x.$$

通俗地说"微分是增量的线性主部"（当 $A\neq 0$ 时）.

练习 1. 求函数 $y=5x+x^2$ 在 $x=2$ 而 $\Delta x=0.001$ 时的增量 Δy 与微分 $\mathrm{d}y$.

练习 2. 若 $f'(x_0)=\dfrac{1}{2}$，则 $\Delta x\to 0$ 时，$f(x)$ 在 x_0 处的微分 $\mathrm{d}y$ 是 Δx 的（　　）.

(A) 高阶无穷小　　　　　　(B) 低阶无穷小

(C) 同阶，但不等价的无穷小　(D) 等价无穷小

显然，在 x 处可微和可导是两个不同的概念，但下述定理指出它们是等价的. 基于这一原因，我们把可导说成可微，反之也对.

定理 3.6　函数 $y=f(x)$ 在点 x 处可微的充要条件是它在该点处的导数 $y'=f'(x)$ 存在. 此时有 $A=f'(x)$，即有

$$\mathrm{d}y=f'(x)\Delta x.$$

证明（必要性）　若 $f(x)$ 在 x 处可微，根据微分的定义，有

$$\Delta y=A\Delta x+o(\Delta x),$$

于是有

$$\frac{\Delta y}{\Delta x}=A+\frac{o(\Delta x)}{\Delta x},$$

令 $\Delta x\to 0$，就得到 $y'=f'(x)=A$.

（充分性）　若 $f(x)$ 在点 x 处有导数，则

$$f'(x)=\lim_{\Delta x\to 0}\frac{\Delta y}{\Delta x},$$

由极限与无穷小的关系有

$$\frac{\Delta y}{\Delta x}=f'(x)+\alpha,$$

其中，当 $\Delta x\to 0$ 时，$\alpha\to 0$. 于是

$$\Delta y=f'(x)\Delta x+\alpha\Delta x=f'(x)\Delta x+o(\Delta x).$$

故 $f(x)$ 可微，且微分系数 $A=f'(x)$，只与 x 有关，与 Δx 无关.　　　　　　　　　　　　　　　□

若把自变量 x 作为它自身的函数 $x=x$，由等式

$$\Delta x = 1 \cdot \Delta x + 0$$

及微分的定义知

$$dx = \Delta x,$$

即自变量的微分与其增量相等. 因此, 函数 $y = f(x)$ 的微分 $dy = y'\Delta x$ 通常写为

$$dy = y'dx.$$

这样, 导数 y' 就等于函数的微分与自变量的微分之商

$$y' = \frac{dy}{dx},$$

所以导数也叫**微商**.

为了加深对微分概念的理解, 我们来说明微分的几何意义. 如图 3.6 所示, PM 是曲线 $y = f(x)$ 在点 $P(x, f(x))$ 处的切线, 切线的斜率 $\tan\alpha = f'(x)$. 当横坐标由 x 变到 $x + \Delta x$ 时, 有

$$QN = \Delta y = f(x + \Delta x) - f(x),$$
$$MN = \tan\alpha \cdot \Delta x = f'(x)dx = dy.$$

这表明, 微分 dy 就是曲线过点 P 的切线 PM 的纵坐标的改变量.

图 3.6 中, QM 表示 Δy 与 dy 的差, 它是比 Δx 高阶的无穷小, 随着 $\Delta x \to 0$, QM 很快地趋于零. 用微分 dy 代替改变量 Δy, 其实质是在 x 的附近, 用切线 PM 近似地表示曲线 PQ.

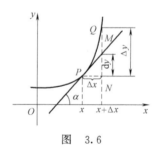

图 3.6

3.5.2 微分运算

因为微分 dy 与导数 y' 只差一个因子 dx, 所以微分运算和求导运算是相仿的, 并统称为**微分法**. 由导数公式和运算法则, 立刻就能得到微分公式和微分法则.

1. 微分基本公式

(1) $dC = 0$; (2) $dx^\mu = \mu x^{\mu-1}dx$;

(3) $da^x = a^x \ln a\, dx$; (4) $de^x = e^x dx$;

(5) $d(\log_a x) = \frac{dx}{x\ln a}$; (6) $d(\ln x) = \frac{1}{x}dx$;

(7) $d(\sin x) = \cos x\, dx$; (8) $d(\cos x) = -\sin x\, dx$;

（9）$d(\tan x) = \dfrac{dx}{\cos^2 x} = \sec^2 x \, dx$；

（10）$d(\cot x) = \dfrac{-dx}{\sin^2 x} = -\csc^2 x \, dx$；

（11）$d(\sec x) = \sec x \tan x \, dx$；

（12）$d(\csc x) = -\csc x \cot x \, dx$；

（13）$d(\arcsin x) = \dfrac{dx}{\sqrt{1-x^2}}$；

（14）$d(\arccos x) = \dfrac{-dx}{\sqrt{1-x^2}}$；

（15）$d(\arctan x) = \dfrac{dx}{1+x^2}$；

（16）$d(\operatorname{arccot} x) = \dfrac{-dx}{1+x^2}$.

2. 四则运算微分法则

当 u 与 v 均可微时，有

（ⅰ）$d(u \pm v) = du \pm dv$；

（ⅱ）$d(uv) = u \, dv + v \, du$，$d(Cu) = C \, du$（$C$ 为常数）；

（ⅲ）$d\left(\dfrac{u}{v}\right) = \dfrac{v \, du - u \, dv}{v^2}$ $(v \neq 0)$.

这些法则容易从对应的求导法则推出，例如法则（ⅱ）：
$$d(uv) = (uv)' dx = (uv' + u'v) dx = u(v' dx) + v(u' dx) = u \, dv + v \, du.$$

3. 复合函数的微分方法

设 $y = f(u)$ 是可微的，当 u 为自变量时，函数 $y = f(u)$ 的微分为
$$dy = f'(u) du.$$
当 u 不是自变量，而是另一个变量 x 的可微函数 $u = \varphi(x)$ 时，则 $y = f(\varphi(x))$ 的微分
$$dy = [f(\varphi(x))]' dx = f'(u)\varphi'(x) dx = f'(u) du.$$
由此可见，无论 u 是自变量还是中间变量，函数 $y = f(u)$ 的微分形式都是一样的，这个性质叫作**一阶微分形式不变性**. 由这个性质，将前面微分公式中的 x 换成任何可微函数 $u = \varphi(x)$，这些公式仍然成立.

例 1　$d(e^{\sin^2 x}) = e^{\sin^2 x} d(\sin^2 x)$

$\qquad\qquad = e^{\sin^2 x} \cdot 2\sin x \cos x \, dx = e^{\sin^2 x} \sin 2x \, dx.$

$d(x \arctan 2x) = \arctan 2x \, dx + x \, d(\arctan 2x)$

$\qquad\qquad = \arctan 2x \, dx + \dfrac{x}{1+(2x)^2} d(2x)$

$$= \left[\left(\arctan 2x + \frac{2x}{1+4x^2} \right) \right] \mathrm{d}x.$$

例 2 求一函数，使其微分等于 $\dfrac{1}{x\cos^2\ln x}\mathrm{d}x$.

解 因为

$$\frac{1}{x\cos^2\ln x}\mathrm{d}x = \frac{1}{\cos^2\ln x}\mathrm{d}(\ln x) = \mathrm{d}(\tan\ln x),$$

故函数 $f(x) = \tan\ln x$ 满足要求.

例 3 已知 $x^2y + xy^2 = 1$，求 $\mathrm{d}y$.

解 方程两边取微分，利用微分法，得

$$x^2\mathrm{d}y + y\mathrm{d}x^2 + x\mathrm{d}y^2 + y^2\mathrm{d}x = 0,$$

即

$$x^2\mathrm{d}y + 2xy\mathrm{d}x + 2xy\mathrm{d}y + y^2\mathrm{d}x = 0,$$

由此解出

$$\mathrm{d}y = -\frac{2xy + y^2}{x^2 + 2xy}\mathrm{d}x.$$

练习 3. 设 $y = y(x)$ 由方程 $\varphi(\sin x) + \sin\varphi(y) = \varphi(x+y)$ 所确定，其中 $\varphi(t)$ 处处可导，求 $\mathrm{d}y$.

练习 4. 用微分法则，求下列函数的微分.

(1) $y = \dfrac{x}{1-x}$;　　　　　(2) $y = x\ln x - x$;

(3) $y = \cot x - \csc x$;　　(4) $y = \mathrm{e}^{-\frac{x}{y}}$;

(5) $y = \sin^2 u$, $u = \ln(3x+1)$;

(6) $y = \arctan\dfrac{u(x)}{v(x)}$ （u' 和 v' 均存在）.

*3.5.3　微分在近似计算中的应用

我们知道，当 $f'(x_0) \neq 0$ 时，函数 $y = f(x)$ 在 x_0 处的微分 $\mathrm{d}y = f'(x_0)\Delta x$ 是增量 $\Delta y = f(x_0 + \Delta x) - f(x_0)$ 的线性主部（当 $\Delta x \to 0$ 时）. 故当 $|\Delta x|$ 充分小时，可以用微分 $\mathrm{d}y$ 来近似计算增量 Δy，即有

$$\Delta y \approx \mathrm{d}y. \tag{3.5.1}$$

将式 (3.5.1) 写成

$$f(x_0 + \Delta x) - f(x_0) \approx f'(x_0)\Delta x,$$

就可得到计算函数值的近似公式：当 $|\Delta x|$ 充分小时，有

$$f(x_0+\Delta x)\approx f(x_0)+f'(x_0)\Delta x. \qquad (3.5.2)$$

这表明：如果已知 $f(x)$ 在 x_0 处的值 $f(x_0)$ 和导数值 $f'(x_0)$，则 x_0 附近的函数值 $f(x_0+\Delta x)$ 可近似地由线性运算（3.5.2）求得. 特别地，当 $x_0=0$ 时（这时 $\Delta x=x-0=x$），由式 （3.5.2）知在 $|x|$ 充分小时，有

$$f(x)\approx f(0)+f'(0)x. \qquad (3.5.3)$$

利用近似式（3.5.3）容易得到工程上常用的近似公式：当 $|x|$ 充分小时，有

$$\sin x\approx x, \tan x\approx x, e^x\approx 1+x,$$
$$\ln(1+x)\approx x, (1+x)^{\mu}\approx 1+\mu x.$$

例 4　求 $\sqrt[3]{1.021}$ 的近似值.

解　由近似公式 $(1+x)^{\mu}\approx 1+\mu x$，知

$$\sqrt[3]{1.021}=(1+0.021)^{\frac{1}{3}}\approx 1+\frac{1}{3}\times 0.021=1.007.$$

例 5　求 $\tan 46°$ 的近似值.

解　因三角函数的导数公式是在弧度制下得到的，所以要把 $46°$ 化为弧度 $\dfrac{\pi}{4}+\dfrac{\pi}{180}$. 故 $\tan 46°=\tan\left(\dfrac{\pi}{4}+\dfrac{\pi}{180}\right)$ 就是函数 $f(x)=\tan x$ 在 $x=\dfrac{\pi}{4}+\dfrac{\pi}{180}$ 处的值. 由于 $f\left(\dfrac{\pi}{4}\right)=\tan\dfrac{\pi}{4}=1$，

$f'\left(\dfrac{\pi}{4}\right)=\left(\tan x\right)'\Big|_{x=\frac{\pi}{4}}=\dfrac{1}{\cos^2\dfrac{\pi}{4}}=2$，令 $x_0=\dfrac{\pi}{4}$，$\Delta x=\dfrac{\pi}{180}$，

则由式（3.5.2），得

$$\tan 46°=\tan\left(\frac{\pi}{4}+\frac{\pi}{180}\right)\approx 1+2\cdot\frac{\pi}{180}\approx 1.035.$$

应用式（3.5.2）时，首先，应明确所求的是哪个函数在哪一点处的函数值；其次，要确定 x_0 及 Δx 应当使 $f(x_0)$ 和 $f'(x_0)$ 容易得到，而且 $|\Delta x|$ 尽可能地小.

练习5. 利用微分近似计算下列各数（结果取到小数点后第四位，中间运算均取小数点后第五位，最后结果在第五位上四舍五入）.

(1) $\sqrt[3]{998}$；(2) $\cos 59°$；

(3) $\ln 0.99$；(4) $e^{1.01}$.

---

*3.5.4　微分在误差估计中的应用

实际工作中，有些量的数值是通过直接测量或实验得到的，

有些量的值则是在测试得到的数据的基础上，再通过函数关系计算得到的. 比如圆盘的面积，通常是先测量其直径 D 的值，然后用公式 $S=\dfrac{\pi}{4}D^2$ 计算面积值. 在测试时，由于仪器质量、精度、测试条件和方法等种种原因，所得到的数据不可避免地要出现误差. 依据这个有误差的数据计算其他量的值时，必然会有误差，我们把这个误差叫作间接测量误差. 由于中学物理课已经讲过误差的概念和它的估计，这里仅说明如何利用微分估计间接测量误差.

设测试未知量 x 得到的近似值为 x_0，通过关系式 $y=f(x)$ 算出另一个未知量 y 的近似值为 $y_0=f(x_0)$. 若已知 x_0 的绝对误差（限）为 δ，即 $|\Delta x|=|x-x_0|\leqslant\delta$，因为一般 δ 很小，所以 y_0 的绝对误差 $|\Delta y|$ 可通过微分来估计

$$|\Delta y|\approx|\mathrm{d}y|=|f'(x_0)|\cdot|\Delta x|\leqslant|f'(x_0)|\delta,$$

即 y_0 的绝对误差（限）是 $|f'(x_0)|\delta$. 而 y_0 的相对误差（限）是

$$\left|\frac{\Delta y}{y_0}\right|\approx\left|\frac{\mathrm{d}y}{y_0}\right|\leqslant\left|\frac{f'(x_0)}{f(x_0)}\right|\delta,$$

相对误差通常用百分比表示.

例6 用游标卡尺测得圆钢直径为 $D=(50.2\pm0.05)\mathrm{mm}$，利用公式 $S=\dfrac{\pi}{4}D^2$ 计算圆钢断面面积时，它的绝对误差和相对误差分别是多少？

解 由于 $S'=\dfrac{\pi}{2}D$，$\delta=0.05\mathrm{mm}$，所以面积的绝对误差

$$|\Delta S|\approx|\mathrm{d}S|\leqslant\frac{\pi}{2}D\Big|_{D=50.2}\times\delta=\frac{\pi}{2}\times50.2\times0.05\approx3.94(\mathrm{mm}^2).$$

相对误差

$$\left|\frac{\Delta S}{S_0}\right|\leqslant\frac{\dfrac{\pi}{2}\times50.2\times0.05}{\dfrac{\pi}{4}\times50.2^2}\approx0.2\%.$$

习题 3

1. 太湖的水量（体积）是水面高度的函数 $V=V(h)$，则 $V'(h_0)$ 的实际意义是什么？

2. 设 $P(t)$ 表示某油田在 t 年的蕴藏量，则 $P'(t_0)$ 表示什么，t_0 年采油量应如何表示？

3. 选择题

(1) 设 $f(x)$ 可导，$F(x)=f(x)(1+|\sin x|)$，则 $f(0)=0$ 是 $f(x)$ 在 $x=0$ 处可导的（　　）.

(A) 充分必要条件

(B) 充分，但非必要条件

(C) 必要，但非充分条件

(D) 非充分又非必要条件

(2) 设 $f(x)$ 在区间 $(-\delta, \delta)$ 内有定义，且恒有 $|f(x)| \leqslant x^2$，则 $x=0$ 必是 $f(x)$ 的 ( ).

(A) 间断点

(B) 连续，但不可导的点

(C) 可导的点，且 $f'(0)=0$

(D) 可导的点，但 $f'(0) \neq 0$

4. 当 a 取何值时，曲线 $y=a^x$ 和直线 $y=x$ 相切，并求出切点坐标.

5. 求双曲线 $y=\dfrac{1}{x}$ 与抛物线 $y=\sqrt{x}$ 的交角.

6. 证明：双曲线 $xy=a^2$ 上任一点处的切线与两坐标轴构成的三角形的面积都等于 $2a^2$，且切点是斜边的中点.

7. 求下列函数的导数.

(1) $y=\dfrac{\sin^2 x}{\sin x^2}$;

(2) $y=\arccos \dfrac{b+a\cos x}{a+b\cos x}$ $(a>b>0)$;

(3) $y=\log_2 \log_3 \log_5 x$;

(4) $y=\ln(x+\sqrt{a^2+x^2})$;

(5) $y=\sqrt{x+\sqrt{x+\sqrt{x}}}$;

(6) $y=\arctan e^{2x}+\ln \sqrt{\dfrac{e^{2x}}{e^{2x}+1}}$;

(7) $y=\tan x-\dfrac{1}{3}\tan^3 x+\dfrac{1}{5}\tan^5 x$;

(8) $y=\ln \dfrac{1+\sqrt{\sin x}}{1-\sqrt{\sin x}}+2\operatorname{arccot} \sqrt{\sin x}$.

8. 求下列函数的导数.

(1) $y=a^{b^x}+x^{a^b}+b^{x^a}$ $(x, a, b>0, a, b$ 为常数)；

(2) $y=\lim\limits_{n \to \infty} x\left(\dfrac{n+x}{n-x}\right)^n$;

(3) $y=\begin{cases} 1-x, & x \leqslant 0, \\ e^{-x}\cos 3x, & x>0. \end{cases}$

9. 设 $f(x)$ 与 $g(x)$ 均可导，且下列函数有意义，求它们的导数.

(1) $y=\sqrt[n]{f^2(x)+g^2(x)}$;

第 3 章　导数与微分

(2) $y=f(\sin^2 x)+g(\cos^2 x)$.

10. 已知 $y=f\left(\dfrac{3x-2}{3x+2}\right)$，$f'(x)=\arctan x^2$，求 $y'_x\big|_{x=0}$.

11. 设 $f(a)>0$，$f'(a)$ 存在，求 $\lim\limits_{n \to \infty} \left[\dfrac{f\left(a+\dfrac{1}{n}\right)}{f(a)}\right]^n$.

12. 球的半径以 $5\,\text{cm/s}$ 的速度匀速增长，问球的半径为 $50\,\text{cm}$ 时，球的表面积和体积的增长速度各是多少？

13. 求曲线 $x^3+y^3=4xy$ 与曲线 $x=\dfrac{1+t}{t^3}$，$y=\dfrac{3}{2t^2}+\dfrac{1}{2t}$ 在交点 $(2, 2)$ 处的交角.

14. 求下列函数的 n 阶导数.

(1) $y=\sin^2 x$;

(2) $y=xe^x$;

(3) $y=\dfrac{2x-1}{(x-1)(x^2-x-2)}$;

(4) $y=\ln \dfrac{1+x}{1-x}$;

(5) $y=\sin x \sin 2x \sin 3x$.

15. 设 $y=P(x)$ 是 x 的多项式，满足关系

$$xy''+(1-x)y'+3y=0,$$

且 $P(0)=-6$，求函数 $P(x)$.

16. 设 $y=y(x)$ 在 $[-1,1]$ 上有二阶导数，且满足

$$(1-x^2)y''_x-xy'_x+a^2y=0,$$

由变换 $x=\sin t$ 证明这时 y 满足：

$$y''_t+a^2y=0.$$

17. 选择题

(1) 函数 $f(x)=(x^2-x-2)|x^3-x|$ 的不可导的点的个数为 ( ).

(A) 0　　(B) 1　　(C) 2　　(D) 3

(2) 设 $f(x)=3x^3+x^2|x|$，则使 $f^{(n)}(0)$ 存在最高阶数 n 为 ( ).

(A) 0　　(B) 1　　(C) 2　　(D) 3

18. 将适当的函数填入括号内，使下面各式成为等式.

(1) $x\,\mathrm{d}x=\mathrm{d}(\quad)$;

(2) $\dfrac{1}{x}\,\mathrm{d}x=\mathrm{d}(\quad)$;

(3) $\sin x \, dx = d(\quad)$;

(4) $\sec^2 x \, dx = d(\quad)$;

(5) $\dfrac{1}{\sqrt{x}} dx = d(\quad)$;

(6) $\dfrac{1}{\sqrt{1-x^2}} dx = d(\quad)$;

(7) $d(\arctan e^{2x}) = (\quad) de^{2x}$;

(8) $d(\sin \sqrt{\cos x}) = (\quad) d\cos x$;

(9) $f(\sin x)\cos x \, dx = f(\sin x) d(\quad)$;

(10) $x^2 e^{-x^3} dx = (\quad) d(-x^3)$.

19. 试由球面面积公式 $S = 4\pi r^2$ 导出球体体积公式.

20. 求曲线 $y = \sqrt{x}$、$x = 1$ 及 $y = 0$ 围成的图形绕 x 轴旋转一周得到的旋转体体积.

21. 设 $f(u)$ 可导, 函数 $y = f(x^2)$ 当自变量在 $x = -1$ 处取得增量 $\Delta x = -0.1$ 时, 相应的函数增量 Δy 的线性主部为 0.1, 则 $f'(1) = \underline{\qquad}$.

22. 设 $f(x) = (x^2 - a^2)g(x)$, $g(x)$ 在 $x = a$ 附近有定义, 求 $f'(a)$ 存在的充分必要条件.

23. 已知函数 $f(x)$ 满足 $f(x_1 + x_2) = f(x_1) f(x_2)$, 其中, x_1、x_2 为任意实数, 且 $f'(0) = 2$,

求 $f'(x)$.

24. 设曲线 $y = f(x)$ 在原点与 $y = \sin x$ 相切, 求 $\lim\limits_{n \to \infty} \sqrt{nf\left(\dfrac{2}{n}\right)}$.

25. 若 $f(x) < g(x)$, 能否推出 $f'(x) < g'(x)$, 证明你的结论.

26. 设 $y = f(x)$ 有二阶导数, 且 $f'(x) \neq 0$, $x = \varphi(y)$ 是 $y = f(x)$ 的反函数, 证明: $\varphi''(y) = -\dfrac{f''(x)}{f'^3(x)}$.

27. 设 $f(x) = \arctan x$, 求 $f^{(n)}(0)$.

28. 设 $f(x) = \max\{x, x^2\}$, $x \in (0, 2)$, 求 $f'(x)$.

29. 设 $y = \arctan(u-1)$, $u = \begin{cases} x^2 - 2x + 2, & x \leqslant 0 \\ 2e^{-x}, & x > 0 \end{cases}$, 求 $\dfrac{dy}{dx}\Big|_{x=0}$.

30. 已知 $f(x)$ 是周期为 5 的连续函数, 在 $x = 1$ 处可导, 在 $\mathring{U}_\delta(0)$ 内满足关系 $f(1 + \sin x) - 3f(1 - \sin x) = 8x + o(x)$, 求曲线 $y = f(x)$ 在点 $(6, f(6))$ 处的切线方程.

第4章
中值定理及导数应用

本章的主要内容是用导数研究函数的各种性质，包括函数的局部性质，例如函数极值、泰勒展开等，以及函数在某个区间上的全局性质，例如函数的单调性、凸性等，另外还有对于求函数极限非常有效的洛必达法则等. 所有这些结果对于今后的理论研究和实际应用都是非常重要的.

4.1 微分中值定理

首先，给出函数 $f(x)$ 在 x_0 点的极值的概念.

定义 4.1　设函数 $f(x)$ 在点 x_0 及其附近有定义，如果存在 x_0 的邻域 $U(x_0)$，使得对于所有的 $x \in U(x_0)$，都有
$$f(x) \leqslant f(x_0) \quad [f(x) \geqslant f(x_0)],$$
则称 $f(x_0)$ 为函数 $f(x)$ 的一个**极大（小）值**.

极大值、极小值统称为**极值**，使函数 $f(x)$ 取极值的点 x_0（自变量）称为**极值点**.

关于函数的极值，有以下必要条件：

定理 4.1（**费马定理**）　若函数 $f(x)$ 在点 x_0 可导，且在点 x_0 取极值，则必有 $f'(x_0) = 0$.

证明　不妨设 $f(x)$ 在 x_0 处取极大值，则 $\exists \delta > 0$，使得 $\forall x \in U_\delta(x_0)$，有 $f(x) \leqslant f(x_0)$.

若 $x \in (x_0 - \delta, x_0)$，则
$$\frac{f(x) - f(x_0)}{x - x_0} \geqslant 0,$$
从而有
$$f'_-(x_0) = \lim_{x \to x_0^-} \frac{f(x) - f(x_0)}{x - x_0} \geqslant 0;$$
若 $x \in (x_0, x_0 + \delta)$，则
$$\frac{f(x) - f(x_0)}{x - x_0} \leqslant 0,$$
从而有

$$f'_+(x_0) = \lim_{x \to x_0^+} \frac{f(x) - f(x)}{x - x_0} \leqslant 0.$$

由于 $f(x)$ 在点 x_0 可导，故必有 $f'(x_0) = f'_-(x_0) = f'_+(x_0) = 0$. □

把使得 $f'(x_0) = 0$ 的点 x_0 叫作函数 $f(x)$ 的**驻点**.

注意，函数 $f(x)$ 在极值点处可以没有导数，例如函数 $f(x) = |x|$ 在 $x = 0$ 处取得极小值，但在这点不可导. 如果函数 $f(x)$ 在极值点 x_0 处可导，那么由费马定理可知 x_0 是 $f(x)$ 的驻点. 但驻点不一定是极值点. 例如，$f(x) = x^3$，有 $f'(0) = 0$，但 $x = 0$ 不是 $f(x) = x^3$ 的极值点.

以下的罗尔定理是费马定理的直接推论，它虽然简单，但是却有许多重要的应用.

定理 4.2（罗尔定理）　若函数 $f(x)$ 满足：

(1) 在闭区间 $[a,b]$ 上连续；

(2) 在开区间 (a,b) 内可导；

(3) $f(a) = f(b)$，

则至少存在一点 $\xi \in (a,b)$，使得 $f'(\xi) = 0$.

证明　根据定理 4.1（费马定理），只要证明 $f(x)$ 在开区间 (a,b) 内有极值点就行了. 由已知，$f(x)$ 在闭区间 $[a,b]$ 上连续，故 $\exists x_1, x_2 \in [a,b]$，使得

$$f(x_1) = \max_{x \in [a,b]} f(x) = M, \quad f(x_2) = \min_{x \in [a,b]} f(x) = m.$$

若 $M = m$，则 $f(x)$ 为一常数，因此对于区间 $[a,b]$ 中每个点 ξ 都有 $f'(\xi) = 0$. 若 $M \neq m$，则 M 和 m 中至少有一个不等于 $f(a)$，不妨设 $M \neq f(a)$. 由条件（3），$M \neq f(b)$，故最大值只能在 (a,b) 内取得，即 $x_1 \in (a,b)$，显然 x_1 是函数 $f(x)$ 的一个极值点，由费马定理，取 $\xi = x_1$ 即可. □

罗尔定理有明显的几何意义：如果光滑曲线 $y = f(x)$ $(a \leqslant x \leqslant b)$ 的两个端点 $(a, f(a))$ 与 $(b, f(b))$ 的高度（即纵坐标）相等，也就是说，如果连接该曲线两个端点的弦是水平的，并且该曲线上的任一点都有切线，那么必有一点的切线也是水平的（见图 4.1）.

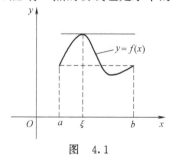

图　4.1

练习 1. 下列函数在指定的区间上是否满足罗尔定理的条件? 在区间内是否存在点 ξ, 使得 $f'(\xi) = 0$?

(1) $y = x^3 + 4x^2 - 7x - 10, [-1, 2]$;

(2) $y = \ln\sin x, \left[\dfrac{\pi}{6}, \dfrac{5\pi}{6}\right]$;

(3) $y = 1 - \sqrt[3]{x^2}, [-1, 1]$;

(4) $y = \left|\sin\left(\dfrac{\pi}{2} - x\right)\right|, \left[-\dfrac{\pi}{4}, \dfrac{3\pi}{4}\right]$.

练习 2. 证明: 多项式 $P(x) = x(x-1)(x-2)(x-3)(x-4)$ 的导函数的根 (零点) 都是实根, 并指出这些根所在的范围.

练习 3. 设 $f(x)$ 在 $[a, b]$ 上连续, 在开区间 (a, b) 内有二阶导数, 连接点 $(a, f(a))$ 和点 $(b, f(b))$ 的直线与曲线 $y = f(x)$ 相交于点 $(c, f(c))$, 其中 $a < c < b$. 试证方程 $f''(x) = 0$ 在 (a, b) 内至少有一个实根. 如果将直线换为曲线 $y = g(x)$, 且 $g(x)$ 在 (a, b) 上有二阶导数, 将有什么类似的结论呢?

练习 4. 设 $f(x) \in C[a, b]$, 在 (a, b) 内可导, 且 $f(a)f(b) > 0, f(a)f\left(\dfrac{a+b}{2}\right) < 0$, 试证: 在 (a, b) 内存在 ξ, 使得

$$f'(\xi) = f(\xi).$$

从罗尔定理的几何意义, 自然地联想到这样的推广: 若曲线 $y = f(x)$ $(a \leqslant x \leqslant b)$ 上的任一点处都有切线, 那么是否有一点的切线与连接两端点的弦平行呢 (见图 4.2)? 由此可以得到罗尔定理的一个推广——拉格朗日中值定理.

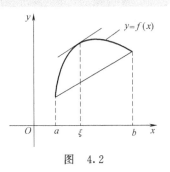

图 4.2

定理 4.3 (拉格朗日中值定理) 若函数 $f(x)$ 满足:

(1) 在闭区间 $[a, b]$ 上连续;

(2) 在开区间 (a, b) 内可导,

则在开区间 (a, b) 内至少存在一点 ξ, 使得

$$f(b) - f(a) = f'(\xi)(b-a). \tag{4.1.1}$$

证明 引进辅助函数

$$\varphi(x) = f(x) - \frac{f(b) - f(a)}{b - a}x,$$

易知 $\varphi(x)$ 满足罗尔定理的条件：$\varphi(x)$ 在闭区间 $[a,b]$ 上连续，在开区间 (a,b) 内可导，且

$$\varphi(a)=\varphi(b)=\frac{1}{b-a}[bf(a)-af(b)].$$

故在开区间 (a,b) 内至少存在一点 ξ，使得

$$\varphi'(\xi)=f'(\xi)-\frac{f(b)-f(a)}{b-a}=0.$$

由此得到

$$f(b)-f(a)=(b-a)f'(\xi). \qquad\qquad \square$$

式 (4.1.1) 叫作**拉格朗日中值公式**. 在微分学中占有极其重要的地位，它表明了函数在两点处的函数值与导数间的关系. 以后将不止一次用到它，特别可利用它研究函数的单调性及某些等式与不等式的证明.

练习 5. 试证：对二次函数 $y=px^2+qx+r$ 应用拉格朗日中值定理时，点 ξ 总是位于区间的正中间.

练习 6. 设 $f(x)=\begin{cases}3-x^2, & 0\leqslant x\leqslant 1,\\ 2/x, & 1<x\leqslant 2,\end{cases}$ $f(x)$ 在区间 $[0,2]$ 上是否满足拉格朗日中值定理的条件？满足等式

$$f(2)-f(0)=f'(\xi)(2-0)$$

的 ξ 共有几个？

练习 7. 若有常数 $L>0$，使得

$$|f(x_2)-f(x_1)|\leqslant L|x_2-x_1|, \quad \forall x_1, x_2\in I,$$

则称函数 $f(x)$ 在区间 I 上满足**利普希茨（Lipschitz）条件**. 请问这个条件与 $f(x)$ 在 I 上连续、可导有何关系？证明你的结论.

练习 8. 设 $f(x)$ 在 $(0,+\infty)$ 内有界、可导，则（　　）.

(A) 当 $\lim\limits_{x\to+\infty}f(x)=0$ 时，必有 $\lim\limits_{x\to+\infty}f'(x)=0$

(B) 当 $\lim\limits_{x\to+\infty}f'(x)$ 存在时，必有 $\lim\limits_{x\to+\infty}f'(x)=0$

(C) 当 $\lim\limits_{x\to 0^+}f(x)=0$ 时，必有 $\lim\limits_{x\to 0^+}f'(x)=0$

(D) 当 $\lim\limits_{x\to 0^+}f'(x)$ 存在时，必有 $\lim\limits_{x\to 0^+}f'(x)=0$

显然，当 $f(x)$ 在区间 (a,b) 内可导时，若 $x, x+\Delta x\in(a,b)$，则有 ξ 介于 x 与 $x+\Delta x$ 之间，使得

$$f(x+\Delta x)-f(x)=f'(\xi)\Delta x. \qquad (4.1.2)$$

由于 ξ 可表示为

$$\xi = x + \theta \Delta x \quad (0 < \theta < 1),$$

式 (4.1.2) 又可写成

$$f(x + \Delta x) - f(x) = f'(x + \theta \Delta x) \Delta x, \quad (4.1.3)$$

即

$$\Delta y = f'(x + \theta \Delta x) \Delta x.$$

将上式与用微分近似替代增量的式子

$$\Delta y \approx f'(x) \Delta x$$

比较，后者需要 $|\Delta x|$ 充分小，而且是近似式，但它简单好算，是 Δx 的线性函数. 而前者是一个准确的增量公式，且 $|\Delta x|$ 不必很小，只要是个有限量即可，这就是它的重要性所在. 式 (4.1.2) 和式 (4.1.3) 也叫**有限增量公式**. 虽然这里只肯定了 ξ 或 θ 的存在性，未能说明其确切的值，但这并不妨碍它在理论上的作用.

推论 1　如果函数 $f(x)$ 在区间 I 内可导，且 $f'(x) \equiv 0$，则

$$f(x) = C \quad (C \text{ 为常数}).$$

证明　对区间 I 内任意取两点 x_1、x_2，由拉格朗日中值定理，有

$$f(x_2) - f(x_1) = (x_2 - x_1)f'(\xi) \quad (x_1 < \xi < x_2).$$

因为 $f'(x) \equiv 0$，所以 $f(x_1) = f(x_2)$，即在区间 I 内任意两点的函数值都相等，故

$$f(x) = C. \qquad \square$$

练习 9. 证明：$x \geqslant 1$ 时，$\arctan x - \dfrac{1}{2} \arccos \dfrac{2x}{1+x^2} = \dfrac{\pi}{4}$.

推论 2　在区间 I 上，若 $f'(x) > 0 (< 0)$，则 $f(x)$ 单增（单减）.

证明　任取两点 $x_1, x_2 \in I$，设 $x_1 < x_2$，由拉格朗日中值定理，有

$$f(x_2) - f(x_1) = (x_2 - x_1)f'(\xi) \quad (x_1 < \xi < x_2).$$

因为 $f'(x) > 0$，$x \in I$，所以，$f'(\xi) > 0$，从而

$$f(x_2) > f(x_1).$$

同法可证明推论的另一种情况. $\qquad \square$

练习 10. 已知 $y = ax^3 + bx^2 + cx + 3$ 单调下降. 求 a，b，c 满足的条件.

定理 4.4（柯西中值定理） 设函数 $f(x)$ 与 $g(x)$ 满足：

(1) 在 $[a,b]$ 上连续；

(2) 在 (a,b) 内可导，并且 $g'(x) \neq 0$，

则在区间 (a,b) 内至少存在一点 ξ，使得

$$\frac{f(b)-f(a)}{g(b)-g(a)} = \frac{f'(\xi)}{g'(\xi)}. \qquad (4.1.4)$$

证明 由定理条件知 $g(x)$ 满足拉格朗日定理的条件，于是有

$$g(b)-g(a) = g'(\eta)(b-a), \eta \in (a,b),$$

因为 $g'(\eta) \neq 0$，所以 $g(b)-g(a) \neq 0$.

类似拉格朗日中值定理的证明，引进辅助函数

$$\varphi(x) = f(x)-f(a)-\frac{f(b)-f(a)}{g(b)-g(a)}[g(x)-g(a)],$$

则 $\varphi(x) \in C[a,b]$，在 (a,b) 内可导，且 $\varphi(a)=\varphi(b)=0$. 由罗尔定理，在区间 (a,b) 内至少存在一点 ξ，使得

$$\varphi'(\xi) = f'(\xi)-\frac{f(b)-f(a)}{g(b)-g(a)}g'(\xi) = 0.$$

整理上式便得式 (4.1.4). □

式 (4.1.4) 叫作 **柯西中值公式**. 如果取 $g(x)=x$，式 (4.1.4) 就是拉格朗日中值公式，这说明拉格朗日中值定理是柯西中值定理的特例.

> **练习 11.** 设 $f(x)$ 在 $[a,b]$ 上连续，在开区间 (a,b) 内可导，$a>0$，试证存在点 $\xi \in (a,b)$，使得
>
> $$f(b)-f(a) = \xi f'(\xi) \ln \frac{b}{a}.$$

注意：罗尔定理、拉格朗日中值定理以及柯西中值定理的条件都是充分条件. 如果条件不成立，对某些函数也可能有类似的结果；对另外一些函数，定理的结论不成立，请读者举出各种例子来说明.

例 1 证明方程 $x^3+2x+1=0$ 在区间 $(-1,0)$ 内有且仅有一个实根.

证明 设 $f(x)=x^3+2x+1$，则 $f(-1)=-2<0$，$f(0)=1>0$，根据连续函数的零点定理，在 $(-1,0)$ 内 $f(x)$ 至少有一个零点，设为 x_1，即 x_1 是方程 $x^3+2x+1=0$ 的根. 下面证明 x_1 是该方程在 $(-1,0)$ 内的唯一根. 假设方程还有一个根 $x_2 \in (-1,0)$，即 $f(x_2)=0$. 由罗尔定理，在 x_1 与 x_2 之间至少有一

点 ξ，使得 $f'(\xi)=0$. 然而，$f'(x)=3x^2+2>0$，即 $f'(x)$ 在 $(-1,0)$ 内没有零点，从而得到矛盾. 故 x_1 是该方程在 $(-1,0)$ 内的唯一根. □

例 2　讨论函数 $f(x)=3x^4-8x^3+6x^2-1$ 的单调区间.

解　由

$$f'(x)=12x^3-24x^2+12x=12x(x-1)^2$$

可知：

当 $x\geqslant 0$ 时，$f'(x)<0$，所以 $f(x)$ 在 $(-\infty,0)$ 上单调下降；

当 $x\geqslant 0$ 时，$f'(x)\geqslant 0$，仅在 $x=1$ 一点处 $f'(x)=0$，所以 $f(x)$ 在 $[0,+\infty)$ 上单调上升.

讨论函数的单调性时，将导函数分解为因式连乘（除）的形式是有益的，然后以 $f'(x)$ 的零点及不可导的点为分点，将定义域分为几个区间，在各区间上考察 $f'(x)$ 的正负号，确定 $f(x)$ 的单调性. 在一个区间上的连续函数，个别点导数为零或不可导不会影响函数的单调性.

例 3　试证当 $x>0$ 时，

$$\frac{x}{1+x}<\ln(1+x)<x.$$

证明　令 $f(x)=\ln(1+x)$，容易验证 $f(x)$ 在 $[0,x]$ 上满足拉格朗日中值定理的条件，因而存在 $\xi\in(0,x)$，使得

$$f(x)-f(0)=f'(\xi)x,$$

即

$$\ln(1+x)=\frac{x}{1+\xi},$$

由于 $0<\xi<x$，故

$$\frac{x}{1+x}<\frac{x}{1+\xi}<x,$$

即

$$\frac{x}{1+x}<\ln(1+x)<x.$$ □

例 4　若 $f(x)$ 在有限区间 (a,b) 内可微，但 $f(x)$ 无界，试证 $f'(x)$ 在 (a,b) 内也无界.

证明　反证法，设 $|f'(x)|\leqslant M$. 任意取定一点 $x_0\in(a,b)$，$\forall x\in(a,b)$ 在以 x_0 与 x 为端点的区间上应用拉格朗日中值定理，有

$$|f(x)-f(x_0)| = |f'(\xi)| \cdot |x-x_0| < M(b-a),$$

从而 $\qquad |f(x)| < |f(x_0)| + M(b-a),$

这与 $f(x)$ 无界矛盾. $\qquad\qquad\qquad\qquad\qquad$ □

例 5 设函数 $f(x)$ 在闭区间 $[0,1]$ 上连续, 在开区间 $(0,1)$ 内可导, 且 $f(0)=0$, $f(1)=\dfrac{1}{3}$. 证明: 存在 $\xi \in \left(0, \dfrac{1}{2}\right)$, $\eta \in \left(\dfrac{1}{2}, 1\right)$, 使得

$$f'(\xi)+f'(\eta)=\xi^2+\eta^2.$$

证明 设函数 $F(x)=f(x)-\dfrac{1}{3}x^3$, 由题意知

$$F(0)=0, F(1)=0,$$

容易验证 $f(x)$ 在 $\left[0, \dfrac{1}{2}\right]$ 和 $\left[\dfrac{1}{2}, 1\right]$ 上满足拉格朗日中值定理的条件, 故有

$$F\left(\frac{1}{2}\right)-F(0)=F'(\xi)\left(\frac{1}{2}-0\right)=\frac{1}{2}[f'(\xi)-\xi^2], \xi \in \left(0, \frac{1}{2}\right),$$

$$F(1)-F\left(\frac{1}{2}\right)=F'(\eta)\left(1-\frac{1}{2}\right)=\frac{1}{2}[f'(\eta)-\eta^2], \eta \in \left(\frac{1}{2}, 1\right),$$

两式相加, 得

$$F(1)-F(0)=\frac{1}{2}[f'(\xi)-\xi^2]+\frac{1}{2}[f'(\eta)-\eta^2]=0,$$

即

$$f'(\xi)+f'(\eta)=\xi^2+\eta^2. \qquad\qquad\qquad □$$

练习 12. 证明下列不等式.

(1) $\dfrac{\beta-\alpha}{\cos^2\alpha} \leqslant \tan\beta-\tan\alpha \leqslant \dfrac{\beta-\alpha}{\cos^2\beta}$, 当 $0<\alpha<\beta<\dfrac{\pi}{2}$ 时;

(2) $\dfrac{x}{1+x} < \ln(1+x) < x$, 当 $x>0$ 时;

(3) $(x^\alpha+y^\alpha)^{\frac{1}{\alpha}} > (x^\beta+y^\beta)^{\frac{1}{\beta}}$, 当 $x, y>0$, $\beta>\alpha>0$ 时.

练习 13. 确定下列函数的单调区间.

(1) $y=\sqrt{2x-x^2}$; (2) $y=x-\mathrm{e}^x$.

练习 14. 设 $f''(x)>0, f(0)<0$, 试证函数 $g(x)=f(x)/x$ 分别在区间 $(-\infty, 0)$ 和 $(0, +\infty)$ 内单调增加.

练习 15. 讨论下列方程实根的个数.

(1) $|x|+\sqrt{|x|}-\cos x=0$; (2) $\ln x=ax \ (a>0)$.

练习 16. 设 $f(x)$ 在闭区间 $[0,1]$ 上可导，且 $f(0)=0$，$f(1)=1$，证明：在开区间 $(0,1)$ 内存在两个不同的点 ξ、η，使得 $\dfrac{1}{f'(\xi)}+\dfrac{1}{f'(\eta)}=2$.

练习 17.（达布定理）设 $f(x)$ 在区间 (a,b) 内可微，$x_1,x_2\in(a,b)$. 若 $f'(x_1)\cdot f'(x_2)<0$，证明：至少存在一点 $\xi\in(x_1,x_2)$，使得 $f'(\xi)=0$，你能对这一定理做简单推广吗？

4.2　洛必达法则

如果函数 $f(x)$ 及 $g(x)$ 在 $x\to x_0$（或 $x\to\infty$）时均趋于零或均趋于无穷大，则极限

$$\lim_{x\to x_0}\frac{f(x)}{g(x)}\text{或}\lim_{x\to\infty}\frac{f(x)}{g(x)}$$

的计算，不能应用"商的极限等于极限的商"这一法则. 这种极限通常叫作**不定式**，并分别记为 $\dfrac{0}{0}$ 或 $\dfrac{\infty}{\infty}$. 解决这种问题的有效方法之一，是根据柯西中值定理建立起来的洛必达法则.

4.2.1　$\dfrac{0}{0}$ 和 $\dfrac{\infty}{\infty}$ 型未定式

洛必达法则　如果 $\lim\dfrac{f(x)}{g(x)}$ 为 "$\dfrac{0}{0}$" 或 "$\dfrac{\infty}{\infty}$" 型不定式，而 $\lim\dfrac{f'(x)}{g'(x)}$ 存在或为无穷大，则有

$$\lim\frac{f(x)}{g(x)}=\lim\frac{f'(x)}{g'(x)}.$$

洛必达法则中的极限过程，可以是函数极限的任何一种，但同一问题中的极限过程相同.

证明　仅对 $x\to x_0$ 时的 "$\dfrac{0}{0}$" 型给出证明.

定义 $f(x_0)=g(x_0)=0$，则 $f(x)$ 与 $g(x)$ 在点 x_0 处连续. 这样对充分靠近 x_0 的点 x，$f(x)$ 与 $g(x)$ 在以 x_0 和 x 为端点的区间上满足柯西中值定理的条件，故有

$$\frac{f(x)}{g(x)}=\frac{f(x)-f(x_0)}{g(x)-g(x_0)}=\frac{f'(\xi)}{g'(\xi)},\xi\text{介于}x_0,x\text{之间}.$$

令 $x\to x_0$，取极限，注意此时 $\xi\to x_0$，故

$$\lim_{x\to x_0}\frac{f(x)}{g(x)}=\lim_{\xi\to x_0}\frac{f'(\xi)}{g'(\xi)}=\lim_{x\to x_0}\frac{f'(x)}{g'(x)}. \qquad \square$$

例 1

$$\lim_{x \to 0} \frac{1 - \cos x}{x^2} \stackrel{\frac{0}{0}}{=\!=\!=} \lim_{x \to 0} \frac{\sin x}{2x} = \frac{1}{2}.$$

例 2

$$\lim_{x \to 0} \frac{e^x - e^{-x} - 2x}{x - \sin x} \stackrel{\frac{0}{0}}{=\!=\!=} \lim_{x \to 0} \frac{e^x + e^{-x} - 2}{1 - \cos x} \stackrel{\frac{0}{0}}{=\!=\!=} \lim_{x \to 0} \frac{e^x - e^{-x}}{\sin x}$$

$$\stackrel{\frac{0}{0}}{=\!=\!=} \lim_{x \to 0} \frac{e^x + e^{-x}}{\cos x} = 2.$$

每次使用洛必达法则之前都必须检查是否满足条件，特别是是否为 $\frac{0}{0}$ 或 $\frac{\infty}{\infty}$ 型未定式，而且应尽力化简．有时需要连续几次使用洛必达法则，也有时要结合使用其他方法．

例 3

$$\lim_{x \to a} \frac{\cos x \ln |x - a|}{\ln |e^x - e^a|} = \lim_{x \to a} \cos x \lim_{x \to a} \frac{\ln |x - a|}{\ln |e^x - e^a|}$$

$$\stackrel{\frac{\infty}{\infty}}{=\!=\!=} \cos a \lim_{x \to a} \frac{\dfrac{1}{x - a}}{\dfrac{e^x}{e^x - e^a}}$$

$$= \cos a \lim_{x \to a} \frac{1}{e^x} \lim_{x \to a} \frac{e^x - e^a}{x - a}$$

$$= \frac{\cos a}{e^a} e^a = \cos a.$$

这里最后用到 e^x 在 $x = a$ 处的导数的定义，在求 "$\frac{0}{0}$" 或 "$\frac{\infty}{\infty}$" 型未定式的极限时，应先把非零的定式因子分离出来，免得求导运算过分复杂．

例 4

$$\lim_{x \to +\infty} \frac{x^{\mu}}{\ln x} \stackrel{\frac{\infty}{\infty}}{=\!=\!=} \lim_{x \to +\infty} \frac{\mu x^{\mu - 1}}{\dfrac{1}{x}} = \lim_{x \to +\infty} \mu x^{\mu} = +\infty \quad (\mu > 0).$$

由例 4 知，当 $x \to +\infty$ 时，任何正幂的幂函数都比对数函数更快地趋向于无穷．

例 5　求极限 $\lim\limits_{x \to +\infty} \dfrac{x^{\mu}}{a^{\lambda x}}$ $(\lambda, \mu > 0, \alpha > 0)$.

解　因 $\mu > 0$，必存在正整数 n_0，使得 $n_0 - 1 < \mu \leq n_0$，连续使用洛必达法则 n_0 次，得

$$\lim_{x \to +\infty} \frac{x^{\mu}}{a^{\lambda x}} \stackrel{\frac{\infty}{\infty}}{=\!=\!=} \lim_{x \to +\infty} \frac{\mu x^{\mu - 1}}{\lambda a^{\lambda x} \ln \alpha} = \cdots = \lim_{x \to +\infty} \frac{\mu(\mu - 1) \cdots (\mu - n_0 + 1)}{\lambda^{n_0} a^{\lambda x} x^{n_0 - \mu} (\ln \alpha)^{n_0}} = 0.$$

由例 5 知，当 $x \to +\infty$ 时，底数大于 1，指数为正的指数函数比任何幂函数都更快地趋向于无穷.

练习 1. 求下列极限.

(1) $\lim\limits_{x \to 0} \dfrac{x - \arcsin x}{x^3}$;

(2) $\lim\limits_{x \to +\infty} \dfrac{\ln\left(1 + \dfrac{1}{x}\right)}{\operatorname{arccot} x}$;

(3) $\lim\limits_{x \to 0^+} \dfrac{\ln \tan 7x}{\ln \tan 2x}$;

(4) $\lim\limits_{x \to 0^+} \dfrac{\ln(\arcsin x)}{\cot x}$;

(5) $\lim\limits_{x \to -1^+} \dfrac{\sqrt{\pi} - \sqrt{\arccos x}}{\sqrt{x+1}}$;

(6) $\lim\limits_{x \to 0} \dfrac{e^x - e^{\sin x}}{x^3}$;

(7) $\lim\limits_{x \to 0} \dfrac{(1+x)^{\frac{1}{x}} - e}{x}$;

(8) $\lim\limits_{x \to 0} \dfrac{\ln|\cot x|}{\csc x}$.

练习 2. 验证极限 $\lim\limits_{x \to \infty} \dfrac{x - \sin x}{x + \sin x}$ 存在，但不能用洛必达法则计算.

练习 3. 若 $\lim\limits_{x \to 0} \dfrac{\tan x - \sin x}{x^p} = \dfrac{1}{2}$，求常数 p.

练习 4. 当 $x \to 0$ 时，$\dfrac{2}{3}(\cos x - \cos 2x)$ 是 x 的几阶无穷小?

练习 5. 设 ξ_a 为函数 $\arctan x$ 在区间 $[0, a]$ 上使用拉格朗日中值定理时得到的中值，求 $\lim\limits_{a \to 0^+} \dfrac{\xi_a}{a}$.

最后指出，当导数比的极限不存在时，不能断定函数比的极限不存在，这时不能使用洛必达法则，例如

$$\lim_{x \to \infty} \frac{x + \sin x}{x} = \lim_{x \to \infty}\left(1 + \frac{\sin x}{x}\right) = 1.$$

然而

$$\frac{(x + \sin x)'}{x'} = 1 + \cos x,$$

当 $x \to \infty$ 时无极限.

4.2.2 其他型未定式

除上述两种未定式之外，还有 "$0 \cdot \infty$" "$\infty - \infty$" "0^0" "1^∞" "∞^0" 等五种类型的未定式，它们都可转化为 "$\dfrac{0}{0}$" 或 "$\dfrac{\infty}{\infty}$" 型，具体转化步骤如下:

(1) $0 \cdot \infty = \dfrac{0}{\dfrac{1}{\infty}} = \dfrac{0}{0}$ 或 $0 \cdot \infty = \dfrac{\infty}{\dfrac{1}{0}} = \dfrac{\infty}{\infty}$;

(2) $\infty-\infty=\dfrac{1}{\dfrac{1}{\infty}}-\dfrac{1}{\dfrac{1}{\infty}}=\dfrac{\dfrac{1}{\infty}-\dfrac{1}{\infty}}{\dfrac{1}{\infty \cdot \infty}}=\dfrac{0}{0}$，这两个无穷大的正负号相同；

(3) $1^{\infty}=\mathrm{e}^{\infty \cdot \ln 1}=\mathrm{e}^{\infty \cdot 0}$；

(4) $0^{0}=\mathrm{e}^{0 \ln 0}=\mathrm{e}^{0 \cdot \infty}$；

(5) $\infty^{0}=\mathrm{e}^{0 \ln \infty}=\mathrm{e}^{0 \cdot \infty}$.

后三种情形中的"$0 \cdot \infty$"型可按第一种情形化为"$\dfrac{0}{0}$"或"$\dfrac{\infty}{\infty}$"型.

例 6

$$\lim_{x \to 0^{+}} x^{\mu} \ln x \xlongequal{0 \cdot \infty} \lim_{x \to 0^{+}} \frac{\ln x}{\dfrac{1}{x^{\mu}}} \xlongequal{\frac{\infty}{\infty}} \lim_{x \to 0^{+}} \frac{\dfrac{1}{x}}{\dfrac{-\mu}{x^{\mu+1}}} = -\frac{1}{\mu} \lim_{x \to 0^{+}} x^{\mu}$$

$$= 0 \ (\mu > 0).$$

例 7

$$\lim_{x \to 0}\left(\frac{1}{x^{2}}-\cot^{2} x\right) \xlongequal{\infty-\infty} \lim_{x \to 0} \frac{\tan^{2} x - x^{2}}{x^{2} \tan^{2} x}$$

$$= \lim_{x \to 0} \frac{\tan x + x}{x} \frac{\tan x - x}{x^{3}}$$

$$\xlongequal{\frac{0}{0}} 2 \lim_{x \to 0} \frac{1-\cos^{2} x}{3 x^{2} \cos^{2} x} = \frac{2}{3} \lim_{x \to 0} \frac{\sin^{2} x}{x^{2}} = \frac{2}{3}.$$

例 8 求 $\lim\limits_{x \to 0^{+}} x^{x}$.

解 为表达简便，利用函数记号 $\mathrm{e}^{x}=\exp(x)$.

$$\lim_{x \to 0^{+}} x^{x} \xlongequal{\frac{0}{0}} \lim_{x \to 0^{+}} \exp(x \ln x) = \exp\left(\lim_{x \to 0^{+}} \frac{\ln x}{\dfrac{1}{x}}\right)$$

$$\xlongequal{\frac{\infty}{\infty}} \exp\left(\lim_{x \to 0^{+}} \frac{\dfrac{1}{x}}{-\dfrac{1}{x^{2}}}\right) = \exp\left(\lim_{x \to 0^{+}} (-x)\right) = 1.$$

例 9

$$\lim_{x \to 0^{+}} (\cot x)^{\frac{1}{\ln x}} \xlongequal{\infty^{0}} \lim_{x \to 0^{+}} \exp\left(\frac{\ln \cot x}{\ln x}\right) = \exp\left(\lim_{x \to 0^{+}} \frac{\ln \cot x}{\ln x}\right)$$

$$\xlongequal{\frac{\infty}{\infty}} \exp\left(\lim_{x \to 0^{+}} \frac{\tan x \cdot \left(-\dfrac{1}{\sin^{2} x}\right)}{\dfrac{1}{x}}\right)$$

$$= \exp\left(\lim_{x \to 0^{+}} \frac{-x}{\sin x \cos x}\right)$$

$$= \exp(-1) = \mathrm{e}^{-1}.$$

例 10

$$\lim_{x\to\infty}\left(\sin\frac{2}{x}+\cos\frac{1}{x}\right)^x \xlongequal{1^\infty} \lim_{x\to\infty}\exp\left(x\ln\left(\sin\frac{2}{x}+\cos\frac{1}{x}\right)\right)$$

$$=\exp\left(\lim_{x\to\infty}\frac{\ln\left(\sin\frac{2}{x}+\cos\frac{1}{x}\right)}{\frac{1}{x}}\right)$$

$$\xlongequal{\diamondsuit\, y=\frac{1}{x}}\exp\left(\lim_{y\to0}\frac{\ln(\sin2y+\cos y)}{y}\right)$$

$$\xlongequal{\frac{0}{0}}\exp\left(\lim_{y\to0}\frac{\frac{2\cos2y-\sin y}{\sin2y+\cos y}}{1}\right)$$

$$=\exp\{2\}=e^2.$$

例 11　求数列极限 $\lim\limits_{n\to\infty}n\left[\left(1+\frac{1}{n}\right)^n-e\right]$.

解　这是"$0\cdot\infty$"型未定式,但数列极限不能直接应用洛必达法则.

由于

$$\lim_{x\to0}\frac{(1+x)^{\frac{1}{x}}-e}{x}\xlongequal{\frac{0}{0}}\lim_{x\to0}\frac{(1+x)^{\frac{1}{x}}\left[-\frac{1}{x^2}\ln(1+x)+\frac{1}{x(x+1)}\right]}{1}$$

$$=\lim_{x\to0}\frac{(1+x)^{\frac{1}{x}}}{1+x}\cdot\lim_{x\to0}\frac{x-(x+1)\ln(1+x)}{x^2}$$

$$\xlongequal{\frac{0}{0}}e\cdot\lim_{x\to0}\frac{1-\ln(1+x)-1}{2x}$$

$$=-\frac{e}{2}\lim_{x\to0}\frac{\ln(1+x)}{x}=-\frac{e}{2}.$$

在上述极限式中,令 $x=\frac{1}{n}$,则有

$$\lim_{n\to\infty}n\left[\left(1+\frac{1}{n}\right)^n-e\right]=-\frac{e}{2}.$$

练习 6. 求下列极限.

(1) $\lim\limits_{x\to1}(1-x)\tan\frac{\pi x}{2}$;

(2) $\lim\limits_{x\to+\infty}\ln(1+e^{ax})\ln\left(1+\frac{b}{x}\right)$　$(a>0,\,b\neq0)$;

(3) $\lim\limits_{x\to1}\left(\frac{m}{1-x^m}-\frac{n}{1-x^n}\right)$;

(4) $\lim\limits_{x\to 1}\left(\dfrac{x}{x-1}-\dfrac{1}{\ln x}\right)$;

(5) $\lim\limits_{x\to 0^+}\left(\dfrac{1}{x}\right)^{\tan x}$;

(6) $\lim\limits_{x\to +\infty}(x+\mathrm{e}^x)^{\frac{1}{x}}$;

(7) $\lim\limits_{x\to \frac{\pi}{2}^-}(\cos x)^{\frac{\pi}{2}-x}$;

(8) $\lim\limits_{x\to 0^+}x^{1/\ln(\mathrm{e}^x-1)}$;

(9) $\lim\limits_{n\to +\infty}\left(\cos\dfrac{t}{n}\right)^n$;

(10) $\lim\limits_{x\to 0}\left[\dfrac{(1+x)^{\frac{1}{x}}}{\mathrm{e}}\right]^{\frac{1}{x}}$.

练习 7. 设 $f(x)$ 具有二阶导数, 当 $x\neq 0$ 时, $f(x)\neq 0$, 且 $\lim\limits_{x\to 0}\dfrac{f(x)}{x}=0$, $f''(0)=4$, 求 $\lim\limits_{x\to 0}\left[1+\dfrac{f(x)}{x}\right]^{\frac{1}{x}}$.

练习 8. 设 $f(x)$ 在 x_0 处具有二阶导数 $f''(x_0)$, 试证:

$$\lim\limits_{h\to 0}\dfrac{f(x_0+h)-2f(x_0)+f(x_0-h)}{h^2}=f''(x_0).$$

4.3　泰勒公式

　　在一切函数类中, 多项式函数是最简单的一类, 用简单函数近似表示复杂函数是数学的一种基本思想. 本节所要介绍的泰勒公式, 就是关于用多项式逼近函数的问题.

　　我们已经知道, 若 $f'(x_0)$ 存在, 在 x_0 附近有如下近似公式:

$$f(x)\approx f(x_0)+f'(x_0)(x-x_0).$$

这是用 $x-x_0$ 的一次多项式来近似函数 $f(x)$. 这种近似能够给计算带来很大的方便. 不过上述公式也有不足之处. 首先, 其误差仅是比 $x-x_0(x\to x_0)$ 高阶的无穷小, 当实际问题对精度要求较高时, 常常不能满足精度要求; 其次, 公式对误差没有定量的估计. 这时, 我们自然要提出, 能否用一个关于 $x-x_0$ 的更高次的多项式来近似 $f(x)$, 以使误差是比 $x-x_0(x\to x_0)$ 更高阶的无穷小, 但是怎样从函数本身出发得出所需要的多项式呢?

　　下面考虑一个特殊的问题: 设 $f(x)$ 是一个 n 次多项式

$$f(x) = a_0 + a_1(x - x_0) + a_2(x - x_0)^2 + \cdots + a_n(x - x_0)^n.$$

我们看一下系数 a_0，a_1，$\cdots$，a_n 和多项式 $f(x)$ 的导数的关系.

经过简单计算容易得到

$$a_0 = f(x_0), a_1 = f'(x_0), a_2 = \frac{f''(x_0)}{2!}, \cdots, a_n = \frac{f^{(n)}(x_0)}{n!},$$

即

$$f(x) = f(x_0) + f'(x_0)(x - x_0) + \frac{f''(x_0)}{2!} + \cdots + \frac{f^{(n)}(x_0)}{n!}$$

$$(x - x_0)^n.$$

现在讨论任意的函数（不一定是多项式），设它在 x_0 处具有直到 n 阶的导数. 类比多项式的情形，我们写出一个多项式

$$P_n(x) = f(x_0) + \frac{f'(x_0)}{1!}(x - x_0) + \frac{f''(x_0)}{2!}$$

$$(x - x_0)^2 + \cdots + \frac{f^{(n)}(x_0)}{n!}(x - x_0)^n,$$

称 $P_n(x)$ 为函数 $f(x)$ 在 x_0 处的 **n 次泰勒多项式**. 在一般情况下，$f(x)$ 与 $P_n(x)$ 并不相等，但下述定理给出了 $P_n(x)$ 逼近 $f(x)$ 的情况.

定理 4.5　若函数 $f(x)$ 在 x_0 处有直到 n 阶导数，则

$$f(x) = P_n(x) + o((x - x_0)^n), \tag{4.3.1}$$

其中，$P_n(x)$ 是 $f(x)$ 在 x_0 处的 n 次泰勒多项式.

证明　令 $R_n(x) = f(x) - P_n(x)$. 为了证明式（4.3.1）成立，只需证明 $\lim\limits_{x \to x_0} \dfrac{R_n(x)}{(x - x_0)^n} = 0$. 显然，$R_n(x)$ 在邻域 $U(x_0)$ 内 $n - 1$ 阶可导，所以有

$$R_n(x) = f(x) - \left[f(x_0) + \frac{f'(x_0)}{1!}(x - x_0) + \frac{f''(x_0)}{2!} \right.$$

$$\left. (x - x_0)^2 + \cdots + \frac{f^{(n)}(x_0)}{n!}(x - x_0)^n \right],$$

$$R_n'(x) = f'(x) - \left[f'(x_0) + \frac{f''(x_0)}{1!}(x - x_0) + \cdots + \right.$$

$$\left. \frac{f^{(n)}(x_0)}{(n-1)!}(x - x_0)^{n-1} \right],$$

$$\vdots$$

$$R_n^{(n-1)}(x) = f^{(n-1)}(x) - \left[f^{(n-1)}(x_0) + \frac{f^{(n)}(x_0)}{1}(x - x_0) \right].$$

可见，当 $x \to x_0$ 时，$R_n(x)$，$R'(x)$，$\cdots$，$R_n^{(n-1)}(x)$ 均为无穷

小. 连续使用洛必达法则 $n-1$ 次，有

$$\lim_{x \to x_0} \frac{R_n(x)}{(x-x_0)^n} = \lim_{x \to x_0} \frac{R_n'(x)}{n(x-x_0)^{n-1}} = \cdots = \lim_{x \to x_0} \frac{R_n^{(n-1)}(x)}{n!(x-x_0)}$$

$$= \frac{1}{n!} \lim_{x \to x_0} \left[\frac{f^{(n-1)}(x) - f^{(n-1)}(x_0)}{x - x_0} - f^{(n)}(x_0) \right]$$

$$= \frac{1}{n!} \left[f^{(n)}(x_0) - f^{(n)}(x_0) \right] = 0. \qquad \square$$

定理 4.5 说明，用多项式 $P_n(x)$ 近似函数 $f(x)$ 时，误差是比 $(x-x_0)^n$ 高阶的无穷小. 称式（4.3.1）为 $f(x)$ 在 x_0 处的**带有佩亚诺型余项的泰勒公式**，而 $R_n = o((x-x_0)^n)$ 称为 $f(x)$ 的**佩亚诺余项**，P_n 的系数称为 $f(x)$ 在 x_0 处的**泰勒系数**.

若在式（4.3.1）中令 $x_0 = 0$，有

$$f(x) = f(0) + \frac{f'(0)}{1!} x + \frac{f''(0)}{2!} x^2 + \cdots + \frac{f^{(n)}(0)}{n!} x^n + o(x^n),$$

称为**麦克劳林公式**，它是泰勒公式一种常用的特殊情形.

定理 4.5 对于从理论上研究函数在点 x_0 附近的性态是很有帮助的. 但它对余项（或误差）只给出了定性描述，不能估算余项的数值. 因此，还要进一步给出余项的定量公式.

定理 4.6（泰勒中值定理） 设函数 $f(x)$ 在邻域 $U(x_0)$ 内具有 $n+1$ 阶导数，则 $\forall\, x \in U(x_0)$，有

$$f(x) = P_n(x) + \frac{f^{(n+1)}(\xi)}{(n+1)!} (x-x_0)^{n+1}, \qquad (4.3.2)$$

其中，$P_n(x)$ 是 $f(x)$ 在 x_0 处的 n 次泰勒多项式，ξ 介于 x_0 与 x 之间.

证明 在定理 4.5 的证明中，余项 $R_n(x)$ 满足

$$R_n(x_0) = R_n'(x_0) = \cdots = R_n^{(n-1)}(x_0) = R^{(n)}(x_0) = 0.$$

对函数 $R_n(x)$ 和 $(x-x_0)^{n+1}$ 在以 x_0 及 x 为端点的区间上应用柯西中值定理，得

$$\frac{R_n(x)}{(x-x_0)^{n+1}} = \frac{R_n(x) - R_n(x_0)}{(x-x_0)^{n+1} - 0} = \frac{R_n'(\xi_1)}{(n+1)(\xi_1 - x_0)^n},$$

其中，ξ_1 介于 x_0 与 x 之间.

再对函数 $R_n'(x)$ 和 $(n+1)(x-x_0)^n$ 在以 x_0 及 ξ_1 为端点的区间上应用柯西中值定理，得

$$\frac{R_n'(\xi_1)}{(n+1)(\xi_1 - x_0)^n} = \frac{R_n'(\xi_1) - R_n'(x_0)}{(n+1)(\xi_1 - x_0)^n - 0} = \frac{R_n''(\xi_2)}{n(n+1)(\xi_2 - x_0)^{n-1}},$$

其中，ξ_2 介于 x_0 和 ξ_1 之间.

这样连续应用柯西中值定理 $n+1$ 次，得

$$\frac{R_n(x)}{(x-x_0)^{n+1}}=\frac{R_n'(\xi_1)}{(n+1)(\xi_1-x_0)^n}=\frac{R_n''(\xi_2)}{n(n+1)(\xi_2-x_0)^{n-1}}$$

$$=\cdots=\frac{R_n^{(n)}(\xi_n)}{(n+1)!\,(\xi_n-x_0)}$$

$$=\frac{R_n^{(n)}(\xi_n)-R_n^{(n)}(x_0)}{(n+1)!\,(\xi_n-x_0)-0}$$

$$=\frac{R_n^{(n+1)}(\xi)}{(n+1)!}=\frac{f^{(n+1)}(\xi)}{(n+1)!},$$

其中, ξ 介于 x_0 与 ξ_n 之间, 从而介于 x_0 与 x 之间. 于是有

$$R_n(x)=\frac{f^{(n+1)}(\xi)}{(n+1)!}(x-x_0)^{n+1}. \qquad \square \quad (4.3.3)$$

上述余项称为**拉格朗日型余项**, 式 (4.3.2) 称为**带有拉格朗日型余项的泰勒公式**, 也称**泰勒中值公式**.

练习 1. 求下列函数在指定点处的 n 阶泰勒公式.

(1) $f(x)=\dfrac{x}{x-1}$, $x_0=2$;

(2) $f(x)=x^2\ln x$, $x_0=1$.

练习 2. 设 $f(x)$ 有三阶导数, 当 $x\to x_0$ 时, $f(x)$ 是 $x-x_0$ 的二阶无穷小, 问 $f(x)$ 在 x_0 处的二阶泰勒公式有何特点? 并求 $\lim\limits_{x\to x_0}\dfrac{f(x)}{(x-x_0)^2}$.

在式 (4.3.2) 中, 令 $x_0=0$, 则 ξ 介于 0 与 x 之间, 故 ξ 可表为 $\xi=\theta x$ $(0<\theta<1)$, 则得到**带拉格朗日型余项的麦克劳林公式**

$$f(x)=f(0)+\frac{f'(0)}{1!}x+\frac{f''(0)}{2!}x^2+\cdots+\frac{f^{(n)}(0)}{n!}x^n+$$

$$\frac{f^{(n+1)}(\theta x)}{(n+1)!}x^{n+1}\,(0<\theta<1).$$

在式 (4.3.2) 中, 取 $n=0$, 就得到拉格朗日中值公式. 可见, 带拉格朗日型余项的泰勒公式是拉格朗日中值公式的推广.

现在, 我们可以对余项进行误差估计了. 事实上, 如果对任意的 $x\in U(x_0)$, 有 $|f^{(n+1)}(x)|\leqslant M$, 则

$$|R_n(x)|=\left|\frac{f^{(n+1)}(\xi)}{(n+1)!}(x-x_0)^{n+1}\right|\leqslant\frac{M}{(n+1)!}|x-x_0|^{n+1}.$$

由上式可知, 泰勒多项式所取的项数愈多或 $x-x_0$ 的绝对值愈小, 则误差也愈小.

由 3.4 节中介绍的高阶导数公式,不难得到下列几个初等函数的麦克劳林公式:

(1) $e^x = 1 + x + \dfrac{x^2}{2!} + \cdots + \dfrac{x^n}{n!} + \dfrac{e^{\theta x}}{(n+1)!} x^{n+1}$;

(2) $\sin x = x - \dfrac{x^3}{3!} + \dfrac{x^5}{5!} - \cdots + (-1)^m \dfrac{x^{2m+1}}{(2m+1)!} +$

$\qquad\qquad (-1)^{m+1} \dfrac{\cos\theta x}{(2m+3)!} x^{2m+3}$;

(3) $\cos x = 1 - \dfrac{x^2}{2!} + \dfrac{x^4}{4!} - \cdots + (-1)^m \dfrac{x^{2m}}{(2m)!} +$

$\qquad\qquad (-1)^{m+1} \dfrac{\cos\theta x}{(2m+2)!} x^{2m+2}$;

(4) $\ln(1+x) = x - \dfrac{x^2}{2} + \dfrac{x^3}{3} - \cdots + (-1)^{n-1} \dfrac{x^n}{n} +$

$\qquad\qquad (-1)^n \dfrac{x^{n+1}}{(n+1)(1+\theta x)^{n+1}}$;

(5) $(1+x)^\mu = 1 + \mu x + \dfrac{\mu(\mu-1)}{2!} x^2 + \cdots +$

$\qquad\qquad \dfrac{\mu(\mu-1)\cdots(\mu-n+1)}{n!} x^n +$

$\qquad\qquad \dfrac{\mu(\mu-1)\cdots(\mu-n)}{(n+1)!} (1+\theta x)^{\mu-n-1} x^{n+1}.$

其中,$\theta \in (0,1)$,在包含原点且函数及各阶导数都存在的区间上,上述五个公式都成立.

下面仅证公式 (2)、公式 (5).

公式 (2) 的证明 因为 $f^{(n)}(x) = \sin\left(x + n \cdot \dfrac{\pi}{2}\right)(n = 0, 1, 2, \cdots)$,所以 $f(0) = 0$,$f'(0) = 1$,$f''(0) = 0$,$f'''(0) = -1$,$\cdots$,从而 $\sin x$ 的 $2m+2$ 阶麦克劳林公式为

$$\sin x = x - \frac{x^3}{3!} + \frac{x^5}{5!} - \cdots + (-1)^m \frac{x^{2m+1}}{(2m+1)!} + R_{2m+2},$$

其中,

$$R_{2m+2} = \frac{\sin\left(\theta x + (2m+3)\dfrac{\pi}{2}\right)}{(2m+3)!} x^{2m+3} = (-1)^{m+1} \frac{\cos\theta x}{(2m+3)!} x^{2m+3}. \qquad \square$$

由公式 (2) 知,$\sin x$ 可以用多项式近似表示为

$$\sin x \approx x - \frac{x^3}{3!} + \frac{x^5}{5!} - \cdots + (-1)^m \frac{x^{2m+1}}{(2m+1)!},$$

其误差为

$$|R_{2m+2}| = \left| (-1)^{m+1} \frac{\cos\theta x}{(2m+3)!} x^{2m+3} \right| \leqslant \frac{|x|^{2m+3}}{(2m+3)!}, \ -\infty < x < +\infty.$$

图 4.3 表示不同次数的泰勒多项式逼近函数 $\sin x$ 的情形. 当 $m=0$ 时, 有 $\sin x \approx x$, 误差 $|R_2| \leqslant \frac{|x|^3}{6}$, 要使误差小于 0.001, 必须 $|x| < 0.1817$ (约 $10°$). 当 $m=1$ 时, 有 $\sin x \approx x - \frac{x^3}{3!}$, 误差 $|R_4| \leqslant \frac{|x|^5}{120}$, 要使误差小于 0.001, 只需 $|x| < 0.6544$ (约 $37.5°$).

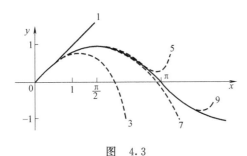

图　4.3

公式 (5) 的证明　因为 $f^{(n)}(x) = \mu(\mu-1)\cdots(\mu-n+1)(1+x)^{\mu-n}(n=1,2,\cdots)$, 所以

$$f(0) = 1, f^{(n)}(0) = \mu(\mu-1)\cdots(\mu-n+1),$$
$$f^{(n+1)}(\theta x) = \mu(\mu-1)\cdots(\mu-n)(1+\theta x)^{\mu-n-1},$$

于是

$$(1+x)^\mu = 1 + \mu x + \frac{\mu(\mu-1)}{2!}x^2 + \cdots + \frac{\mu(\mu-1)\cdots(\mu-n+1)}{n!}x^n +$$
$$\frac{\mu(\mu-1)\cdots(\mu-n)}{(n+1)!}(1+\theta x)^{\mu-n-1}x^{n+1}, \theta \in (0,1). \quad \square$$

当 μ 为正整数 n 时, 因为 $(1+x)^n$ 的 n 阶以上的导数恒为零, 所以 $(1+x)^n$ 的 n 阶麦克劳林公式就是它的**牛顿二项公式**

$$(1+x)^n = 1 + nx + \frac{n(n-1)}{2!}x^2 + \cdots + x^n.$$

练习 3. 求下列函数的二阶麦克劳林公式.

(1) $f(x) = xe^x$；(2) $f(x) = \tan x$.

泰勒公式给出了具有高阶导数的函数的另一种表示, 也为计算函数值和用简单函数逼近给定的函数提供了一种有效的方法，在其他方面也是很有用的. 下面仅举几个例子.

例 1 计算 $\ln 1.2$ 的值，准确到小数点后第四位.

解 由公式 (4) 中余项的表达式，通过试算知 $n=5$ 时满足精度要求.

$$|R_5(0.2)| = \left| \frac{(0.2)^6}{6(1+\xi)^6} \right| < \frac{1}{6} \times (0.2)^6 < 0.000011,$$

故

$$\ln 1.2 = \ln(1+0.2) \approx 0.2 - \frac{1}{2} \times (0.2)^2 + \frac{1}{3} \times (0.2)^3 -$$

$$\frac{1}{4} \times (0.2)^4 + \frac{1}{5} \times (0.2)^5 \approx 0.1823.$$

例 2 当 $x \to 0$ 时，$\cos x - e^{-\frac{x^2}{2}}$ 是 x 的几阶无穷小？并求其幂函数形主部.

解 因

$$\cos x = 1 - \frac{x^2}{2!} + \frac{x^4}{4!} + o(x^5),$$

$$e^{-\frac{x^2}{2}} = 1 - \frac{x^2}{2} + \frac{1}{2!}\left(\frac{-x^2}{2}\right)^2 + o(x^4),$$

故由于 $o(x^5) \pm o(x^4) = o(x^4)$，有

$$\cos x - e^{-\frac{x^2}{2}} = -\frac{x^4}{12} + o(x^4),$$

显然，它是 x 的 4 阶无穷小，幂函数形主部是 $-\dfrac{x^4}{12}$.

例 3 已知 $f(x)$ 连续且 $\lim\limits_{x \to 0} \dfrac{f(x)}{x} = 1$，$f''(x) > 0$，证明：当 $x \neq 0$ 时，$f(x) > x$.

证明 因为 $\lim\limits_{x \to 0} \dfrac{f(x)}{x} = 1$，所以 $f(0)=0, f'(0)=1$. 故 $f(x)$ 的一阶麦克劳林公式为

$$f(x) = x + \frac{f''(\xi)}{2!}x^2，\xi \text{ 介于 0 与 } x \text{ 之间}.$$

由于 $f''(x) > 0$，所以当 $x \neq 0$ 时，有

$$f(x) > x. \qquad \qquad \square$$

例 4 设函数 $f(x)$ 和 $g(x)$ 在 $x \geqslant x_0$ 上有 n 阶导数，如果 $f(x_0) = g(x_0)$；$f^{(k)}(x_0) = g^{(k)}(x_0)$，$k = 1, 2, \cdots, n-1$；且当 $x > x_0$ 时，

$$f^{(n)}(x)<g^{(n)}(x),$$

则当 $x>x_0$ 时，恒有

$$f(x)<g(x).$$

证明　设 $F(x)=g(x)-f(x)$，则

$$F(x_0)=0,\quad F^{(k)}(x_0)=0, k=1, 2, \cdots, n-1.$$

故 $F(x)$ 的 $n-1$ 阶泰勒公式为

$$F(x)=\frac{F^{(n)}(\xi)}{n!}(x-x_0)^n,\quad x_0<\xi<x.$$

由于

$$F^{(n)}(\xi)=g^{(n)}(\xi)-f^{(n)}(\xi)>0,$$

所以，当 $x>x_0$ 时，$F(x)>0$，恒有

$$f(x)<g(x). \qquad\qquad \square$$

例 5　已知 $f(x)=2x^2(x-\sin^2 x\cos x^2 \mathrm{e}^{\tan x})$，求 $f''(0)$，$f'''(0)$.

解　因为 $2x^2\sin^2 x\cos x^2 \mathrm{e}^{\tan x}$ 是 x 的四阶无穷小，所以 $f(x)$ 的三阶麦克劳林公式为

$$f(x)=2x^2+o(x^3),$$

故

$$f''(0)=0, f'''(0)=2\times 3! =12.$$

　　练习 4. 应用三阶泰勒公式求下列各数的近似值，并估计误差.

(1) $\sqrt[3]{30}$；(2) $\sin 18^\circ$.

　　练习 5. 利用泰勒公式求下列极限.

(1) $\displaystyle\lim_{x\to 0}\frac{\mathrm{e}^x\sin x-x(1+x)}{x^3}$；(2) $\displaystyle\lim_{x\to\infty}\left[x-x^2\ln\left(1+\frac{1}{x}\right)\right]$.

　　练习 6. 当 $x\to 0$ 时，下列无穷小是 x 的几阶无穷小？其幂函数的主部如何？

(1) $\alpha(x)=\tan x-\sin x$；(2) $\beta(x)=(\mathrm{e}^x-1-x)^2$.

　　练习 7. 确定 a、b，使得当 $x\to 0$ 时 $x-(a+b\cos x)\sin x$ 为 x 的五阶无穷小.

　　练习 8. 设 $f(x)=\dfrac{x}{\sqrt{1+x^2}}$，求 $f^{(4)}(0)$ 和 $f^{(5)}(0)$.

4.4　极值的判定和最值性

　　在 4.1 节中已给出了函数极值的定义，给出了函数 $f(x)$ 在

x_0 处取得极值的必要条件：$f'(x_0)=0$. 本节将给出充分性判别.

定理 4.7（第一充分判别法） 设函数 $f(x)$ 在 x_0 的某一去心邻域内可微，在 x_0 处连续，若 $\exists \delta > 0$

（ⅰ）$\forall x \in (x_0-\delta,x_0),f'(x)>0\ (<0);\forall x \in (x_0,x_0+\delta)$，$f'(x)<0(>0)$，则 $f(x_0)$ 为极大值（极小值）；

（ⅱ）当 $x \in \overset{\circ}{U}(x_0)$ 时，$f'(x)>0\ (<0)$，则 $f(x_0)$ 不是极值.

证明 （ⅰ）只证 $f(x_0)$ 是极大值的情况，同理可证 $f(x_0)$ 是极小值的情况.

当 $x \in (x_0-\delta,x_0)$ 时，$f'(x)>0$，故 $f(x)$ 单调递增，$f(x)<f(x_0)$；当 $x \in (x_0,x_0+\delta)$ 时，$f'(x)<0$，故 $f(x)$ 单调递减，$f(x)<f(x_0)$. 总之，$f(x_0)$ 是极大值.

（ⅱ）若 $\forall x \in \overset{\circ}{U}(x_0)$ 有 $f'(x)>0\ (<0)$ 知，$f(x)$ 是单调的，所以 $f(x_0)$ 不是极值. $\qquad\square$

定理 4.7 指出，若导数 $f'(x)$ 在 x_0 的两侧变号，则 $f(x_0)$ 必是极值；保持不变号，则 $f(x_0)$ 不是极值.

例 1 求函数 $f(x)=x^3(x-5)^2$ 的极值。

解 $f'(x)=3x^2(x-5)^2+2x^3(x-5)=5x^2(x-3)(x-5)$.

令 $f'(x)=0$，得驻点 $x=0,3,5$. 用它们将函数定义域分为四个区间 $(-\infty,0)$，$(0,3),(3,5)$ 和 $(5,+\infty)$. 检查 $f'(x)$ 的符号变化情况，为了方便，列表如下：

x	$(-\infty,0)$	0	$(0,3)$	3	$(3,5)$	5	$(5,+\infty)$
$f'(x)$	$+$	0	$+$	0	$-$	0	$+$
$f(x)$	↗	无极值	↗	极大值	↘	极小值	↗

可见，在 $x=0$ 处无极值，在 $x=3$ 处函数取得极大值，在 $x=5$ 处函数取得极小值.

练习 1. 求下列函数的极值.

(1) $f(x)=2x^3-6x^2-18x+7$；

(2) $f(x)=(x-5)^2 \cdot \sqrt[3]{(x+1)^2}$；

(3) $f(x)=\dfrac{x}{\ln x}$.

定理 4.8（第二充分判别法） 设 $f(x)$ 在 x_0 点处有 $f'(x_0)=0$，$f''(x)$ 存在且 $f''(x_0)\neq 0$，则

（ⅰ）当 $f''(x_0)<0$ 时，$f(x_0)$ 为极大值；

（ⅱ）当 $f''(x_0)>0$ 时，$f(x_0)$ 为极小值.

证明　（ⅰ）因 $f'(x_0)=0,f''(x_0)<0$，由二阶导数定义，有

$$f''(x_0)=\lim_{x\to x_0}\frac{f'(x)-f'(x_0)}{x-x_0}=\lim_{x\to x_0}\frac{f'(x)}{x-x_0}<0,$$

由极限的保号性知，$\exists\delta>0$，当 $0<|x-x_0|<\delta$ 时，有

$$\frac{f'(x)}{x-x_0}<0,$$

于是，当 $x<x_0$ 时，$f'(x)>0$；当 $x>x_0$ 时，$f'(x)<0$. 由定理 4.7 知，$f(x_0)$ 是 $f(x)$ 的极大值.

类似地，可证（ⅱ）.　　　　　　　　　　　□

例 2　求函数 $f(x)=x^3+3x^2-24x-20$ 的极值.

解　$f'(x)=3x^2+6x-24=3(x+4)(x-2)$.

令 $f'(x)=0$，得驻点 $x=-4$，$x=2$.

由于 $f''(-4)=-18<0$，$f''(2)=18>0$，由定理 4.8 知，函数 $f(x)$ 在 $x=-4$ 处取极大值，极大值为 $f(-4)=60$；$x=2$ 处取极小值，极小值为 $f(2)=-48$.

练习 2. 问 a 为何值时，函数 $f(x)=a\sin x+\dfrac{1}{3}\sin 3x$ 在 $x=\dfrac{\pi}{3}$ 处取极值，它是极大值还是极小值，并求此极值.

练习 3. 求函数 $f(x)=\begin{cases}x, & x\leqslant 0,\\ x\ln x, & x>0\end{cases}$ 的极值.

以下举例说明如何求解函数在一个区间上的最大（小）值问题.

例 3　求函数 $f(x)=x^{\frac{2}{3}}-(x^2-1)^{\frac{1}{3}}$ 在 $[-2,2]$ 上的最大值与最小值.

解　$f'(x)=\dfrac{2}{3}x^{-\frac{1}{3}}-\dfrac{1}{3}(x^2-1)^{-\frac{2}{3}}(2x)=\dfrac{2\left[(x^2-1)^{\frac{2}{3}}-x^{\frac{4}{3}}\right]}{3x^{\frac{1}{3}}(x^2-1)^{\frac{2}{3}}}.$

令 $f'(x)=0$，得驻点 $x=\pm\dfrac{1}{\sqrt{2}}$，导数不存在的点有 $x=0$，$x=\pm1$. 因 $f(x)$ 是偶函数，所以仅需计算

$$f(0)=1,f\left(\frac{1}{\sqrt{2}}\right)=\sqrt[3]{4},f(1)=1,f(2)=\sqrt[3]{4}-\sqrt[3]{3}.$$

比较它们的大小可知，$f(x)$ 在 $[-2,2]$ 上的最大值为 $\sqrt[3]{4}$，最小值为 $\sqrt[3]{4}-\sqrt[3]{3}$.

在研究函数的最大、最小值时，常常遇到一些特殊情况. 例如：(1) 若 $f(x)$ 是 $[a,b]$ 上的单调函数，此时，其最大、最小值必在端点取得. (2) 设 $f\in C[a,b]$，在 (a,b) 内可导，且在 (a,b) 内有唯一驻点 x_0，若 x_0 是极大（小）值点，则 $f(x_0)$ 是 $[a,b]$ 上的最大（小）值. (3) 在实际问题中，若已判定 $f(x)$ 必有最大（小）值，且 x_0 是唯一的驻点，则 $f(x_0)$ 便是最大（小）值.

> **练习 4.** 求下列函数在指定区间上的最大值和最小值.
>
> (1) $y=x+2\sqrt{x}$，$[0,4]$；(2) $y=x^x$，$[0.1, 1]$.
>
> **练习 5.** 求下列指定区间上函数的值域.
>
> (1) $y=2\tan x-\tan^2 x$，$\left[0,\dfrac{\pi}{2}\right)$；
>
> (2) $y=\arctan\dfrac{1-x}{1+x}$，$(0,1]$.

例 4 将边长为 a 的正方形铁皮于四角处剪去相同的小正方形（见图 4.4），然后折起各边焊成一个无盖的盒，问剪去的小正方形之边长为多少时，盒的容积最大？

解

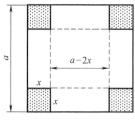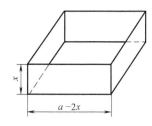

图 4.4

设剪掉的小正方形边长为 x，则盒的底面边长为 $a-2x$，于是盒的容积为

$$V=(a-2x)^2 x,\quad 0<x<\frac{a}{2}.$$

问题变为求 $V(x)$ 在 $\left(0,\dfrac{a}{2}\right)$ 内的最大值. 由于

$$V'=(a-2x)^2-4x(a-2x)=(a-2x)(a-6x),$$

所以在 $\left(0,\dfrac{a}{2}\right)$ 内只有唯一驻点 $x=\dfrac{a}{6}$. 因为

$$V''\Big|_{\frac{a}{6}}=(-8a+24x)\Big|_{\frac{a}{6}}=-4a<0,$$

故 $x=\dfrac{a}{6}$ 时，容积 V 最大，$V\left(\dfrac{a}{6}\right)=\dfrac{2a^3}{27}$.

利用求最大值和最小值的方法还可以证明不等式.

例 5　试证当 $x>0$ 时，

$$x>\ln(1+x).$$

证明　考察函数 $f(x)=x-\ln(1+x)$. 当 $x>0$ 时，有

$$f'(x)=1-\frac{1}{1+x}=\frac{x}{1+x}>0,$$

且 $f(x)$ 在 $x=0$ 处连续，故函数 $f(x)$ 在 $x\geqslant0$ 时是单调增加的. 又 $f(0)=0$，所以当 $x>0$ 时，$f(x)>0$，即 $x-\ln(1+x)>0$. 从而当 $x>0$ 时，有

$$x>\ln(1+x). \qquad\square$$

例 6　证明不等式

$$4x\ln x\geqslant x^2+2x-3, x\in(0,2).$$

证明　设 $f(x)=4x\ln x-x^2-2x+3$，则

$$f'(x)=4\ln x-2x+2,$$

$$f''(x)=\frac{4}{x}-2>0, x\in(0,2).$$

因此，$f'(x)$ 在区间 $(0,2)$ 上是单增的，从而知 $f(x)$ 有唯一驻点 $x_0=1$. 由定理 4.8 知，$f(1)=0$ 为极小值，从而是最小值. 故当 $x\in(0,2)$ 时，$f(x)\geqslant0$，即有

$$4x\ln x\geqslant x^2+2x-3, \quad x\in(0,2). \qquad\square$$

练习 6. 把直径为 d 的圆木锯成截面为矩形的梁，矩形截面的高 h 和宽 b 应如何选取，才能使梁的抗弯强度最大（由材料力学知，这个强度与积 bh^2 成正比）？

练习 7. 证明下列不等式.

(1) $1+x\ln(x+\sqrt{1+x^2})<\sqrt{1+x^2}$ $(x>0)$；

(2) $\ln(1+x)\geqslant\dfrac{\arctan x}{1+x}(x\geqslant0)$；

(3) $2^{1-p}\leqslant x^p+(1-x)^p\leqslant1$ $(0\leqslant x\leqslant1,p>1)$；

(4) $\mathrm{e}^x\leqslant\dfrac{1}{1-x}$ $(x<1)$.

4.5　函数的凸性和作图

4.5.1　凸函数、曲线的凸向及拐点

若曲线上任意两点之间的曲线段都位于其弦的下（上）方，则称此曲线是**下凸（上凸）**的．图 4.5a 中的曲线是下凸的，图 4.5b 中的曲线是上凸的．

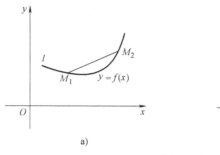
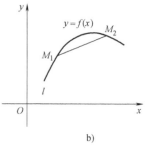

图　4.5

设曲线 l 的方程 $y = f(x)$，$x \in I$．$M_1(x_1, y_1)$ 和 $M_2(x_2, y_2)$ 为 l 上的任意两点．由解析几何知，弦 $\overline{M_1 M_2}$ 的参数方程为 $X = x_1 + t(x_2 - x_1)$，$Y = y_1 + t(y_2 - y_1)$，$t \in [0, 1]$．记 $\lambda_1 = 1 - t$，$\lambda_2 = t$，则弦 $\overline{M_1 M_2}$ 的方程为

$$X = \lambda_1 x_1 + \lambda_2 x_2, \quad Y = \lambda_1 y_1 + \lambda_2 y_2,$$

其中，λ_1，$\lambda_2 \in [0, 1]$，$\lambda_1 + \lambda_2 = 1$．曲线 l 是下凸的，即 $Y \geqslant f(x)$（$x = X$），亦即

$$\lambda_1 f(x_1) + \lambda_2 f(x_2) \geqslant f(\lambda_1 x_1 + \lambda_2 x_2), x_1, x_2 \in I. \tag{4.5.1}$$

满足不等式（4.5.1）的函数，称为区间 I 上的**下凸函数**．下凸函数的图形为下凸曲线．使式（4.5.1）中不等号方向相反的函数，称为 I 上的**上凸函数**，上凸函数的图形是上凸曲线．例如，$y = x^2$ 和 $y = \mathrm{e}^x$ 是下凸函数，$y = \sqrt{x}$ 和 $y = \ln x$ 是上凸函数．

定理 4.9　设 $f(x)$ 在区间 I 上有二阶导数，若 $f''(x) \geqslant 0$（$\leqslant 0$），则 $f(x)$ 为 I 上的下凸函数（上凸函数）．

证明　$\forall x_1$，$x_2 \in I$，$\forall \lambda_1$，$\lambda_2 \in [0, 1]$，$\lambda_1 + \lambda_2 = 1$，记 $x_0 = \lambda_1 x_1 + \lambda_2 x_2$，由泰勒公式

$$f(x) = f(x_0) + f'(x_0)(x - x_0) + \frac{f''(\xi)}{2!}(x - x_0)^2,$$

$$\xi \text{ 介于 } x_0 \text{ 与 } x \text{ 之间}, \tag{4.5.2}$$

得

$$f(x_1)=f(x_0)+f'(x_0)(x_1-x_0)+\frac{f''(\xi_1)}{2!}(x_1-x_0)^2,$$

$$f(x_2)=f(x_0)+f'(x_0)(x_2-x_0)+\frac{f''(\xi_2)}{2!}(x_2-x_0)^2.$$

于是

$$\lambda_1 f(x_1)+\lambda_2 f(x_2)=f(x_0)+f'(x_0)(\lambda_1 x_1+\lambda_2 x_2-x_0)+$$

$$\frac{\lambda_1 f''(\xi_1)}{2!}(x_1-x_0)^2+\frac{\lambda_2 f''(\xi_2)}{2!}(x_2-x_0)^2,$$

因为 $f''(x)\geqslant 0$ 及 $x_0=\lambda_1 x_1+\lambda_2 x_2$, 所以有

$$\lambda_1 f(x_1)+\lambda_2 f(x_2)\geqslant f(\lambda_1 x_1+\lambda_2 x_2). \qquad \square$$

因为曲线 $y=f(x)$ 上点 $(x_0,f(x_0))$ 处的切线方程为

$$y=f(x_0)+f'(x_0)(x-x_0),$$

由式 (4.5.2) 不难看出:

定理 4.10 若 $f(x)$ 在区间 I 上是有二阶导数的下凸 (上凸) 函数, 则曲线 $y=f(x)$ 位于其上任一点处的切线的上 (下) 方.

显然, 有二阶导数的下凸 (上凸) 函数, 它的一阶导数是单增 (降) 的. 下凸函数若有极值, 必是最小值, 如果下凸函数有最大值, 只能在区间的端点处取得; 上凸函数若有极值, 必是最大值, 如果上凸函数有最小值, 只能在区间的端点处取得.

在连续曲线 $y=f(x)$ 上, 不同凸向曲线段的分界点叫作 **拐点**.

若 $f(x)$ 具有二阶导数, 则点 $(x_0,f(x_0))$ 是拐点的必要条件为 $f''(x_0)=0$. 当然, 拐点也可能出现在二阶导数不存在的点处.

例 1 求曲线 $y=(x-2)^{5/3}-\dfrac{5}{9}x^2$ 的拐点及凸向区间.

解 (i) $y'=\dfrac{5}{3}(x-2)^{2/3}-\dfrac{10}{9}x$,

$$y''=\frac{10}{9}(x-2)^{-\frac{1}{3}}-\frac{10}{9}=\frac{10}{9}\cdot\frac{1-(x-2)^{1/3}}{(x-2)^{1/3}}.$$

(ii) y'' 的零点是 $x_1=3$, y'' 不存在的点是 $x_2=2$.

(iii) 列表讨论如下:

x	$(-\infty,2)$	2	$(2,3)$	3	$(3,+\infty)$
$f''(x)$	$-$	不存在	$+$	0	$-$
$f(x)$	$\cap$	拐点 $\left(2,-\dfrac{20}{9}\right)$	$\cup$	拐点 $(3,-4)$	$\cap$

练习 1. 求下列曲线的凸向区间及拐点.

(1) $y=1+x^2-\dfrac{1}{2}x^4$;　　　　(2) $y=\ln(1+x^2)$;

(3) $y=\begin{cases}\ln x-x, & x\geqslant 1, \\ x^2-2x, & x<1;\end{cases}$　　(4) $y=x\mid x\mid$.

练习 2. 问 a 及 b 为何值时, 点 $(1,3)$ 为曲线 $y=ax^3+bx^2$ 的拐点.

练习 3. 设 $y=f(x)$ 在点 x_0 的某邻域内具有三阶连续导数, 且 $f'(x_0)=f''(x_0)=0$, 而 $f'''(x_0)\neq 0$, 试问点 x_0 是否为极值点? 为什么? 又 $(x_0,f(x_0))$ 是否为拐点? 为什么? 推广一下, 猜想有什么一般的结论.

例2 设 a, $b\geqslant 0$, $\mu\geqslant 1$, 试证:

$$\frac{a^\mu+b^\mu}{2}\geqslant\left(\frac{a+b}{2}\right)^\mu.$$

证明 设 $f(x)=x^\mu$, 则

$$f'(x)=\mu x^{\mu-1},$$
$$f''(x)=\mu(\mu-1)x^{\mu-2},$$

因为 $\mu\geqslant 1$, 所以当 $x\geqslant 0$ 时, $f''(x)\geqslant 0$, 因此 $f(x)$ 在区间 $(0,+\infty)$ 上是下凸函数, 由下凸函数的定义知

$$\frac{a^\mu+b^\mu}{2}\geqslant\left(\frac{a+b}{2}\right)^\mu. \qquad \square$$

练习 4. 利用凸性, 证明下列不等式.

(1) $\mathrm{e}^x+\mathrm{e}^y>2\mathrm{e}^{\frac{x+y}{2}}$ $(x\neq y)$;

(2) $x\ln x\geqslant(x+1)\ln\dfrac{x+1}{2}$ $(x>0)$;

(3) $\ln x\leqslant x-1$.

练习 5. 设 $f(x)$ 在 $[a,b]$ 上是下凸函数. 证明: $\forall x_1,\cdots,x_n\in[a,b]$, $\forall\lambda_1,\cdots,\lambda_n\in[0,1]$, 只要 $\lambda_1+\lambda_2+\cdots+\lambda_n=1$, 就有不等式

$$f(\lambda_1 x_1+\cdots+\lambda_n x_n)\leqslant\lambda_1 f(x_1)+\cdots+\lambda_n f(x_n)$$

成立, 称为詹森 (Jansen) 不等式.

练习 6. 设 A, B, C 为三角形的三个内角, 证明:

$$\sin A+\sin B+\sin C\leqslant\frac{3}{2}\sqrt{3}.$$

　曲线的渐近线

若动点 $M(x,f(x))$ 沿着曲线 $y=f(x)$ 无限远离坐标原点时，它与某一直线 l 的距离趋于零，则称直线 l 为曲线 $y=f(x)$ 的一条**渐近线**.

渐近线有三种类型.

（1）水平渐近线.

若 $\lim\limits_{x\to\infty}f(x)=A$，或 $\lim\limits_{x\to+\infty}f(x)=A$，或 $\lim\limits_{x\to-\infty}f(x)=A$，则称 $y=A$ 是曲线 $y=f(x)$ 的**水平渐近线**. 例如 $y=\mathrm{e}^{-x}$，由于 $\lim\limits_{x\to+\infty}\mathrm{e}^{-x}=0$，所以 $y=0$ 是曲线 $y=\mathrm{e}^{-x}$ 的一条水平渐近线.

（2）铅直渐近线.

若 $\lim\limits_{x\to x_0}f(x)=\infty$，或 $\lim\limits_{x\to x_0^+}f(x)=\infty$，或 $\lim\limits_{x\to x_0^-}f(x)=\infty$，则称 $x=x_0$ 为曲线 $y=f(x)$ 的一条**铅直渐近线**. 例如 $y=\dfrac{1}{x-1}$，由于 $\lim\limits_{x\to1}\dfrac{1}{x-1}=\infty$，所以 $x=1$ 是曲线 $y=\dfrac{1}{x-1}$ 的一条铅直渐近线.

（3）斜渐近线.

设曲线 $y=f(x)$ 的斜渐近线方程为

$$y=ax+b,$$

其仰角 $\alpha\neq\dfrac{\pi}{2}$，如图 4.6 所示. 因为

$$|MP|=|MN|\cdot|\cos\alpha|,$$

所以

$$\lim_{r\to+\infty}|MP|=0\Leftrightarrow\lim_{r\to+\infty}|MN|=0,$$

其中，r 是动点 M 到原点的距离，后一极限就是

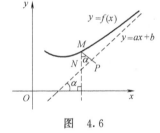

图 4.6

$$\lim_{\substack{x\to+\infty\\(x\to-\infty)}}\left[f(x)-ax-b\right]=0. \qquad (4.5.3)$$

由此得

$$\lim_{\substack{x\to+\infty\\(x\to-\infty)}}\frac{f(x)-ax-b}{x}=\lim_{\substack{x\to+\infty\\(x\to-\infty)}}\left[\frac{f(x)}{x}-a-\frac{b}{x}\right]=0,$$

即有

$$\lim_{\substack{x\to+\infty\\(x\to-\infty)}}\frac{f(x)}{x}=a. \qquad (4.5.4)$$

而式（4.5.3）又等价于

$$\lim_{\substack{x \to +\infty \\ (x \to -\infty)}} [f(x) - ax] = b. \qquad (4.5.5)$$

总之, 若极限 (4.5.4)、(4.5.5) 同时存在, 则曲线 $y = f(x)$ 有斜渐近线 $y = ax + b$. 极限 (4.5.4)、(4.5.5) 中只要有一个不存在, 曲线 $y = f(x)$ 便没有斜渐近线. 此外, 水平渐近线已含在斜渐近线内.

例 3 求曲线 $y = \dfrac{x^2}{1+x}$ 的渐近线.

解 （ⅰ）因为 $\lim\limits_{x \to -1} \dfrac{x^2}{1+x} = \infty$, 所以 $x = -1$ 为曲线的铅直渐近线.

（ⅱ）由于 $\lim\limits_{x \to \infty} \dfrac{f(x)}{x} = \lim\limits_{x \to \infty} \dfrac{x}{1+x} = 1$, 即 $a = 1$; 又 $\lim\limits_{x \to \infty} [f(x) - x] = \lim\limits_{x \to \infty} \dfrac{-x}{1+x} = -1$, 即 $b = -1$, 故 $y = x - 1$ 为曲线的斜渐近线.

练习 7. 求下列曲线的渐近线.

(1) $y = \dfrac{a}{(x-b)^2} + c \quad (a \neq 0)$; (2) $y = x + \dfrac{\ln x}{x}$;

(3) $y^2(x^2 + 1) = x^2(x^2 - 1)$; (4) $y = x \ln\left(\mathrm{e} + \dfrac{1}{x}\right)$.

4.5.3 函数的分析作图法

为了较准确地描绘函数的图形, 只使用描点法是不够的, 还应该分析函数的性态. 作函数 $y = f(x)$ 的图形, 一般应遵循如下步骤:

(1) 确定函数的定义域、值域、间断点以及函数的奇偶性、周期性;

(2) 求出 $f'(x) = 0$ 和 $f''(x) = 0$ 在定义域的全部实根以及使 $f'(x)$ 和 $f''(x)$ 不存在的所有点, 用这些根和导数不存在的点把函数定义域分成若干个小区间, 确定在这些小区间内 $f'(x)$ 和 $f''(x)$ 的符号, 并由此确定函数的单调区间、凸向区间、极值和拐点;

(3) 求渐近线以及其他变化趋势;

(4) 求出一些特殊点处的函数值, 例如与坐标轴的交点、极值点、拐点等, 结合前面的结果, 用平滑的曲线连接这些点, 画出 $y = f(x)$ 的图形.

例4　作函数 $y = \dfrac{x^2(x-1)}{(x+1)^2}$ 的图形.

解　(1) 函数的定义域为 $x \neq -1$，无奇偶性.

(2) $y' = \dfrac{x(x^2+3x-2)}{(x+1)^3} = \dfrac{x(x-x_2)(x-x_3)}{(x+1)^3}$，$y'' = \dfrac{2(5x-1)}{(x+1)^4}$.

令 $y' = 0$，解得驻点：

$$x_1 = 0, x_2 = \frac{-3-\sqrt{17}}{2} \approx -3.56, x_3 = \frac{-3+\sqrt{17}}{2} \approx 0.56.$$

令 $y'' = 0$，解得 $x_4 = \dfrac{1}{5}$，即点 $\left(\dfrac{1}{5}, -\dfrac{1}{45}\right)$ 有可能是拐点. 列表讨论如下：

x	$(-\infty, x_2)$	x_2	$(x_2, -1)$	-1	$(-1, 0)$	0
$f'(x)$	$+$	0	$-$		$+$	0
$f''(x)$	$-$	$-$	$-$		$-$	$-$
曲线 $y=f(x)$	↗	极大值 A	↘	无穷间断点	↗	极大值 0

x	$\left(0, \dfrac{1}{5}\right)$	$\dfrac{1}{5}$	$\left(\dfrac{1}{5}, x_3\right)$	x_3	$(x_3, +\infty)$
$f'(x)$	$-$	$-$	$-$	0	$+$
$f''(x)$	$-$	0	$+$	$+$	$+$
曲线 $y=f(x)$	↘	拐点 $\left(\dfrac{1}{5}, -\dfrac{1}{45}\right)$	↘	极小值 B	↗

表中 $A = \dfrac{-71-17\sqrt{17}}{16} \approx -8.82$，$B = \dfrac{17\sqrt{17}-71}{16} \approx -0.057$.

(3) 因为 $\lim\limits_{x \to -1} \dfrac{x^2(x-1)}{(x+1)^2} = -\infty$，所以 $x = -1$ 为曲线的铅直渐近线；又因为

$$\lim_{x \to \infty} \frac{f(x)}{x} = \lim_{x \to \infty} \frac{x(x-1)}{(x+1)^2} = 1,$$

$$\lim_{x \to \infty} [f(x)-x] = \lim_{x \to \infty} \frac{-x(3x+1)}{(x+1)^2} = -3,$$

所以 $y = x - 3$ 为曲线的斜渐近线. 关键点的取值列表如下：

x	-2	0	1	2	3
y	-12	0	0	$\dfrac{4}{9}$	$\dfrac{9}{8}$

结合上面的分析便可作出函数的图形，如图 4.7 所示. 如果

我们只用描点法，在区间（0,1）上图形的微妙变化就很可能会被忽略掉，曲线如何伸向无穷远也不清楚.

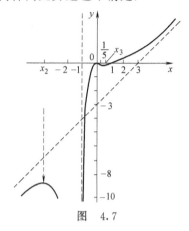

图　4.7

练习 8. 用分析法作下列函数的图形.

(1) $y=\sqrt[3]{x^2}+2$；　　　　(2) $y=\mathrm{e}^{-1/x}$；

(3) $y=\dfrac{(1+x)^3}{(x-1)^2}$.

4.6　平面曲线的曲率

我们在上一节已经看到微分学在几何上的应用. 本节将继续讨论其在几何上的应用，要研究平面曲线的另外一些性质，这些性质都很容易推广到空间曲线上去.

4.6.1　弧微分

设函数 $y=f(x)$ 在区间 I 上连续可微（即有连续的导数）. 在曲线 $y=f(x)$ 上取定一点 $M(x_0,f(x_0))$ 作为计算弧长的起点，对于曲线上任一点 $P(x,f(x))$，弧 $\overset{\frown}{MP}$ 的长度是 x 的函数 $s=s(x)$. 并规定：当点 P 在点 M 的右侧（$x>x_0$）时，$s=s(x)$ 为正；当点 P 在 M 的左侧（$x<x_0$）时，$s=s(x)$ 为负. 因此，弧长是 x 的单调增加函数.

当横坐标由 x 变到 $x+\Delta x$ 时，对应曲线上的点由 P 变到 P'，弧长改变量（即弧 $\overset{\frown}{PP'}$ 的长度）为

$$\Delta s=s(x+\Delta x)-s(x).$$

当 P' 与 P 充分接近时，弧 $\overset{\frown}{PP'}$ 的长度 Δs 能近似地用弧 $\overset{\frown}{PP'}$ 所对应的弦 PP' 的长度 $|PP'|$ 来代替（见图 4.8），且

$$\lim_{P' \to P} \frac{\Delta s}{|PP'|} = 1.$$

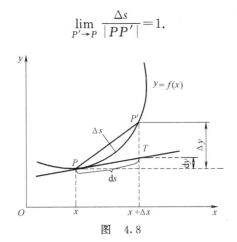

图　4.8

因为

$$|PP'|^2 = (\Delta x)^2 + (\Delta y)^2,$$

$$\left(\frac{\Delta s}{\Delta x}\right)^2 = \left(\frac{\Delta s}{|PP'|}\right)^2 \left(\frac{|PP'|}{\Delta x}\right)^2$$

$$= \left(\frac{\Delta s}{|PP'|}\right)^2 \left[1 + \left(\frac{\Delta y}{\Delta x}\right)^2\right].$$

注意到当 $\Delta x \to 0$ 时，$P' \to P$，所以上式两端令 $\Delta x \to 0$ 取极限，可得

$$\left(\frac{\mathrm{d}s}{\mathrm{d}x}\right)^2 = 1 + y'^2.$$

由此得到弧长微分公式

$$\mathrm{d}s = \sqrt{1 + y'^2}\, \mathrm{d}x. \tag{4.6.1}$$

上式根号前取正号，是因为 $s(x)$ 是 x 的单调增加函数，$\mathrm{d}s$ 与 $\mathrm{d}x$ 同号. 式（4.6.1）可以写成微分三角关系（勾股关系）

$$\mathrm{d}s^2 = \mathrm{d}x^2 + \mathrm{d}y^2. \tag{4.6.2}$$

值得注意的是，弦长 $|PP'|$ 不是 Δx 的线性函数，所以弦长不是弧长的微分，切线段 PT 的有向长才是弧微分.

若曲线弧是由参数方程

$$x = \varphi(t), y = \psi(t), \alpha \leqslant t \leqslant \beta$$

或极坐标方程

$$r = r(\theta), \quad \alpha \leqslant \theta \leqslant \beta$$

给出，且 $\varphi(t), \psi(t), r(\theta)$ 均有连续导数，则分别有弧长微分公式

$$\mathrm{d}s = \sqrt{[\varphi'(t)]^2 + [\psi'(t)]^2}\, \mathrm{d}t \tag{4.6.3}$$

与

$$\mathrm{d}s = \sqrt{[r(\theta)]^2 + [r'(\theta)]^2}\, \mathrm{d}\theta. \tag{4.6.4}$$

式 (4.6.3) 是显然的. 在极坐标的情况下，$x = r(\theta)\cos\theta, y = r(\theta)\sin\theta$. 从而

$$ds = \sqrt{(\mathrm{d}x)^2 + (\mathrm{d}y)^2} = \sqrt{(r(\theta)\cos\theta)' + (r(\theta)\sin\theta)'}\,\mathrm{d}\theta$$
$$= \sqrt{[r(\theta)]^2 + [r'(\theta)]^2}\,\mathrm{d}\theta.$$

4.6.2　曲线的曲率

我们都有这样的经验，当火车、汽车转弯时，弯曲越大离心力就越大；建筑中的梁、车床上的轴等都会发生弯曲，如果弯曲得太厉害，就会造成断裂. 在数学上，就需要研究曲线的弯曲程度. 如何用数量来描述曲线的弯曲程度（即所谓的曲率），这无论在理论上还是实践中，都是十分有意义的.

我们先来看两条曲线，如何比较它们的弯曲程度.

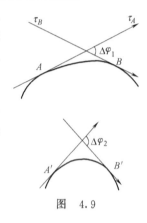

图　4.9

假如两条曲线段（见图 4.9）的长度一样，都是 Δs，但它们的切线变化不同. 对第一条曲线来说，在 A 点有一条切线 τ_A. 假设当 A 沿着曲线变到 B 点，切线 τ_A 也跟着连续变动到 B 点的切线 τ_B. 切线 τ_A 与 τ_B 之间的夹角 $\Delta\varphi_1$ 就是从 A 到 B 切线转角变化的大小. 同样，在第二条曲线段上，$\Delta\varphi_2$ 是 A' 到 B' 的切线方向变化的大小. 由图 4.9 上可见 $\Delta\varphi_1 < \Delta\varphi_2$，它表示曲线弧 $\overset{\frown}{A'B'}$ 比曲线弧 $\overset{\frown}{AB}$ 弯曲的厉害. 因此，角度变化越大，弯曲程度越大，即 Δs 一定时，弯曲程度与 $\Delta\varphi$ 成正比.

另一方面，切线方向变化的角度还不能完全反映曲线的弯曲程度. 如图 4.10 所示，两段圆弧的切线都改变了同一角度，但可以看出弧长小的弯曲大. 改变同一角度，弧长越小，弯曲越大，即 $\Delta\varphi$ 一定时，弯曲程度与 Δs 成反比.

因此，一段曲线的平均弯曲程度可以用

$$\bar{k} = \left| \frac{\Delta\varphi}{\Delta s} \right|$$

来衡量，称之为曲线段的**平均曲率**.

如果把 $|\Delta s|$ 取得小一些，弧段上的平均曲率也就能近似地刻画曲线在点 A 处的弯曲程度. 随着点 B 越来越接近点 A，弧长 $|\Delta s|$ 越来越小，平均曲率 $\bar{k}$ 也就越来越近似地刻画出曲线在点 A 的弯曲程度. 因此，称极限值

$$k = \lim_{B \to A} \left| \frac{\Delta \varphi}{\Delta s} \right| = \lim_{\Delta s \to 0} \left| \frac{\Delta \varphi}{\Delta s} \right| = \left| \frac{\mathrm{d}\varphi}{\mathrm{d}s} \right|$$

为曲线在点 A 处的**曲率**. 曲率 k 刻画了曲线在一点处的弯曲程度.

例 1 求半径为 R 的圆周上各点处的曲率.

解 如图 4.11 所示，有

$$\angle AOB = \Delta \varphi = \frac{\Delta s}{R},$$

于是

$$\frac{\Delta \varphi}{\Delta s} = \frac{1}{\Delta s} \cdot \Delta \varphi = \frac{1}{\Delta s} \cdot \frac{\Delta s}{R} = \frac{1}{R},$$

所以

$$k = \lim_{\Delta s \to 0} \left| \frac{\Delta \varphi}{\Delta s} \right| = \frac{1}{R}.$$

即圆周上各点处的曲率都等于半径的倒数，所以半径越大曲率越小.

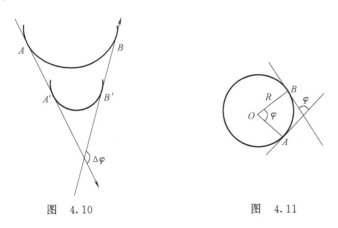

图 4.10　　　　　　图 4.11

例 2 求直线上各点处的曲率.

解 由于直线上任一点的切线就是直线本身，故恒有 $\Delta \varphi = 0$,
因而 $\dfrac{\Delta \varphi}{\Delta s} = 0$，所以

$$k = \lim_{\Delta s \to 0} \left| \frac{\Delta \varphi}{\Delta s} \right| = 0,$$

即直线的曲率为零.

在直角坐标系下，设曲线方程是 $y = f(x)$，且 $f(x)$ 具有二阶导数. 根据导数的几何意义 $y' = \tan \varphi$，有

$$\varphi = \arctan y',$$

其微分

$$\mathrm{d}\varphi = \frac{1}{1+y'^2}\mathrm{d}y' = \frac{y''}{1+y'^2}\mathrm{d}x.$$

由式（4.6.1）知 $\mathrm{d}s = \sqrt{1+y'^2}\,\mathrm{d}x$，用 $\mathrm{d}s$ 去除 $\mathrm{d}\varphi$，再取绝对值，就得到曲率的计算公式

$$k = \left|\frac{y''}{(1+y'^2)^{3/2}}\right|. \tag{4.6.5}$$

例 3　抛物线 $y=x^2$ 上哪一点的曲率最大？

解　因为 $y'=2x$，$y''=2$，故

$$k = \frac{2}{[1+(2x)^2]^{3/2}}.$$

若要 k 最大，只需 $1+(2x)^2$ 最小，显然 $x=0$ 时，即在点 $(0,0)$ 处抛物线 $y=x^2$ 的曲率最大.

$$k_{\max} = 2.$$

练习 1. 求下列曲线在指定点处的曲率.

(1) $y=\ln(x+\sqrt{1+x^2})$，$(0,0)$；(2) $xy=1$，$(1,1)$；

(3) $x=3t^2$，$y=3t-t^3$ 在 $t=1$ 对应的点处；

(4) $x=x(y)$ 是 $y=x+\mathrm{e}^x$ 的反函数，在 $x=0$，$y=1$ 处.

练习 2. 导出极坐标下曲线的曲率公式，求心形线 $r=a(1+\cos\theta)$ 在任一点 (r,θ) 处的曲率半径.

有了曲率的概念和计算公式，曲线上任一点处的弯曲程度都可以通过一个数表示出来，但是到底弯曲到什么程度还没有一个直观形象. 由例 1 知，半径为 R 的圆周上任一点处的曲率为半径的倒数 $\frac{1}{R}$. 故若曲线上某点的曲率为 k，则曲线在这点处的弯曲程度和以 $\frac{1}{k}$ 为半径的圆周相同. 比如，抛物线 $y=x^2$ 在原点处的曲率为 2，那么它在原点处的弯曲程度同半径为 $\frac{1}{2}$ 的圆周一样.

若曲线 C 上点 M 处的曲率 $k\neq0$，则称 $R=\frac{1}{k}$ 为曲线 C 在点 M 处的**曲率半径**.

在点 M 处曲线凹向的法线上取一点 D，使 $|MD|=R=\frac{1}{k}$，则以 D 为圆心、R 为半径的圆叫作曲线在 M 处的**曲率圆**（或密切圆），点 D 称为曲线在点 M 处的**曲率中心**.

由于曲率圆与曲线 C 在点 M 处有公切线，有相同的曲率，相

同的弯曲方向，所以在工程上常常以曲率圆的弧段来近似代替复杂的小曲线段．

设曲线方程是 $y=f(x)$，且 $f''(x)\neq 0$，则曲线在点 $M(x,y)$ 处的曲率中心 $D(\xi,\eta)$ 的坐标是

$$\begin{cases} \xi=x-y'(1+y'^2)/y'', \\ \eta=y+(1+y'^2)/y''. \end{cases} \tag{4.6.6}$$

请读者参照图 4.12 自己推证．

> **练习 3**. 求 $y=e^x$ 在点 $(0,1)$ 处的曲率中心．
>
> **练习 4**. 求 $y^2=4x$ 在原点处的曲率圆．
>
> **练习 5**. 求曲线 $y=\ln x$ 上曲率最大的点，并在该点附近用抛物线 $y=ax^2+bx+c$ 近似代替 $y=\ln x$，求 a，b，c．
>
> **练习 6**. 曲线 $y=\ln(1+x^2)$ 上哪一点附近线性最好，且 y 随 x 变化率最大？

当点 $M(x,f(x))$ 沿曲线 C 移动时，曲率中心 D 的轨迹 G 称为 C 的渐屈线，式 (4.6.6) 为其参数方程，其中 $y=f(x)$，$y'=f'(x)$，$y''=f''(x)$，x 为参数（见图 4.13）．

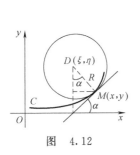

图　4.12

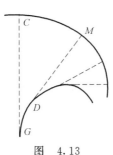

图　4.13

例 4　求椭圆 $x=a\cos t$，$y=b\sin t$ 的渐屈线方程．

解　由于

$$\frac{dy}{dx}=\frac{b\cos t}{-a\sin t}=-\frac{b}{a}\cot t, \qquad \frac{d^2 y}{dx^2}=-\frac{b}{a^2}\frac{1}{\sin^3 t},$$

代入式 (4.6.6)，得

$$\begin{cases} \xi=\dfrac{1}{a}(a^2-b^2)\cos^3 t, \\ \eta=-\dfrac{1}{b}(a^2-b^2)\sin^3 t. \end{cases}$$

消去 t，得渐屈线方程

$$(a\xi)^{\frac{2}{3}}+(b\eta)^{\frac{2}{3}}=(a^2-b^2)^{\frac{2}{3}},$$

它是星形线（见图 4.14）.

例 5 设计铁路时通常用立方抛物线 $y = \dfrac{1}{6Rl}x^3$ 作为缓和曲线，连接直道 AO 和圆弧弯道 BC，其中 R 是圆弧弯道的半径，l 是缓和曲线 OB 在 x 轴上的投影长，且 $\dfrac{l}{R} \ll 1$，求缓和曲线两端点 $O(0,0)$ 及 $B\left(l, \dfrac{l^2}{6R}\right)$ 处的曲率.

解 因 $y' = \dfrac{x^2}{2Rl}$，$y'' = \dfrac{x}{Rl}$，所以

$$k(0,0) = \left.\frac{|y''|}{(1+y'^2)^{\frac{3}{2}}}\right|_{x=0} = 0,$$

$$k\left(l, \frac{l^2}{6R}\right) = \frac{\dfrac{l}{Rl}}{\left[1 + \left(\dfrac{l^2}{2Rl}\right)^2\right]^{\frac{3}{2}}} = \frac{\dfrac{1}{R}}{\left[1 + \left(\dfrac{l}{2R}\right)^2\right]^{\frac{3}{2}}} \approx \frac{1}{R}.$$

最后一步中用到 $\dfrac{l}{2R} \ll 1$ 而把它忽略了. 这样的路轨在两个连接点 O 及 B 处的曲率都近似于连续变化，再使外轨适当地高于内轨，才能确保行车平稳安全（图 4.15）.

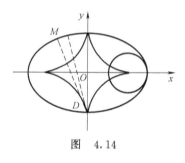

图 4.14

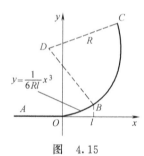

图 4.15

4.7 例题

例 1 设 $f(x)$ 在闭区间 $[a,b]$ 上连续，在开区间 (a,b) 内可导. 试证：若 $\lim\limits_{x \to a^+} f'(x) = r$，则 $f'_+(a) = r$；若 $\lim\limits_{x \to b^-} f'(x) = l$，则 $f'_-(b) = l$.

证明 由拉格朗日中值定理知，对 $\forall x \in (a,b)$，$\exists \xi \in (a,x)$，使得

$$\frac{f(x) - f(a)}{x - a} = f'(\xi),$$

因为当 $x \to a^+$ 时，$\xi \to a^+$，且 $\lim\limits_{x \to a^+} f'(x) = r$，所以

$$f'_+(a) = \lim_{x \to a^+} \frac{f(x) - f(a)}{x - a} = \lim_{\xi \to a^+} f'(\xi) = \lim_{x \to a^+} f'(x) = r.$$

同理可证，$f'_-(b) = \lim\limits_{x \to b^-} f'(x) = l.$ □

由此可见，若已知 $f(x)$ 在 x_0 的某空心邻域内可导，在 x_0 处连续，且 $\lim\limits_{x \to x_0} f'(x)$ 存在，则 $f(x)$ 在 x_0 处也可导，且 $f'(x_0) = \lim\limits_{x \to x_0} f'(x).$

例 2　设 $f(x)$ 与 $g(x)$ 在区间 $[a, b]$ 上可导，且有

$$f(x)g'(x) \neq f'(x)g(x),$$

证明：介于 $f(x)$ 的两个零点 x_1 与 x_2 之间至少有 $g(x)$ 的零点，其中 x_1 与 x_2 均在区间 (a, b) 内.

证明　（反证法）若在 x_1 与 x_2 之间没有 $g(x)$ 的零点，又考虑到给定的不等式可知 $g(x_1) \neq 0$，$g(x_2) \neq 0$，从而当 $x \in [x_1, x_2]$ 时，$g(x) \neq 0$.

设 $F(x) = f(x)/g(x)$，显然它在 $[x_1, x_2]$ 上满足罗尔定理的条件，从而至少存在一点 $\xi \in (x_1, x_2)$，使得

$$F'(\xi) = \frac{f'(\xi)g(\xi) - g'(\xi)f(\xi)}{g^2(\xi)} = 0,$$

这与给定的不等式矛盾. □

例 3　若函数 $f(x)$ 在区间 $(0, a)$ 内某点处取得最大值，且函数 $f(x)$ 在区间 $[0, a]$ 上的二阶导数有界，$|f''(x)| \leqslant M$，试证：

$$|f'(0)| + |f'(a)| \leqslant aM.$$

分析　要证所指的不等式，显然应从 $f'(0)$ 与 $f'(a)$ 的估计入手. 注意到题设，若 $f(x)$ 在点 $x_0 \in (0, a)$ 处取最大值，则 $f'(x_0) = 0$，从而可转为考虑 $f'(x_0) - f'(0)$ 和 $f'(a) - f'(x_0)$ 的估计.

证明　设 $f(x)$ 在 $x_0 \in (0, a)$ 处取最大值，则有

$$f'(x_0) = 0.$$

分别在区间 $[0, x_0]$ 和 $[x_0, a]$ 上. 对 $f'(x)$ 应用拉格朗日中值定理，得

$$f'(x_0) - f'(0) = f''(\xi_1)(x_0 - 0), 0 < \xi_1 < x_0,$$
$$f'(a) - f'(x_0) = f''(\xi_2)(a - x_0), x_0 < \xi_2 < a.$$

于是

$$|f'(0)| \leqslant M x_0, |f'(a)| \leqslant M(a - x_0).$$

两式相加得

$$|f'(0)|+|f'(a)|\leqslant Ma.\qquad\qquad\square$$

例4 设在区间 (a,b) 内 $f''(x)>0$，试证：$\forall x_1,x_2\in(a,b)$，都有

$$f\left(\frac{x_1+x_2}{2}\right)\leqslant\frac{1}{2}[f(x_1)+f(x_2)].$$

证明 当 $x_1=x_2$ 时，上式显然成立. 下面假设 $x_1<x_2$. 设 $x_0=\dfrac{x_1+x_2}{2}$，$f(x)$ 在 x_0 处展开的一阶泰勒公式为

$$f(x)=f(x_0)+f'(x_0)(x-x_0)+\frac{f''(\xi)}{2!}(x-x_0)^2,\xi\text{ 在 }x_0$$

与 x 之间.

故

$$f(x_1)=f(x_0)+f'(x_0)(x_1-x_0)+\frac{f''(\xi_1)}{2!}(x_1-x_0)^2,x_1<\xi_1<x_0,$$

$$f(x_2)=f(x_0)+f'(x_0)(x_2-x_0)+\frac{f''(\xi_2)}{2!}(x_2-x_0)^2,x_0<\xi_2<x_2.$$

两式相加，并注意：由于 $f''(x)>0$，它们的余项均为正；又 $x_1+x_2=2x_0$，得

$$f(x_1)+f(x_2)\geqslant 2f(x_0),$$

因此，

$$f\left(\frac{x_1+x_2}{2}\right)\leqslant\frac{1}{2}[f(x_1)+f(x_2)].\qquad\qquad\square$$

例5 试证

$$\frac{1}{3}\tan x+\frac{2}{3}\sin x>x,\forall x\in\left(0,\frac{\pi}{2}\right).$$

证明 设

$$f(x)=\frac{1}{3}\tan x+\frac{2}{3}\sin x-x,x\in\left(0,\frac{\pi}{2}\right).$$

由于

$$f'(x)=\frac{1}{3\cos^2 x}+\frac{2}{3}\cos x-1,$$

$$f''(x)=\frac{2\cos x\sin x}{3\cos^4 x}-\frac{2}{3}\sin x=\frac{2}{3}\sin x\left(\frac{1-\cos^3 x}{\cos^3 x}\right)>0,x\in\left(0,\frac{\pi}{2}\right).$$

（法1） $f''(x)>0\Rightarrow f'(x)$ 单调递增，又 $f'(0)=0$，所以当 $x\in\left(0,\frac{\pi}{2}\right)$ 时，$f'(x)>0$. $f'(x)>0\Rightarrow f(x)$ 单调递增，又 $f(0)=$

0，所以当 $x \in \left(0, \dfrac{\pi}{2}\right)$ 时，$f(x) > 0$.

（**法 2**） 因 $f(0) = 0$，$f'(0) = 0$，所以由 $f(x)$ 的一阶麦克劳林公式，有

$$f(x) = \frac{f''(\xi)}{2!} x^2 > 0, \forall x \in \left(0, \frac{\pi}{2}\right). \qquad \square$$

例 6 指出数列 $\{\sqrt[n]{n}\}$ 中最大的数，并说明理由.

解 设 $f(x) = x^{\frac{1}{x}}$（$x > 0$），先研究它的单调性. 由取对数求导法，得

$$f'(x) = x^{\frac{1}{x}} (1 - \ln x) / x^2,$$

故 $f'(e) = 0$. 当 $0 < x < e$ 时，$f'(x) > 0$，$f(x)$ 单调递增；当 $x > e$ 时，$f'(x) < 0$，$f(x)$ 单调递减，又 $2 < e < 3$，因此

$$1 < \sqrt{2},$$

$$\sqrt[3]{3} > \sqrt[4]{4} > \cdots > \sqrt[n]{n} > \cdots, \quad (n > 3).$$

由此可见，$\sqrt{2}$ 和 $\sqrt[3]{3}$ 中最大的数就是数列 $\{\sqrt[n]{n}\}$ 中最大的数. 因为

$$\sqrt{2} = \sqrt[6]{8}, \qquad \sqrt[3]{3} = \sqrt[6]{9}.$$

所以，数列 $\{\sqrt[n]{n}\}$ 中最大的数是 $\sqrt[3]{3}$.

例 7 讨论方程 $f(x) = x \ln x + a = 0$ 有几个实根.

解 连续函数在单调区间的端点处，若函数值异号，则在区间内有唯一的零点，否则无零点. 所以先求出 $f(x)$ 的单调区间，由

$$f'(x) = \ln x + 1, \quad f''(x) = \frac{1}{x} > 0 \quad (x > 0).$$

故 $x_0 = 1/e$ 处函数取最小值

$$\min f(x) = f(1/e) = a - \frac{1}{e},$$

且当 $0 < x < 1/e$ 时，$f'(x) < 0$，$f(x)$ 单调递减；当 $x > 1/e$ 时，$f'(x) > 0$，$f(x)$ 单调递增.

又因

$$\lim_{x \to 0^+} f(x) = \lim_{x \to 0^+} (x \ln x + a) = a, \ \lim_{x \to +\infty} f(x) = \lim_{x \to +\infty} (x \ln x + a) = +\infty.$$

所以

（ⅰ）当 $a > 1/e$ 时，方程无实根；

（ⅱ）当 $a = 1/e$ 时，方程只有一个实根，$x_0 = 1/e$；

（ⅲ）当 $0 < a < 1/e$ 时，方程有两个实根，在区间 $(0, 1/e)$ 和 $(1/e, +\infty)$ 内各一个；

（ⅳ）当 $a \leqslant 0$ 时，方程仅有一个实根，在区间 $(1/e, +\infty)$ 内．

例 8　试证勒让德（Legendre）多项式

$$P_n(x) = \frac{1}{2^n \cdot n!} \frac{\mathrm{d}^n}{\mathrm{d}x^n}(x^2-1)^n$$

的所有根皆为实根，且都含在区间 $(-1,1)$ 内．

证明　设多项式

$$Q_{2n}(x) = (x^2-1)^n = (x+1)^n(x-1)^n,$$

显然，$Q_{2n}(x)$ 和它的 1 阶至 $n-1$ 阶导数在 $x = \pm 1$ 处皆为零．由罗尔定理，$Q'_{2n}(x)$ 在区间 $(-1,1)$ 内至少有一实根；同样，$Q''_{2n}(x)$ 在区间 $(-1,1)$ 内至少有两个实根，依次推下去，$Q_{2n}^{(n-1)}(x)$ 在它的两个相邻的实根之间再用罗尔定理，便知函数 $Q_{2n}^{(n)}(x)$ 在 $(-1,1)$ 内至少有 n 个实根，而 $Q_{2n}^{(n)}(x)$ 是 n 次多项式，只能有 n 个根，故所有根均为实数，且在区间 $(-1,1)$ 内．

这些根就是 $P_n(x) = \dfrac{1}{2^n \cdot n!} Q_{2n}^{(n)}(x)$ 的所有根．　□

习题 4

1. 设 $f(x)$ 与 $g(x)$ 都在区间 I 上可导，证明：在 $f(x)$ 的任意两个零点之间，方程
$$f'(x) + g'(x)f(x) = 0$$
必存在实根．

2. 设 $f(x)$ 在区间 $\left[0, \dfrac{\pi}{2}\right]$ 上可导，且 $f(0)f\left(\dfrac{\pi}{2}\right) < 0$，证明：$\exists \xi \in \left(0, \dfrac{\pi}{2}\right)$，使得
$$f'(\xi) = f(\xi)\tan\xi.$$

3. 设 $f'(x)$ 在 $[a,b]$ 上连续，$f''(x)$ 在开区间 (a,b) 内存在．若 $f(a) = f(b) = 0$，且有 $c \in (a,b)$，使得 $f(c) < 0$，证明：存在点 $\xi \in (a,b)$，使得 $f''(\xi) > 0$．

4. 设 $f(x)$ 在 $[a, +\infty)$ 上连续，且当 $x > a$ 时，$f'(x) > k > 0$，其中 k 为常数．试证：若 $f(a) < 0$，则方程 $f(x) = 0$ 有且仅有一个实根．请指出这个实根存在的有限区间．

5. 设 $f''(x) < 0$，$f(0) = 0$，证明：对任何 x_1，$x_2 > 0$，有
$$f(x_1 + x_2) < f(x_1) + f(x_2).$$

6. 设 $f(x)$ 在闭区间 $[0,1]$ 上连续，在开区间 $(0,1)$ 内可导，且 $f(0) = f(1) = 0$，$f\left(\dfrac{1}{2}\right) = 1$，试证：在开区间 $(0,1)$ 内存在两个不同的点 ξ、η，使得 $f'(\xi) = -1$，$f'(\eta) = 1$．

7. 设 $f(x) \in C^2[0,1]$，且 $f(0) = f(1) = 0$，证明：至少存在 $\xi \in (0,1)$，使得
$$f''(\xi) = \frac{2f'(\xi)}{1-\xi}.$$

8. 设函数 $f(x) = \begin{cases} \dfrac{g(x) - \cos x}{x}, & x \neq 0 \\ a, & x = 0 \end{cases}$，其中 $g(x)$ 具有二阶连续导函数，且 $g(0) = 1$．

（1）求 a，使 $f(x)$ 在 $x = 0$ 处连续；

（2）求 $f'(x)$；

（3）讨论 $f'(x)$ 在 $x = 0$ 处的连续性．

9. 设 $f(x)$ 在区间 $[a,b]$ 上有二阶导数，$f'(a) = -f'(b)$，证明：在区间 (a,b) 内至少存在一点 ξ，使得
$$|f''(\xi)| \geqslant 4\frac{|f(b)-f(a)|}{b-a}.$$

10. 已知函数 $f(x)$ 具有三阶导数，且 $\lim\limits_{x \to 0} \dfrac{f(x)}{x^2} = 0$，$f(1) = 0$，试证：在区间 $(0,1)$ 内至少存在一点 ξ，使得

$$f'''(\xi) = 0.$$

11. 选择题

(1) 若连续函数 $f(x)$ 在 x_0 处取极大值，则在 x_0 的某邻域 $U(x_0)$ 内，必有（　　）.

(A) $(x - x_0)[f(x) - f(x_0)] \geqslant 0$

(B) $(x - x_0)[f(x) - f(x_0)] \leqslant 0$

(C) $\lim\limits_{t \to x_0} \dfrac{f(t) - f(x)}{(t-x)^2} \geqslant 0, x \neq x_0$

(D) $\lim\limits_{t \to x_0} \dfrac{f(t) - f(x)}{(t-x)^2} \leqslant 0, x \neq x_0$

(2) 设函数 $f(x)$ 连续，且 $\lim\limits_{x \to 0} \dfrac{f(x)}{x^3} = 1$，则（　　）.

(A) $x = 0$ 不是 $f(x)$ 的驻点

(B) $x = 0$ 是 $f(x)$ 的驻点，但不是极值点

(C) $f(0)$ 是极小值

(D) $f(0)$ 是极大值

12. 已知轮船运输消耗的燃料与速度的三次方成正比，当速度为 10km/h 时，每小时的燃料费为 80 元，又每小时需其他费用 480 元，问轮船的速度多大时，才能使 20km 航程的总费用最少？这时每小时的总费用等于多少？

13. 在地平面上，以倾角 α、初速度 v_0 斜抛一物体，若忽略空气阻力，问 α 为多大时，能把物体抛得最远？

14. 制作一个容积固定的圆柱形有盖大桶，问高 h 及底半径 r 取多大尺寸时，用料最省？

15. 用某种仪器测量某零件的长度 n 次，所得的数据（长度）为 x_1，x_2，$\cdots$，x_n. 验证：应用表达式 $x = \dfrac{x_1 + x_2 + \cdots + x_n}{n}$ 算得的长度才能较好地表达该零件的长度，即它可以使 n 个数据的差的平方和 $(x - x_1)^2 + (x - x_2)^2 + \cdots + (x - x_n)^2$ 最小.

16. 设 $a > \beta > e$，证明不等式：

$$\beta^a > a^\beta.$$

17. 已知函数 $y = f(x)$ 的导数的图形是开口向上的抛物线（二次曲线），且与 x 轴交于 $x = 0$ 和 $x = 2$. 又 $f(x)$ 的极大值为 4，极小值为 0，求 $f(x)$.

18. 求曲线 $x = t^2$，$y = 3t + t^3$ 的拐点.

19. 设 $f(x)$ 与 $g(x)$ 都是区间 I 上的下凸函数，证明：

(1) $-f(x)$ 是 I 上的上凸函数；

(2) $af(x) + bg(x)$　$(a, b > 0)$ 是 I 上的下凸函数.

20. 证明：$f(x) = -\ln x$ 在 $(0, +\infty)$ 上是下凸函数，进一步证明：当 $x_i > 0$，$\lambda_i \geqslant 0$（$i = 1, 2, \cdots, n$），且 $\sum\limits_{i=1}^{n} \lambda_i = 1$ 时，有

(1) $\lambda_1 x_1 + \lambda_2 x_2 + \cdots + \lambda_n x_n \geqslant x_1^{\lambda_1} x_2^{\lambda_2} \cdots x_n^{\lambda_n}$；

(2) $\dfrac{x_1 + x_2 + \cdots + x_n}{n} \geqslant \sqrt[n]{x_1 x_2 \cdots x_n}$.

21. 设 $f(x)$ 具有二阶导数，证明：曲线 $y = f(x)$ 在点 $P(x, y)$ 处的曲率可以用 $k = \left| \dfrac{\mathrm{d}\sin\alpha}{\mathrm{d}x} \right|$ 表示，其中 α 是曲线在点 P 处的切线的倾角.

22. 已知 $f(x)$ 在 $[a, b]$ 上可导，且 $b - a \geqslant 4$，证明：$\exists x_0 \in (a, b)$，使得

$$f'(x_0) < 1 + f^2(x_0).$$

23. 设 $f(x)$ 在 $[-1, 1]$ 上有二阶导数，且 $f(-1) = 1$，$f(0) = 0$，$f(1) = 3$，证明在区间 $(-1, 1)$ 内至少存在一点 ξ，使得 $f''(\xi) = 4$.

24. 设 $f(x)$ 在区间 $[0, 1]$ 上有二阶导数，$f(0) = f(1) = 0$，且 $\max\limits_{x \in (0,1)} f(x) = 2$. 证明：$\exists \xi \in (0, 1)$，使得 $f''(\xi) \leqslant -16$.

25. 设 $f(x) \in C^2(U(0))$，且 $f(0) f'(0) f''(0) \neq 0$，证明：存在唯一的一组实数 $\lambda_1, \lambda_2, \lambda_3$，使得 $\lambda_1 f(h) + \lambda_2 f(2h) + \lambda_3 f(3h) - f(0) = o(h^2)$.

26. 已知 $\lim\limits_{x \to 1} \dfrac{\sqrt{x^4 + 3} - [A + B(x-1) + C(x-1)^2]}{(x-1)^2} = 0$，求 A，B，C.

27. 设 $\lim\limits_{n \to \infty} a_n = a > 0$，求 $\lim\limits_{n \to \infty} n(\sqrt[n]{a_n} - 1)$.

28. 设 $\lim\limits_{x \to 0} \dfrac{\sin 6x + x f(x)}{x^3} = 0$，求 $\lim\limits_{x \to 0} \dfrac{6 + f(x)}{x^2}$.

29. 证明：$\dfrac{1}{2}(e^x + e^{-x}) \geqslant x^2 + \cos x$，$x \in \mathbf{R}$.

30. 证明不等式：

$$\sqrt[3]{abc} \leqslant \frac{a+b+c}{3} \qquad (a, b, c \text{ 均为正数}).$$

31. 若用 $\dfrac{2(x-1)}{x+1}$ 来近似 $\ln x$，证明：当 $x \in [1, 2]$ 时，其误差不超过 $\dfrac{1}{12}(x-1)^3$.

32. 证明方程 $e^x - x^2 - 3x - 1 = 0$ 有且仅有三个实根.

33. 讨论方程 $2^x = 1 + x^2$ 的实根个数.

34. 设函数 $\varphi(x)$ 可微，且 $|\varphi'(x)| < r < 1$（r 为常数），试证：若方程 $x = \varphi(x)$ 有解 x_0，则解必唯一，而且可以用如下的"迭代法"来求 x_0；任取 x_1，构造数列

$$x_2 = \varphi(x_1), x_3 = \varphi(x_2), \cdots, x_{n+1} = \varphi(x_n), \cdots,$$

则

$$\lim_{n \to \infty} x_n = x_0.$$

根据本题给出的迭代法，用计算器求方程 $x = \dfrac{\pi}{4}\left(\dfrac{2}{3}\sin x + 1\right)$ 在区间 $\left[0, \dfrac{\pi}{2}\right]$ 内的近似解.

5.1 原函数与不定积分

第 3 章里介绍了求已知函数的导数和微分的运算. 但也有许多问题中要解决相反的问题，就是已知导数或微分，求原来那个函数的问题. 例如：

（1）已知某曲线的切线斜率为 $2x$，求此曲线的方程.

（2）某质点做直线运动，已知运动速度函数 $v = at + v_0$，求路程函数.

这是微分运算的逆运算问题，它是微积分学中的另一个基本内容.

定义 5.1 如果在某区间 I 上，

$$F'(x) = f(x) \quad \text{或} \quad \mathrm{d}F(x) = f(x)\mathrm{d}x,$$

则称 $F(x)$ 为 $f(x)$ 在 I 上的一个**原函数**.

例如，由 $(\sin x)' = \cos x$ 知，$F(x) = \sin x$ 是 $f(x) = \cos x$ 在 $(-\infty, +\infty)$ 上的一个原函数. 不难看出 $F(x) + C = \sin x + C$ 也是 $f(x) = \cos x$ 的原函数，其中 C 为任意常数.

显然，若函数 $F(x)$ 是函数 $f(x)$ 的一个原函数，则利用导数的运算性质，对于任意常数 C，有

$$[F(x) + C]' = F'(x) = f(x),$$

可见函数 $F(x) + C$ 也是函数 $f(x)$ 的原函数. 由此可见，一个函数如果有原函数，则它必有无穷多个原函数，并有结论：

定理 5.1 如果 $F(x)$ 是 $f(x)$ 在区间 I 上的一个原函数，则 $f(x)$ 在 I 上的任一个原函数都可以表示为 $F(x) + C$ 的形式，其中 C 为某一常数.

此定理表明：形如 $F(x) + C$ 的一族函数是 $f(x)$ 的全部原函数.

证明 设 $\Phi(x)$ 为 $f(x)$ 在 I 上的任一原函数，则

$$\Phi'(x) = f(x).$$

又因 $F'(x) = f(x)$，所以

$$[\Phi(x) - F(x)]' = \Phi'(x) - F'(x) = f(x) - f(x) \equiv 0, \forall x \in I,$$

故 $\Phi(x) - F(x) = C$，即

$$\Phi(x) = F(x) + C. \qquad \square$$

可见，只要找到 $f(x)$ 的一个原函数，就知道它的全部原函数.

练习 1. 写出下列函数的原函数.

(1) $\sin 2x$； (2) a^{2x}；

(3) $(ax+b)^n$ $(n \neq -1)$.

练习 2. 一条曲线通过点 $(e^2, 3)$，且其上任一点处的切线斜率等于该点横坐标的倒数，求该曲线方程.

练习 3. 一物体由静止开始做直线运动，在时刻 t（单位：s）的速度是 $3t^2$（单位：m/s），问

(1) 到 $t = 3$ 时物体离开出发点的距离是多少？

(2) 物体走完 360m 需要多少时间？

练习 4. 求一曲线，使之通过点 $A(1,6)$ 和 $B(2,9)$，且其切线斜率与 x^3 成正比.

定义 5.2 设 $F(x)$ 是 $f(x)$ 的任一原函数，则 $f(x)$ 的全部原函数的一般表达式

$$F(x) + C$$

称为函数 $f(x)$ 的**不定积分**，记作 $\int f(x)\mathrm{d}x$，即

$$\int f(x)\mathrm{d}x = F(x) + C.$$

其中，$\int$ 叫作**积分号**；$f(x)\mathrm{d}x$ 叫作**被积表达式**；$f(x)$ 叫作**被积函数**；x 叫作**积分变量**；任意常数 C 叫作**积分常数**.

由定义 5.2，一个函数的不定积分，既不是一个数，也不是一个函数，而是一族函数. 从几何上看，不定积分是一族平行曲线，这一族曲线在横坐标相同的点 $(x, F(x)+C)$ 处的切线斜率都等于 $f(x)$（见图 5.1）. 基于这一原因，称曲线 $y = F(x)$ 为 $f(x)$ 的一条积分曲线，$y = F(x) + C$ 称为 $f(x)$ 的**积分曲线族**.

例 1

$$\int \cos \mathrm{d}x = \sin x + C,$$

$$\int \mathrm{e}^x \, \mathrm{d}x = \mathrm{e}^x + C.$$

已知一个函数 $f(x)$ 而求不定积分的运算，称为积分运算. 关于积分运算有如下性质.

性质 1 $\left[\int f(x)\mathrm{d}x\right]' = f(x)$ 或 $\mathrm{d}\int f(x)\mathrm{d}x = f(x)\mathrm{d}x$.

证明 设 $F(x)$ 是 $f(x)$ 的一个原函数,则

$$\int f(x)\mathrm{d}x = F(x) + C.$$

于是

$$\left[\int f(x)\mathrm{d}x\right]' = \left[F(x) + C\right]' = F'(x) = f(x). \qquad \square$$

性质 1 说明,不定积分的导数(微分)等于被积函数(被积表达式).

性质 2 $\int F'(x)\mathrm{d}x = F(x) + C$ 或 $\int \mathrm{d}F(x) = F(x) + C.$

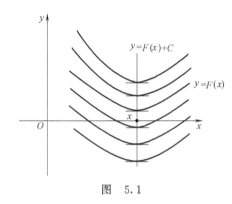

图 5.1

证明 由于 $F(x)$ 是 $F'(x)$ 的一个原函数,根据定义 5.2,有

$$\int F'(x)\mathrm{d}x = F(x) + C. \qquad \square$$

性质 2 说明,对一个函数 $F(x)$,先微分得到 $F'(x)\mathrm{d}x$,再求不定积分等于 $F(x) + C$.

总之,先积分后微分,则两个运算抵消;反之,先微分后积分,抵消后相差一个常数. 这就是所说的微分与积分互为逆运算的含义.

性质 3 设函数 $f_1(x)$ 与 $f_2(x)$ 在区间 I 上都有原函数,则

$$\int \left[k_1 f_1(x) + k_2 f_2(x)\right]\mathrm{d}x = k_1 \int f_1(x)\mathrm{d}x + k_2 \int f_2(x)\mathrm{d}x,$$

其中,k_1、k_2 是不同时为零的常数.

证明 由微分法则和性质 1,有

$$\left[k_1 \int f(x)\mathrm{d}x + k_2 \int f_2(x)\mathrm{d}x\right]' = k_1 \left[\int f(x)\mathrm{d}x\right]' + k_2 \left[\int f_2(x)\mathrm{d}x\right]'$$
$$= k_1 f_1(x) + k_2 f_2(x).$$

所以,$\left[k_1 \int f_1(x)\mathrm{d}x + k_2 \int f_2(x)\mathrm{d}x\right]$ 是 $k_1 f_1(x) + k_2 f_2(x)$ 的

原函数，且在不定积分中已含有任意常数，由不定积分定义知性质 3 成立．　　　　　　　　　　　　　　　　　　　□

性质 3 称为积分的线性性质，它是和微分运算的线性性质相对应的．

练习 5. 设 $f(x)$ 为可微函数，下列各式中正确的是（　　）．

(A) $\mathrm{d}\int f(x)\mathrm{d}x = f(x)$　　　(B) $\int f'(x)\mathrm{d}x = f(x)$

(C) $\left[\int f(x)\mathrm{d}x\right]' = f(x)$　　(D) $\left[\int f(x)\mathrm{d}x\right]' = f(x)+C$

哪些函数有原函数？又如何求其原函数呢？第一个问题由下面的定理来回答．

定理 5.2　若 $f(x)\in C[a,b]$，则它必有原函数．

这个原函数存在性定理的证明将在第 6 章的 6.2 节中给出．至于第二个问题正是下面几节所要研究的．顺便指出：不定积分与导数的定义方法大不相同，导数的定义是构造性的，定义本身就指明了计算方法；而不定积分的定义仅指出所要求的函数的特性，并没有告诉我们如何寻找它，所以积分运算原则上比微分运算困难得多．因此在学习中，应该熟记基本积分公式，适当做些练习并不断总结、摸索求不定积分的方法和技巧．

根据微分基本公式，可直接得到如下的不定积分基本公式．

不定积分基本公式（Ⅰ）

(1) $\int 0\,\mathrm{d}x = C$；

(2) $\int 1\,\mathrm{d}x = x + C$；

(3) $\int x^{\mu}\,\mathrm{d}x = \dfrac{1}{\mu+1}x^{\mu+1} + C\,(\mu\neq -1)$；

(4) $\int \dfrac{1}{x}\,\mathrm{d}x = \ln|x| + C$；

(5) $\int a^{x}\,\mathrm{d}x = \dfrac{a^{x}}{\ln a} + C\quad(a>0,\ a\neq 1)$；

(6) $\int \mathrm{e}^{x}\,\mathrm{d}x = \mathrm{e}^{x} + C$；

(7) $\int \sin x\,\mathrm{d}x = -\cos x + C$；

(8) $\int \cos x\,\mathrm{d}x = \sin x + C$；

（9）$\int \sec^2 x\,\mathrm{d}x = \int \dfrac{1}{\cos^2 x}\mathrm{d}x = \tan x + C$ ；

（10）$\int \csc^2 x\,\mathrm{d}x = \int \dfrac{1}{\sin^2 x}\mathrm{d}x = -\cot x + C$ ；

（11）$\int \sec x \tan x\,\mathrm{d}x = \sec x + C$；

（12）$\int \csc x \cot x\,\mathrm{d}x = -\csc x + C$ ；

（13）$\int \dfrac{\mathrm{d}x}{\sqrt{1-x^2}} = \arcsin x + C$ ；

（14）$\int \dfrac{1}{1+x^2}\mathrm{d}x = \arctan x + C$.

熟记以上基本积分公式，才能顺利地进行积分运算.

例 2　$\int (\mathrm{e}^x + 2\sin x)\,\mathrm{d}x = \int \mathrm{e}^x\,\mathrm{d}x + 2\int \sin x\,\mathrm{d}x = \mathrm{e}^x - 2\cos x + C.$

例 3

$$\int x\left(\sqrt{x} - \frac{2}{x^2}\right)\mathrm{d}x = \int \left(x^{\frac{3}{2}} - \frac{2}{x}\right)\mathrm{d}x = \int x^{\frac{3}{2}}\,\mathrm{d}x - 2\int \frac{1}{x}\,\mathrm{d}x$$

$$= \frac{1}{\frac{3}{2}+1}x^{\frac{3}{2}+1} - 2\ln|x| + C$$

$$= \frac{2}{5}x^{\frac{5}{2}} - 2\ln|x| + C.$$

例 4

$$\int \frac{\mathrm{d}x}{x^2(x^2+1)} = \int \left(\frac{1}{x^2} - \frac{1}{x^2+1}\right)\mathrm{d}x$$

$$= \int \frac{1}{x^2}\mathrm{d}x - \int \frac{1}{x^2+1}\mathrm{d}x$$

$$= -\frac{1}{x} - \arctan x + C.$$

例 5

$$\int \frac{1}{\sin^2 x \cos^2 x}\mathrm{d}x = \int \frac{\sin^2 x + \cos^2 x}{\sin^2 x \cos^2 x}\mathrm{d}x$$

$$= \int \left(\frac{1}{\cos^2 x} + \frac{1}{\sin^2 x}\right)\mathrm{d}x$$

$$= \tan x - \cot x + C.$$

例 6

$$\int (10^x + \cot^2 x)\,\mathrm{d}x = \int 10^x\,\mathrm{d}x + \int \frac{\cos^2 x}{\sin^2 x}\mathrm{d}x$$

$$= \frac{10^x}{\ln 10} + \int \frac{1 - \sin^2 x}{\sin^2 x}\mathrm{d}x$$

$$= \frac{10^x}{\ln 10} + \int \csc^2 x\,\mathrm{d}x - \int \mathrm{d}x$$

$$= \frac{10^x}{\ln 10} - \cot x - x + C.$$

练习 6. 应用基本积分表及分项积分法求下列不定积分.

(1) $\int (x^2 - 3x^{-0.7} + 1)\, \mathrm{d}x$;

(2) $\int \sqrt[m]{x^n}\, \mathrm{d}x$;

(3) $\int \sqrt{x\sqrt{x\sqrt{x}}}\, \mathrm{d}x$;

(4) $\int \dfrac{3x^4 + 3x^2 + 1}{x^2 + 1}\, \mathrm{d}x$;

(5) $\int 3^{2x}\mathrm{e}^x\, \mathrm{d}x$;

(6) $\int \dfrac{2^x + 5^x}{10^x}\, \mathrm{d}x$;

(7) $\int \cos^2 \dfrac{x}{2}\mathrm{d}x$;

(8) $\int \tan^2 x\, \mathrm{d}x$;

(9) $\int \dfrac{\cos 2x}{\sin^2 x \cos^2 x}\, \mathrm{d}x$;

(10) $\int \dfrac{1 + \cos^2 x}{1 + \cos 2x}\, \mathrm{d}x$;

(11) $\int \left(\sin \dfrac{x}{2} - \cos \dfrac{x}{2}\right)^2 \mathrm{d}x$;

(12) $\int \dfrac{\sqrt{1+x^2}}{\sqrt{1-x^4}}\mathrm{d}x$.

练习 7　试证

$$\int \frac{a_1\sin x + b_1\cos x}{a\sin x + b\cos x}\mathrm{d}x = Ax + B\ln|a\sin x + b\cos x| + C,$$

其中, $a^2 + b^2 \neq 0$; $A = \dfrac{aa_1 + bb_1}{a^2 + b^2}$; $B = \dfrac{ab_1 - a_1 b}{a^2 + b^2}$.

5.2　换元积分法

　　微分运算中有两个重要的法则：复合函数微分法和乘积的微分法. 在积分运算中，与它们对应的则是本节和下节将要介绍的换元积分法和分部积分法.

换元积分公式　设 $f(x)$ 连续，$x=\varphi(t)$ 有连续的导数，则

$$\int f(\varphi(t))\varphi'(t)\mathrm{d}t = \int f(\varphi(t))\mathrm{d}\varphi(t) \xlongequal{x=\varphi(t)} \int f(x)\mathrm{d}x.$$

$$(5.2.1)$$

证明　由于

$$f(\varphi(t))\varphi'(t)\mathrm{d}t = f(\varphi(t))\mathrm{d}\varphi(t) = f(x)\mathrm{d}x,$$

所以根据不定积分定义知式 (5.2.1) 成立.　　　　　□

第一换元积分法　若遇到积分 $\displaystyle\int f(\varphi(t))\varphi'(t)\mathrm{d}t$ 不易计算时，通过变换 $x=\varphi(t)$，由式 (5.2.1) 化为不定积分 $\displaystyle\int f(x)\mathrm{d}x$ 来计算. 积分后再将 $x=\varphi(t)$ 代入.

第二换元积分法　若遇到积分 $\displaystyle\int f(x)\mathrm{d}x$ 不易计算时，可选取适当的变换 $x=\varphi(t)$，由式 (5.2.1) 化为不定积分 $\displaystyle\int f(\varphi(t))\varphi'(t)\mathrm{d}t$ 来计算. 由于积分之后还要将 t 换为 x 的函数，所以这时要求变换 $x=\varphi(t)$ 有反函数 $t=\varphi^{-1}(x)$.

先看第一换元法的例题.

例 1
$$\int\frac{1}{x\ln x}\mathrm{d}x = \int\frac{1}{\ln x}\mathrm{d}\ln x \xlongequal{u=\ln x} \int\frac{1}{u}\mathrm{d}u = \ln|u|+C$$
$$= \ln|\ln x|+C.$$

例 2
$$\int\frac{\arctan x}{1+x^2}\mathrm{d}x = \int\arctan x\,\mathrm{d}\arctan x \xlongequal{u=\arctan x} \int u\,\mathrm{d}u$$
$$= \frac{1}{2}u^2+C = \frac{1}{2}(\arctan x)^2+C.$$

做过一定数量的练习并对第一换元法熟练后，可以不用再写出中间变量，但需要明白将积分公式中的积分变量换为可微函数时，公式依然成立.

例 3　$\displaystyle\int\tan x\,\mathrm{d}x = \int\frac{\sin x}{\cos x}\mathrm{d}x = -\int\frac{1}{\cos x}\mathrm{d}\cos x = -\ln|\cos x|+C.$

例 4
$$\int\frac{\mathrm{d}x}{\sqrt{a^2-x^2}} = \int\frac{\mathrm{d}x}{a\sqrt{1-\left(\dfrac{x}{a}\right)^2}} = \int\frac{\mathrm{d}\left(\dfrac{x}{a}\right)}{\sqrt{1-\left(\dfrac{x}{a}\right)^2}}$$

$$= \arcsin\frac{x}{a}+C，其中 a>0.$$

例 5
$$\int\frac{\mathrm{d}x}{x^2-a^2} = \frac{1}{2a}\int\left(\frac{1}{x-a}-\frac{1}{x+a}\right)\mathrm{d}x$$
$$= \frac{1}{2a}\ln\left|\frac{x-a}{x+a}\right|+C \quad (a\neq 0).$$

例 6
$$\int \csc x \, dx = \int \frac{dx}{\sin x} = \int \frac{\sin x}{\sin^2 x} dx = \int \frac{d\cos x}{\cos^2 x - 1}$$
$$= \frac{1}{2}\ln\left|\frac{1-\cos x}{1+\cos x}\right| + C = \ln\left|\frac{1-\cos x}{\sin x}\right| + C$$
$$= \ln|\csc x - \cot x| + C.$$

换个算法有
$$\int \csc x \, dx = \int \frac{dx}{\sin x} = \int \frac{dx}{2\sin\frac{x}{2}\cos\frac{x}{2}} = \int \frac{1}{\tan\frac{x}{2}} d\tan\frac{x}{2}$$
$$= \ln\left|\tan\frac{x}{2}\right| + C.$$

例 7
$$\int \frac{dx}{a^2\sin^2 x + b^2\cos^2 x} = \int \frac{dx}{\left[\left(\frac{a}{b}\tan x\right)^2 + 1\right]b^2\cos^2 x}$$
$$= \frac{1}{ab}\int \frac{d\left(\frac{a}{b}\tan x\right)}{\left(\frac{a}{b}\tan x\right)^2 + 1}$$
$$= \frac{1}{ab}\arctan\left(\frac{a}{b}\tan x\right) + C$$
$$(a, b \neq 0).$$

例 8
$$\int \frac{2x+3}{x^2+3x+8} dx = \int \frac{d(x^2+3x+8)}{x^2+3x+8}$$
$$= \ln|x^2+3x+8| + C.$$

练习 1. 用第一换元积分法计算下列积分.

(1) $\int \dfrac{dx}{a-x}$；

(2) $\int \dfrac{1}{\sqrt{7-5x^2}} dx$；

(3) $\int (ax+b)^{100} dx$；

(4) $\int \dfrac{3-2x}{5x^2+7} dx$；

(5) $\int \dfrac{1}{x}\sin(\lg x) dx$；

(6) $\int \dfrac{e^{1/x}}{x^2} dx$；

(7) $\int \dfrac{\sqrt{x}}{\sqrt{a^3-x^3}} dx$；

(8) $\int \dfrac{\arctan\sqrt{x}}{\sqrt{x}(1+x)} dx$；

(9) $\int \sqrt{\dfrac{\arcsin x}{1-x^2}} dx$；

(10) $\int \dfrac{x-\sqrt{\arctan 2x}}{1+4x^2} dx$.

再看第二换元积分法的例题.

例 9 求 $\int \dfrac{1}{1+\sqrt{x}} dx$.

解　此题的难点在于有根式. 为消除它, 做变换 $t=\sqrt{x}$, 即 $x=t^2$ $(t\geqslant 0)$, 则 $\mathrm{d}x=2t\,\mathrm{d}t$. 故

$$\int \frac{1}{1+\sqrt{x}}\mathrm{d}x = \int \frac{2t}{1+t}\mathrm{d}t = \int\left(2-\frac{2}{1+t}\right)\mathrm{d}t$$

$$= 2t-2\ln(1+t)+C = 2\sqrt{x}-2\ln(1+\sqrt{x})+C.$$

例 10　求 $\displaystyle\int \sqrt{a^2-x^2}\,\mathrm{d}x\,(a>0)$.

解　设 $x=a\sin t\left(-\dfrac{\pi}{2}\leqslant t\leqslant\dfrac{\pi}{2}\right)$, 则

$$\sqrt{a^2-x^2}=a\sqrt{1-\sin^2 t}=a\cos t, \quad \mathrm{d}x=a\cos t\,\mathrm{d}t,$$

于是　$\displaystyle\int\sqrt{a^2-x^2}\,\mathrm{d}x=\int a^2\cos^2 t\,\mathrm{d}t=a^2\int\frac{1+\cos 2t}{2}\mathrm{d}t$

$$=\frac{a^2}{2}\left(t+\frac{1}{2}\sin 2t\right)+C$$

$$=\frac{a^2}{2}(t+\sin t\cos t)+C.$$

这里还需要将结果表示成原变量 x 的函

数. 由图 5.2 知, 在三角变换 $\sin t=\dfrac{x}{a}$ 下, 有

$$\cos t=\frac{\sqrt{a^2-x^2}}{a}, t=\arcsin\frac{x}{a},$$

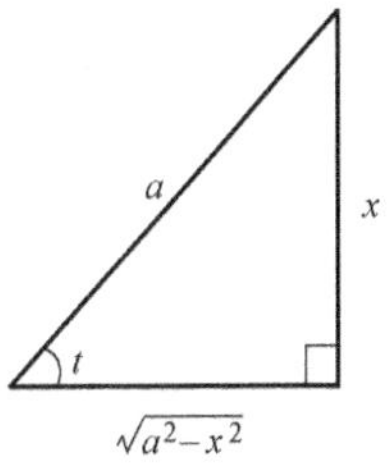

故

图　5.2

$$\int\sqrt{a^2-x^2}\,\mathrm{d}x=\frac{a^2}{2}\left(\arcsin\frac{x}{a}+\frac{x}{a}\frac{\sqrt{a^2-x^2}}{a}\right)+C$$

$$=\frac{a^2}{2}\arcsin\frac{x}{a}+\frac{x}{2}\sqrt{a^2-x^2}+C.$$

例 11　求 $\displaystyle\int\frac{\mathrm{d}x}{\sqrt{x^2+a^2}}$　$(a>0)$.

解　设 $x=a\tan t\left(-\dfrac{\pi}{2}<t<\dfrac{\pi}{2}\right)$, 则 $\sqrt{x^2+a^2}=a\sec t$, $\mathrm{d}x=$ $a\sec^2 t\,\mathrm{d}t$. 于是

$$\int\frac{\mathrm{d}x}{\sqrt{x^2+a^2}}=\int\frac{a\sec^2 t}{a\sec t}\mathrm{d}t=\int\sec t\,\mathrm{d}t=\ln|\sec t+\tan t|+C_1$$

$$=\ln\left|\frac{\sqrt{x^2+a^2}}{a}+\frac{x}{a}\right|+C_1=\ln\left|x+\sqrt{x^2+a^2}\right|+C.$$

如图 5.3 所示, 最后一步中把 $-\ln a$ 归入到任意常数 C 内.

相仿地, 通过变换 $x=a\sec t$ 可算出

$$\int \frac{\mathrm{d}x}{\sqrt{x^2-a^2}} = \ln\left| x+\sqrt{x^2-a^2} \right| + C.$$

总结例 10 和例 11，有如下规律：

（ⅰ）含有 $\sqrt{a^2-x^2}$ 时，做变换 $x=a\sin t$；

（ⅱ）含有 $\sqrt{a^2+x^2}$ 时，做变换 $x=a\tan t$；

（ⅲ）含有 $\sqrt{x^2-a^2}$ 时，做变换 $x=a\sec t$.

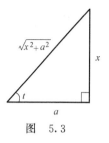

图 5.3

例 12　求 $\displaystyle\int \frac{\sqrt{a^2-x^2}}{x^4}\mathrm{d}x \quad (x>0)$.

解　由倒变换 $x=\dfrac{1}{t}$，有 $\mathrm{d}x=-\dfrac{1}{t^2}\mathrm{d}t$，故

$$\int \frac{\sqrt{a^2-x^2}}{x^4}\mathrm{d}x = \int \frac{\sqrt{a^2-\dfrac{1}{t^2}}}{\dfrac{1}{t^4}}\frac{-\mathrm{d}t}{t^2} = -\int (a^2t^2-1)^{\frac{1}{2}}t\,\mathrm{d}t$$

$$= -\frac{1}{3a^2}(a^2t^2-1)^{\frac{3}{2}}+C = -\frac{(a^2-x^2)^{\frac{3}{2}}}{3a^2x^3}+C.$$

一些情况下（如被积函数是分式，且分母为次数较高的幂函数时），倒变换可以消去分母中的变量.

由本节例题得到几个常用的积分公式汇集如下.

不定积分基本公式（Ⅱ）

(15) $\displaystyle\int \tan x\,\mathrm{d}x = -\ln|\cos x|+C$；

(16) $\displaystyle\int \cot x\,\mathrm{d}x = \ln|\sin x|+C$；

(17) $\displaystyle\int \sec x\,\mathrm{d}x = \ln|\sec x+\tan x|+C$；

(18) $\displaystyle\int \csc x\,\mathrm{d}x = \ln|\csc x-\cot x|+C$；

(19) $\displaystyle\int \frac{1}{x^2+a^2}\mathrm{d}x = \frac{1}{a}\arctan\frac{x}{a}+C$；

(20) $\displaystyle\int \frac{1}{x^2-a^2}\mathrm{d}x = \frac{1}{2a}\ln\left|\frac{x-a}{x+a}\right|+C$；

(21) $\displaystyle\int \frac{1}{\sqrt{a^2-x^2}}\mathrm{d}x = \arcsin\frac{x}{a}+C$；

(22) $\displaystyle\int \frac{1}{\sqrt{x^2\pm a^2}}\mathrm{d}x = \ln\left| x+\sqrt{x^2\pm a^2} \right|+C$；

(23) $\int \sqrt{a^2-x^2}\,\mathrm{d}x = \dfrac{x}{2}\sqrt{a^2-x^2}+\dfrac{a^2}{2}\arcsin\dfrac{x}{a}+C$；

(24) $\int \sqrt{x^2\pm a^2}\,\mathrm{d}x = \dfrac{x}{2}\sqrt{x^2\pm a^2}\pm\dfrac{a^2}{2}\ln\left| x+\sqrt{x^2\pm a^2} \right|+C.$

以上各式中 $a>0$.

练习 2. 用第二换元积分法计算下列积分.

(1) $\int \dfrac{x^2}{(x-1)^{10}}\mathrm{d}x$；　　　　(2) $\int x(2x+5)^{10}\,\mathrm{d}x$；

(3) $\int \dfrac{1}{1+\sqrt{1+x}}\mathrm{d}x$；　　　　(4) $\int \dfrac{\sqrt{x}}{\sqrt{x}-\sqrt[3]{x}}\mathrm{d}x$；

(5) $\int \dfrac{1}{\sqrt{1+\mathrm{e}^x}}\mathrm{d}x$；　　　　(6) $\int \dfrac{\mathrm{d}x}{(x^2-a^2)^{3/2}}.$

练习 3. 若 $F(x)=\int \dfrac{x^3-a}{x-a}\mathrm{d}x$ 为 x 的多项式，求 a 及 $F(x)$.

5.3　分部积分法

设 $u(x)$ 与 $v(x)$ 均为连续可微函数，由函数乘积的求导公式有

$$[u(x)v(x)]' = u'(x)v(x)+u(x)v'(x)$$

或

$$u(x)v'(x) = [u(x)v(x)]'-u'(x)v(x).$$

再由不定积分的性质，有

$$\int u(x)v'(x)\mathrm{d}x = u(x)v(x)-\int u'(x)v(x)\mathrm{d}x \quad (5.3.1)$$

或

$$\int u(x)\mathrm{d}v(x) = u(x)v(x)-\int v(x)\mathrm{d}u(x). \quad (5.3.2)$$

式 (5.3.1) 和式 (5.3.2) 称为**分部积分公式**. 它把一个积分转换为另一个积分，用它计算不定积分的方法叫作**分部积分法**.

例 1　$\int x\cos x\,\mathrm{d}x.$

解　设 $u(x)=x$，$v'(x)=\cos x$，则

$$\int x\cos x\,\mathrm{d}x = \int x\,\mathrm{d}\sin x = x\sin x-\int \sin x\,\mathrm{d}x = x\sin x+\cos x+C.$$

147

例 2　求 $\displaystyle\int x^2\mathrm{e}^x\,\mathrm{d}x$.

解　设 $u(x)=x^2$，$v'(x)=\mathrm{e}^x$，则

$$\int x^2\mathrm{e}^x\,\mathrm{d}x=\int x^2\,\mathrm{d}\mathrm{e}^x=x^2\mathrm{e}^x-\int\mathrm{e}^x\,\mathrm{d}x^2=x^2\mathrm{e}^x-2\int x\mathrm{e}^x\,\mathrm{d}x.$$

对积分 $\displaystyle\int x\mathrm{e}^x\,\mathrm{d}x$ 再次使用分部积分法，有

$$\int x\mathrm{e}^x\,\mathrm{d}x=\int x\,\mathrm{d}\mathrm{e}^x=x\mathrm{e}^x-\int\mathrm{e}^x\,\mathrm{d}x=x\mathrm{e}^x-\mathrm{e}^x+C,$$

故

$$\int x^2\mathrm{e}^x\,\mathrm{d}x=x^2\mathrm{e}^x-2x\mathrm{e}^x+2\mathrm{e}^x+C=(x^2-2x+2)\mathrm{e}^x+C.$$

应用分部积分法时，需要把被积函数看作两个因式 $u(x)$ 及 $v'(x)$ 之积. 如何选取 $u(x)$ 和 $v'(x)$ 是很关键的，选取不当，将使积分愈化愈繁. 因为分部积分的第一步是将 $v'(x)\mathrm{d}x$ 变为 $\mathrm{d}v(x)$，实质就是先积分 $v'(x)$，所以选取 $v'(x)$ 应使它好积. u 的选取应使其导数 $u'(x)$ 比 $u(x)$ 简单. 两方面都要兼顾到.

例 3

$$\begin{aligned}
\int x\tan^2x\,\mathrm{d}x&=\int x(\sec^2x-1)\,\mathrm{d}x=\int x\,\mathrm{d}\tan x-\int x\,\mathrm{d}x\\
&=x\tan x-\int\tan x\,\mathrm{d}x-\frac12x^2\\
&=x\tan x-\frac{x^2}{2}+\ln|\cos x|+C.
\end{aligned}$$

例 4　求 $\displaystyle\int\sec^3x\,\mathrm{d}x$.

解

$$\begin{aligned}
\int\sec^3x\,\mathrm{d}x&=\int\sec x\sec^2x\,\mathrm{d}x=\int\sec x\,\mathrm{d}\tan x\\
&=\sec x\tan x-\int\tan x\,\mathrm{d}\sec x\\
&=\sec x\tan x-\int\tan^2x\sec x\,\mathrm{d}x\\
&=\sec x\tan x-\int(\sec^2x-1)\sec x\,\mathrm{d}x\\
&=\sec x\tan x+\int\sec x\,\mathrm{d}x-\int\sec^3x\,\mathrm{d}x\\
&=\sec x\tan x+\ln|\sec x+\tan x|-\int\sec^3x\,\mathrm{d}x,
\end{aligned}$$

由此解得

$$\int\sec^3x\,\mathrm{d}x=\frac12\sec x\tan x+\frac12\ln|\sec x+\tan x|+C.$$

有时经过分部积分后又出现了原来的不定积分，这时可以通过解方程的方法得出所求的积分. 此时，注意解出的不定积分必

须加上任意常数 C.

例 5 求 $\int \sqrt{x^2 + a^2}\, \mathrm{d}x$.

解 因为 $\int \sqrt{x^2 + a^2}\, \mathrm{d}x$

$$= x\sqrt{x^2 + a^2} - \int \frac{x^2}{\sqrt{x^2 + a^2}}\, \mathrm{d}x$$

$$= x\sqrt{x^2 + a^2} - \int \sqrt{x^2 + a^2}\, \mathrm{d}x + a^2 \int \frac{\mathrm{d}x}{\sqrt{x^2 + a^2}}$$

$$= x\sqrt{x^2 + a^2} - \int \sqrt{x^2 + a^2}\, \mathrm{d}x + a^2 \ln(x + \sqrt{x^2 + a^2}),$$

所以

$$\int \sqrt{x^2 + a^2}\, \mathrm{d}x = \frac{x}{2}\sqrt{x^2 + a^2} + \frac{a^2}{2}\ln(x + \sqrt{x^2 + a^2}) + C.$$

例 6 求 $\int \mathrm{e}^x \sin x\, \mathrm{d}x$.

解 因为

$$\int \mathrm{e}^x \sin x\, \mathrm{d}x = \mathrm{e}^x \sin x - \int \mathrm{e}^x \cos x\, \mathrm{d}x,$$

又

$$\int \mathrm{e}^x \cos x\, \mathrm{d}x = \mathrm{e}^x \cos x + \int \mathrm{e}^x \sin x\, \mathrm{d}x,$$

所以，将后式代入前式，解得

$$\int \mathrm{e}^x \sin x\, \mathrm{d}x = \frac{1}{2}\mathrm{e}^x (\sin x - \cos x) + C.$$

若将前式代入后式，又可解得

$$\int \mathrm{e}^x \cos x\, \mathrm{d}x = \frac{1}{2}\mathrm{e}^x (\sin x + \cos x) + C.$$

有一条经验值得一提，当被积函数形如

$$\mathrm{e}^x \sin bx, \mathrm{e}^{ax} \cos bx, P_m(x)\mathrm{e}^{ax}, P_m(x)\sin bx,$$

$$P_m(x)\cos bx, P_m(x)(\ln x)^n, P_m(x)\arctan x, \cdots$$

之一时，用分部积分法便可求出不定积分，其中 $P_m(x)$ 表示 m 次多项式. 这些情况下，选取 $v'(x)$ 的顺序通常可为：指数函数、三角函数、幂函数（因为它们好积，特别是 e^{ax}），其余的因式作为 $u(x)$；如果被积函数中含有对数函数、反三角函数因式，常常把它们取作 $u(x)$（因为它们的导数比它们自身简单），其余因式则作为 $v'(x)$.

例 7
$$\int \frac{x \arctan x}{\sqrt{1+x^2}} \mathrm{d}x = \int \frac{\arctan x}{2\sqrt{1+x^2}} \mathrm{d}(1+x^2)$$
$$= \int \arctan x \, \mathrm{d}\sqrt{1+x^2}$$
$$= \sqrt{1+x^2} \arctan x - \int \frac{1}{\sqrt{1+x^2}} \mathrm{d}x$$
$$= \sqrt{1+x^2} \arctan x - \ln\left| x+\sqrt{1+x^2} \right| + C.$$

利用分部积分法可得到一些递推公式.

例 8　试证递推公式
$$\int \frac{\mathrm{d}x}{(x^2+a^2)^{n+1}} = \frac{1}{2na^2} \frac{x}{(x^2+a^2)^n} +$$
$$\frac{2n-1}{2na^2} \int \frac{\mathrm{d}x}{(x^2+a^2)^n}$$
$$(n=1, 2, \cdots).$$

证明　设 $J_n = \int \dfrac{\mathrm{d}x}{(x^2+a^2)^n}$ ，由分部积分法，得

$$J_n = \frac{x}{(x^2+a^2)^n} - \int x \frac{-2nx}{(x^2+a^2)^{n+1}} \mathrm{d}x$$
$$= \frac{x}{(x^2+a^2)^n} + 2n \int \frac{1}{(x^2+a^2)^n} \mathrm{d}x - 2na^2 \int \frac{1}{(x^2+a^2)^{n+1}} \mathrm{d}x$$
$$= \frac{x}{(x^2+a^2)^n} + 2nJ_n - 2na^2 J_{n+1}.$$

由此推出

$$J_{n+1} = \frac{1}{2na^2} \frac{x}{(x^2+a^2)^n} + \frac{2n-1}{2na^2} J_n \quad (n=1,2,\cdots). \qquad \square$$

利用这个递推公式及公式

$$J_1 = \int \frac{1}{x^2+a^2} \mathrm{d}x = \frac{1}{a} \arctan \frac{x}{a} + C,$$

就可以求出每个积分 J_n. 例如

$$J_2 = \frac{1}{2a^2} \frac{x}{x^2+a^2} + \frac{1}{2a^3} \arctan \frac{x}{a} + C.$$

练习 1　利用分部积分法计算下列积分.

(1) $\displaystyle\int 3^x \cos x \, \mathrm{d}x$ ；

(2) $\displaystyle\int x \sin x \, \mathrm{d}x$ ；

(3) $\displaystyle\int (x^2+5x+6) \cos 2x \, \mathrm{d}x$ ；

(4) $\displaystyle\int x \sin x \cos x \, \mathrm{d}x$ ；

(5) $\displaystyle\int \frac{x}{\sin^2 x} \, \mathrm{d}x$ ；

(6) $\displaystyle\int x \tan^2 x \, \mathrm{d}x$ ；

(7) $\displaystyle\int x^3 \mathrm{e}^{x^2} \, \mathrm{d}x$ ；

(8) $\displaystyle\int x 2^{-x} \, \mathrm{d}x$ ；

(9) $\displaystyle\int (x^2-2x+5) \mathrm{e}^{-x} \, \mathrm{d}x$ ；

(10) $\displaystyle\int x^2 \ln x \, \mathrm{d}x$.

在积分过程中常常兼用各种方法.

例 9　求 $\displaystyle\int \frac{\arcsin x}{\sqrt{(1-x^2)^3}}\mathrm{d}x$.

解　令 $x=\sin t$，则 $\arcsin x=t$，$\mathrm{d}x=\cos t\,\mathrm{d}t$，故

$$\int \frac{\arcsin x}{\sqrt{(1-x^2)^3}}\mathrm{d}x=\int \frac{t}{\cos^2 t}\mathrm{d}t=\int t\,\mathrm{d}\tan t=t\tan t-\int \tan t\,\mathrm{d}t$$

$$=t\tan t+\ln|\cos t|+C$$

$$=\frac{x\arcsin x}{\sqrt{1-x^2}}+\ln\sqrt{1-x^2}+C.$$

求不定积分的基本思路是：先将被积函数化为积分表中被积函数的线性组合的形式，然后用积分公式和分项积分法计算不定积分. 因此，积分公式和不定积分的线性性质是计算不定积分的基础. 而换元积分法、分部积分法以及对被积函数进行代数、三角恒等变换等，都是将被积表达式向已知积分公式转化的手段，这是非常灵活的，其技巧性很高.

顺便指出：初等函数的不定积分不一定是初等函数. 例如，下列初等函数

$$\sqrt{1+x^3},\mathrm{e}^{x^2},\frac{\mathrm{e}^x}{x},\sin(x^2),\frac{\sin x}{x},\frac{1}{\ln x},\sqrt{1-\varepsilon\sin^2 t}\quad(0<\varepsilon<1),$$

在其连续的区间上不定积分是存在的. 但用初等函数却表达不出来，所以它们的不定积分是非初等函数. 在我们学习了定积分和函数项级数之后，在扩展的函数集之中，就可以研究它们的积分问题.

练习 2. 设 $f'(\mathrm{e}^x)=1+x$，求 $f(x)$.

练习 3. 试证递推公式：

$$\int \sin^n x\,\mathrm{d}x=-\frac{1}{n}\sin^{n-1}x\cos x+\frac{n-1}{n}\int \sin^{n-2}x\,\mathrm{d}x.$$

练习 4. 设 $I_n=\displaystyle\int \frac{\mathrm{d}x}{\sin^n x}$，其中 n 为大于 2 的自然数，试导出 I_n 的递推公式.

练习 5. 已知 $(1+\sin x)\ln x$ 是 $f(x)$ 的一个原函数，求 $\displaystyle\int xf'(x)\mathrm{d}x$.

练习 6. 当 $x\geqslant 0$ 时，$F(x)$ 是 $f(x)$ 的一个原函数，已知 $f(x)F(x)=\sin^2(2x)$，且 $F(0)=1$，$F(x)\geqslant 0$，求函数 $f(x)$.

5.4 几类函数的积分

5.4.1 有理函数的积分

有理函数是由两个多项式的商所表示的函数

$$\frac{P(x)}{Q(x)} = \frac{a_0 x^n + a_1 x^{n-1} + \cdots + a_{n-1} x + a_n}{b_0 x^m + b_1 x^{m-1} + \cdots + b_{m-1} x + b_m}, \quad (5.4.1)$$

其中，m、n 均为正整数或零；a_0, a_1, $\cdots$, a_n 及 b_0, b_1, $\cdots$, b_m 都是实常数，并且 $a_0 \neq 0$, $b_0 \neq 0$.

当 $n < m$ 时，称式 (5.4.1) 为**真分式**；当 $n \geqslant m$ 时，称式 (5.4.1) 为**假分式**. 因为任何一个假分式都可以表为一个多项式与一个真分式之和，且多项式的积分是容易计算的，所以，下面只讨论真分式的积分.

对一般有理真分式的积分，代数学中的下述定理起着关键性作用.

定理5.3 任何既约有理真分式 $\dfrac{P(x)}{Q(x)}$ 均可表示为有限个最简分式之和. 如果分母多项式 $Q(x)$ 在实数域上的质因式分解式为

$$Q(x) = b_0 (x-a)^\lambda \cdots (x^2 + px + q)^\mu \cdots,$$

λ，μ 为正整数，则 $\dfrac{P(x)}{Q(x)}$ 可唯一地分解为

$$\frac{P(x)}{Q(x)} = \frac{A_1}{(x-a)^\lambda} + \frac{A_2}{(x-a)^{\lambda-1}} + \cdots + \frac{A_\lambda}{x-a} + \cdots +$$

$$\frac{M_1 x + N_1}{(x^2+px+q)^\mu} + \frac{M_2 x + N_2}{(x^2+px+q)^{\mu-1}} + \cdots + \frac{M_\mu x + N_\mu}{x^2+px+q} + \cdots,$$

其中，诸 A_i，M_i，N_i 都是常数，可由待定系数法确定，式中每个分式叫作 $\dfrac{P(x)}{Q(x)}$ 的**部分分式**.

证明 （略）可查阅有关代数教材. □

利用这个定理，有理函数的积分就容易计算了. 且由下面的例题可以看出：有理函数的积分是初等函数.

例1 求 $\displaystyle \int \frac{x^3 + x + 1}{x+1} \mathrm{d}x$.

解 由多项式除法，有

$$\frac{x^3 + x + 1}{x+1} = x^2 - x + 2 - \frac{1}{x+1},$$

所以

$$\int \frac{x^3+x+1}{x+1}dx = \int(x^2-x+2)dx - \int \frac{1}{x+1}dx$$

$$= \frac{x^3}{3} - \frac{x^2}{2} + 2x - \ln|x+1| + C.$$

这说明当被积函数是假分式时，应把它分为一个多项式和一个真分式，然后分别积分.

例 2　求 $\int \frac{x^2+1}{x(x-1)^2}dx$.

解　设

$$\frac{x^2+1}{x(x-1)^2} = \frac{A}{x} + \frac{B}{(x-1)^2} + \frac{D}{x-1},$$

通分、去分母，得

$$x^2+1 = A(x-1)^2 + Bx + Dx(x-1).$$

赋值，令 $x=0$，得 $A=1$；令 $x=1$，得 $B=2$；再令 $x=2$，并将 $A=1$，$B=2$ 代入上式，得 $D=0$. 于是

$$\int \frac{x^2+1}{x(x-1)^2}dx = \int \frac{1}{x}dx + \int \frac{2}{(x-1)^2}dx$$

$$= \ln|x| - \frac{2}{x-1} + C.$$

由此例可知，对于分母为一次质因式，而分子为常数的最简分式的积分，可由幂函数积分公式直接算出积分.

例 3　求 $\int \frac{4dx}{x^3+2x^2+4x}$.

解　因 $x^3+2x^2+4x = x(x^2+2x+4)$，设

$$\frac{4}{x^3+2x^2+4x} = \frac{A}{x} + \frac{Bx+D}{x^2+2x+4}.$$

通分、去分母，得

$$4 = (A+B)x^2 + (2A+D)x + 4A.$$

比较 x 同次幂的系数，得

$$A+B=0, 2A+D=0, 4A=4.$$

由此解得

$$A=1, \quad B=-1, \quad D=-2.$$

所以

$$\int \frac{4}{x^3+2x^2+4x}dx = \int \frac{1}{x}dx - \int \frac{x+2}{x^2+2x+4}dx$$

$$= \ln|x| - \frac{1}{2}\int \frac{2x+2}{x^2+2x+4}dx -$$

$$\int \frac{1}{x^2 + 2x + 4} \mathrm{d}x$$

$$= \ln|x| - \frac{1}{2}\ln(x^2 + 2x + 4) - \int \frac{\mathrm{d}x}{(x+1)^2 + 3}$$

$$= \ln \frac{|x|}{\sqrt{x^2 + 2x + 4}} - \frac{1}{\sqrt{3}}\arctan \frac{x+1}{\sqrt{3}} + C.$$

例 4　求 $\int \dfrac{5x - 3}{(x^2 - 2x + 2)^2}\mathrm{d}x$.

解　因 $x^2 - 2x + 2 = (x-1)^2 + 1$ 是二次质因式，所以被积函数不能再分解. 设 $u = x - 1$，则 $x = u + 1$，$\mathrm{d}x = \mathrm{d}u$，于是

$$\int \frac{5x - 3}{(x^2 - 2x + 2)^2}\mathrm{d}x = \int \frac{5u + 2}{(u^2 + 1)^2}\mathrm{d}u$$

$$= \frac{5}{2}\int \frac{\mathrm{d}(u^2 + 1)}{(u^2 + 1)^2} + 2\int \frac{\mathrm{d}u}{(u^2 + 1)^2}$$

$$= -\frac{5}{2}\frac{1}{u^2 + 1} + \frac{u}{u^2 + 1} + \arctan u + C$$

$$= \frac{2x - 7}{2(x^2 - 2x + 2)} + \arctan(x - 1) + C.$$

计算中用到了 5.3 节例 8 的递推公式.

对于分母为二次质因式、分子为一次式的最简分式的积分，可先将分子表示为分母的导数与常数的线性组合，然后拆项积分. 对于分母为二次质因式、分子为常数的积分，可先将分母配方，然后用 5.3 节例 8 的递推公式计算.

> **练习 1.** 计算下列有理函数的积分.
>
> (1) $\displaystyle\int \frac{x^3}{x + 3}\,\mathrm{d}x$；
>
> (2) $\displaystyle\int \frac{2x + 3}{x^2 + 3x - 10}\,\mathrm{d}x$；
>
> (3) $\displaystyle\int \frac{x + 2}{x^2(x - 1)}\,\mathrm{d}x$；
>
> (4) $\displaystyle\int \frac{5x^2 + 6x + 9}{(x - 3)^2(x + 1)^2}\,\mathrm{d}x$；
>
> (5) $\displaystyle\int \frac{x^4}{x^4 - 1}\,\mathrm{d}x$；
>
> (6) $\displaystyle\int \frac{x + 1}{x^2 + 4x + 13}\,\mathrm{d}x$；
>
> (7) $\displaystyle\int \frac{4x}{(x + 1)(x^2 + 1)^2}\mathrm{d}x$.

5.4.2　三角函数有理式的积分

对 $\sin x$、$\cos x$ 及常数只施行四则运算所构成的式子叫作三角

函数有理式. 对于这类积分，在无简单方法的情况下，可以通过半角变换（或称万能代换）$u = \tan \dfrac{x}{2}$，将积分化为 u 的有理函数的积分. 这时

$$\sin x = 2 \sin \frac{x}{2} \cos \frac{x}{2} = \frac{2 \tan \left(\dfrac{x}{2} \right)}{\sec^2 \left(\dfrac{x}{2} \right)} = \frac{2u}{1 + u^2},$$

$$\cos x = \cos^2 \frac{x}{2} - \sin^2 \frac{x}{2} = \frac{1 - \tan^2 \left(\dfrac{x}{2} \right)}{\sec^2 \left(\dfrac{x}{2} \right)} = \frac{1 - u^2}{1 + u^2},$$

$$\mathrm{d}x = \frac{2}{1 + u^2} \mathrm{d}u.$$

例 5　求 $\displaystyle\int \frac{1 + \sin x}{\sin x (1 + \cos x)} \mathrm{d}x$.

解　设 $u = \tan \dfrac{x}{2}$，则

$$\int \frac{1 + \sin x}{\sin x (1 + \cos x)} \mathrm{d}x = \frac{1}{2} \int (u + 2 + u^{-1}) \mathrm{d}u$$

$$= \frac{1}{2} \left(\frac{u^2}{2} + 2u + \ln |u| \right) + C$$

$$= \frac{1}{4} \tan^2 \frac{x}{2} + \tan \frac{x}{2} + \frac{1}{2} \ln \left| \tan \frac{x}{2} \right| + C.$$

例 6　求 $\displaystyle\int \frac{\mathrm{d}x}{5 + 4 \sin 2x}$.

解　设 $u = \tan x$，则

$$\int \frac{\mathrm{d}x}{5 + 4 \sin 2x} = \frac{1}{2} \int \frac{\mathrm{d}(2x)}{5 + 4 \sin 2x} = \frac{1}{2} \int \frac{\dfrac{2}{1 + u^2}}{5 + 4 \dfrac{2u}{1 + u^2}} \mathrm{d}u$$

$$= \int \frac{\mathrm{d}u}{5u^2 + 8u + 5}$$

$$= \frac{1}{5} \int \frac{\mathrm{d}u}{\left(u + \dfrac{4}{5} \right)^2 + \left(\dfrac{3}{5} \right)^2} = \frac{1}{3} \arctan \left(\frac{u + \dfrac{4}{5}}{\dfrac{3}{5}} \right) + C$$

$$= \frac{1}{3} \arctan \left(\frac{5}{3} \tan x + \frac{4}{3} \right) + C.$$

练习 2. 计算下列三角函数有理式的积分.

(1) $\displaystyle\int \frac{1}{3 + 5\cos x}\, \mathrm{d}x$ ；　　(2) $\displaystyle\int \frac{1}{\cos x + 2\sin x + 3}\, \mathrm{d}x$ ；

(3) $\displaystyle\int \frac{1}{\sin x + \tan x}\, \mathrm{d}x$ ；　　(4) $\displaystyle\int \frac{1}{(\sin x + \cos x)^2}\, \mathrm{d}x$.

5.4.3　简单无理函数的积分

当被积函数是 x 与 $\sqrt[n]{(ax+b)/(cx+d)}$ 的有理式时，采用变换 $u = \sqrt[n]{(ax+b)/(cx+d)}$，就可化为有理函数的积分.

例 7　求 $\displaystyle\int \frac{\sqrt{1+x}}{\sqrt{x^3}}\,\mathrm{d}x$.

解　设 $u = \sqrt{\dfrac{1+x}{x}}$，即 $x = \dfrac{1}{u^2 - 1}$. 则 $\mathrm{d}x = \dfrac{-2u}{(u^2-1)^2}\mathrm{d}u$. 故

$$\int \frac{\sqrt{1+x}}{\sqrt{x^3}}\mathrm{d}x = \int \frac{1}{x}\sqrt{\frac{1+x}{x}}\,\mathrm{d}x = -2\int \frac{u^2}{u^2-1}\mathrm{d}u$$

$$= -2u - \ln\left|\frac{u-1}{u+1}\right| + C$$

$$= -2\sqrt{\frac{1+x}{x}} - \ln(\sqrt{1+x} - \sqrt{x})^2 + C.$$

当被积函数是 x 与 $\sqrt{ax^2+bx+c}$ 的有理式时，通常先将 ax^2+bx+c 配方，再用三角变换化为三角函数有理式的积分或直接利用积分公式计算.

例 8　求 $\displaystyle\int \frac{\mathrm{d}x}{1 + \sqrt{x^2+2x+2}}$.

解　因 $\sqrt{x^2+2x+2} = \sqrt{(x+1)^2+1}$，令 $x + 1 = \tan t$ $\left(-\dfrac{\pi}{2} < t < \dfrac{\pi}{2}\right)$，则 $\mathrm{d}x = \sec^2 t\, \mathrm{d}t$. 于是

$$\int \frac{\mathrm{d}x}{1 + \sqrt{x^2+2x+2}}$$

$$= \int \frac{\sec^2 t}{1 + \sec t}\mathrm{d}t = \int \frac{\mathrm{d}t}{\cos t\,(1 + \cos t)}$$

$$= \int \left(\frac{1}{\cos t} - \frac{1}{1 + \cos t}\right)\mathrm{d}t$$

$$= \int \sec t\,\mathrm{d}t - \frac{1}{2}\int \sec^2 \frac{t}{2}\,\mathrm{d}t$$

$$=\ln|\sec t+\tan t|-\tan\frac{t}{2}+C$$

$$=\ln\left|x+1+\sqrt{x^2+2x+2}\right|-\frac{\sqrt{x^2+2x+2}-1}{x+1}+C.$$

运算中用到

$$\tan\frac{t}{2}=\frac{1-\cos t}{\sin t}=\frac{\sec t-1}{\tan t}.$$

练习 3. 计算下列无理函数的积分.

(1) $\displaystyle\int x\sqrt{3x+2}\,\mathrm{d}x$;

(2) $\displaystyle\int\frac{x^{1/3}}{x^{3/2}+x^{4/3}}\,\mathrm{d}x$;

(3) $\displaystyle\int\sqrt{\frac{1-x}{1+x}}\,\frac{\mathrm{d}x}{x}$;

(4) $\displaystyle\int\frac{\mathrm{d}x}{\sqrt[3]{(x-4)^4(x-2)^2}}$;

(5) $\displaystyle\int\frac{\mathrm{d}x}{\sqrt{5-4x+4x^2}}$;

(6) $\displaystyle\int\frac{1-x+x^2}{\sqrt{1+x-x^2}}\,\mathrm{d}x$;

(7) $\displaystyle\int\frac{\sqrt{x^2+2x}}{x^2}\,\mathrm{d}x$.

5.5　例题

例 1　求 $\displaystyle\int\frac{x^2}{(1-x)^{100}}\,\mathrm{d}x$.

解　这是有理函数的积分，但分母是 100 次多项式，按有理函数积分法运算，是很麻烦的. 如果做一个适当的变换，使分母为单项式，而分子为多项式，除一下，就化为和差的积分了.

令 $t=1-x$，即 $x=1-t$，则 $\mathrm{d}x=-\mathrm{d}t$，于是

$$\int\frac{x^2}{(1-x)^{100}}\,\mathrm{d}x=\int\frac{-(1-t)^2}{t^{100}}\,\mathrm{d}t$$

$$=\int(-t^{-100}+2t^{-99}-t^{-98})\,\mathrm{d}t$$

$$=\frac{1}{99t^{99}}-\frac{1}{49t^{98}}+\frac{1}{97t^{97}}+C$$

$$=\frac{1}{99(1-x)^{99}}-\frac{1}{49(1-x)^{98}}+\frac{1}{97(1-x)^{97}}+C.$$

例 2　求 $\displaystyle\int\frac{1-\sin x+\cos x}{1+\sin x-\cos x}\,\mathrm{d}x$.

解　先对被积函数做恒等变形，把它写成函数和的形式（注意分母的简化），然后再积分. 因为

$$\frac{1-\sin x+\cos x}{1+\sin x-\cos x}=\frac{-(1+\sin x-\cos x)+2}{1+\sin x-\cos x}$$

$$=-1+\frac{2}{2\sin^2\frac{x}{2}+2\sin\frac{x}{2}\cos\frac{x}{2}}$$

$$=-1+\frac{1}{\tan\frac{x}{2}\left(\tan\frac{x}{2}+1\right)\cos^2\frac{x}{2}}$$

$$=-1+\left(\frac{1}{\tan\frac{x}{2}}-\frac{1}{\tan\frac{x}{2}+1}\right)\frac{1}{\cos^2\frac{x}{2}}.$$

所以

$$\int\frac{1-\sin x+\cos x}{1+\sin x-\cos x}\mathrm{d}x=\int(-1)\mathrm{d}x+\int\left(\frac{1}{\tan\frac{x}{2}}-\frac{1}{\tan\frac{x}{2}+1}\right)\frac{\mathrm{d}x}{\cos^2\frac{x}{2}}$$

$$=-x+2\int\left(\frac{1}{\tan\frac{x}{2}}-\frac{1}{\tan\frac{x}{2}+1}\right)\mathrm{d}\left(\tan\frac{x}{2}\right)$$

$$=-x+2\ln\left|\tan\frac{x}{2}\right|-2\ln\left|\tan\frac{x}{2}+1\right|+C$$

$$=-x+\ln\frac{1-\cos x}{1+\sin x}+C.$$

例 3 求 $\displaystyle\int\frac{\mathrm{d}x}{(x+1)^3\sqrt{x^2+2x}}.$

解 求不定积分时，需要考虑到被积函数及原函数的定义域. 在前面几节中，为了集中精力研究积分方法，没有着重提出这一要求. 从现在开始，提醒读者注意它.

这里被积函数的定义域是 $\{x\,|\,x<-2\ \text{或}\ x>0\}$. 因为倒变换可以消除分母上的因式 $(x+1)^3$，故令 $t=\dfrac{1}{x+1}$，即 $x=\dfrac{1}{t}-1$，则 $\mathrm{d}x=-\dfrac{1}{t^2}\mathrm{d}t$，于是

$$\int\frac{\mathrm{d}x}{(x+1)^3\sqrt{x^2+2x}}=\int\frac{-\dfrac{1}{t^2}\mathrm{d}t}{\dfrac{1}{t^3}\sqrt{\dfrac{1}{t^2}-1}}=\int\frac{-t\,\mathrm{d}t}{\dfrac{1}{|t|}\sqrt{1-t^2}}$$

$$=\begin{cases}-\displaystyle\int\frac{t^2\,\mathrm{d}t}{\sqrt{1-t^2}}, & 0<t<1,\\[4mm] \displaystyle\int\frac{t^2\,\mathrm{d}t}{\sqrt{1-t^2}}, & -1<t<0.\end{cases}$$

由于

$$\int \frac{-t^2}{\sqrt{1-t^2}}\mathrm{d}t = \int \sqrt{1-t^2}\,\mathrm{d}t - \int \frac{1}{\sqrt{1-t^2}}\mathrm{d}t$$

$$= \frac{t|t|}{2}\sqrt{\frac{1}{t^2}-1} - \frac{1}{2}\arcsin t + C,$$

所以

$$\int \frac{\mathrm{d}x}{(x+1)^3\sqrt{x^2+2x}}$$

$$=\begin{cases} \dfrac{1}{2(x+1)^2}\sqrt{x^2+2x} - \dfrac{1}{2}\arcsin\dfrac{1}{x+1} + C, & x>0, \\[3mm] \dfrac{1}{2(x+1)^2}\sqrt{x^2+2x} + \dfrac{1}{2}\arcsin\dfrac{1}{x+1} + C, & x<-2. \end{cases}$$

例 4　设 $f(x)=\begin{cases} \ln x, & \text{当 } x\geqslant 1 \text{ 时,} \\[2mm] \dfrac{1}{2}-\dfrac{1}{1+x^2}, & \text{当 } x<1 \text{ 时,} \end{cases}$　求 $\int f(x)\mathrm{d}x$.

解　由于这个分段函数在 $(-\infty,+\infty)$ 上连续,所以原函数在 $(-\infty,+\infty)$ 上存在.

$$\int f(x)\mathrm{d}x = \begin{cases} \displaystyle\int \ln x\,\mathrm{d}x = x\ln x - x + C, & x\geqslant 1, \\[3mm] \displaystyle\int\left(\frac{1}{2}-\frac{1}{1+x^2}\right)\mathrm{d}x = \frac{x}{2}-\arctan x + C_1, & x<1. \end{cases}$$

由于原函数可导,所以在 $x=1$ 处必连续,于是有

$$1\cdot\ln 1 - 1 + C = \frac{1}{2}-\frac{\pi}{4}+C_1,$$

解得 $C_1 = C + \dfrac{\pi}{4} - \dfrac{3}{2}$,故

$$\int f(x)\mathrm{d}x = \begin{cases} x\ln x - x + C, & \text{当 } x\geqslant 1 \text{ 时,} \\[3mm] \dfrac{x}{2}-\arctan x + \dfrac{\pi}{4} - \dfrac{3}{2} + C, & \text{当 } x<1 \text{ 时.} \end{cases}$$

例 5　设 $P(x)$ 为 n 次多项式,证明:

$$\int P(x)\mathrm{e}^{ax}\,\mathrm{d}x = \left[\frac{P(x)}{a} - \frac{P'(x)}{a^2} + \cdots + (-1)^n\frac{P^{(n)}(x)}{a^{n+1}}\right]\mathrm{e}^{ax} + C.$$

证明　由分部积分公式,得

$$\int P(x)\mathrm{e}^{ax}\,\mathrm{d}x = \frac{1}{a}\int P(x)\mathrm{d}\mathrm{e}^{ax} = \frac{1}{a}P(x)\mathrm{e}^{ax} - \frac{1}{a}\int P'(x)\mathrm{e}^{ax}\,\mathrm{d}x.$$

由于 $P'(x)$, $P''(x)$, $P^{(n)}(x)$ 都是多项式,$\int P^{(k)}(x)\mathrm{e}^{ax}\,\mathrm{d}x$,

$(k=1,\cdots,n)$,都可反复利用这个积分等式. 又因 $P^{(n+1)}(x)\equiv 0$,

所以 $\int P^{(n+1)}(x)\mathrm{e}^{ax}\,\mathrm{d}x = C$. 故有

$$\int P(x)\mathrm{e}^{ax}\,\mathrm{d}x = \left[\frac{P(x)}{a} - \frac{P'(x)}{a^2} + \cdots + (-1)^n\frac{P^{(n)}(x)}{a^{n+1}}\right]\mathrm{e}^{ax} + C.$$

□

这个结果把 $P(x)\mathrm{e}^{ax}$ 的积分运算转化为微分运算，是很方便的.

比如，求 $\int \mathrm{e}^{-x}(x^2 - 2x + 2)\mathrm{d}x$. 这里 $a = -1$，$P(x) = x^2 - 2x + 2$，$P'(x) = 2x - 2$，$P''(x) = 2$，故有

$$\int \mathrm{e}^{-x}(x^2 - 2x + 2)\mathrm{d}x = \left[\frac{x^2 - 2x + 2}{-1} - \frac{2x - 2}{(-1)^2} + \frac{2}{(-1)^3}\right]\mathrm{e}^{-x} + C$$

$$= -(x^2 + 2)\mathrm{e}^{-x} + C.$$

□

多项式与正弦（或余弦）函数之积也有类似的性质，请读者自己推导.

例 6　确定系数 A、B，使得下式成立：

$$\int \frac{\mathrm{d}x}{(a + b\cos x)^2} = \frac{A\sin x}{a + b\cos x} + B\int \frac{\mathrm{d}x}{a + b\cos x}.$$

解　所讨论等式等价于

$$\left(\frac{A\sin x}{a + b\cos x} + B\int \frac{\mathrm{d}x}{a + b\cos x}\right)' = \frac{1}{(a + b\cos x)^2},$$

即

$$\frac{A(a + b\cos x)\cos x + Ab\sin^2 x}{(a + b\cos x)^2} + \frac{B}{a + b\cos x} = \frac{1}{(a + b\cos x)^2},$$

亦即

$$Ab + Ba + (Aa + Bb)\cos x = 1.$$

从而有

$$\begin{cases} Ab + Ba = 1, \\ Aa + Bb = 0. \end{cases}$$

当 $a^2 \neq b^2$ 时，解得

$$A = -\frac{b}{a^2 - b^2}, \quad B = \frac{a}{a^2 - b^2}.$$

当 $a^2 = b^2$ 时，无解. 此时，题设等式不成立.　□

显然，掌握较多的不定积分公式会给不定积分运算带来方便. 为此，人们把常用的积分公式汇集起来，按被积函数分类，列成表，叫作**积分表**，以便查阅. 在计算机上，使用数学软件如 Mathematica 可以实现大部分初等函数的积分运算，但求不定积

分的基本方法还必须掌握.

习题 5

1. 证明：当 $0 < x < \pi$ 时，有 $\ln\tan\dfrac{x}{2} - \ln(\csc x - \cot x) = a$，并求该常数 a.

2. 用第一换元积分法计算下列积分.

(1) $\displaystyle\int \dfrac{a^x}{1+a^{2x}}\mathrm{d}x$;

(2) $\displaystyle\int \dfrac{1}{2^x+3}\,\mathrm{d}x$;

(3) $\displaystyle\int \dfrac{1+\sin 3x}{\cos^2 3x}\,\mathrm{d}x$;

(4) $\displaystyle\int \dfrac{\mathrm{d}x}{\sin x\cos x}$;

(5) $\displaystyle\int \tan^3\dfrac{x}{3}\sec^2\dfrac{x}{3}\mathrm{d}x$;

(6) $\displaystyle\int \sin^4 x\,\mathrm{d}x$;

(7) $\displaystyle\int \cos x\cos\dfrac{x}{2}\mathrm{d}x$;

(8) $\displaystyle\int \sin 5x\sin 7x\,\mathrm{d}x$;

(9) $\displaystyle\int \sec^4 x\mathrm{d}x$;

(10) $\displaystyle\int \tan^4 x\,\mathrm{d}x$;

(11) $\displaystyle\int \sec^3 x\tan x\,\mathrm{d}x$;

(12) $\displaystyle\int \dfrac{1+\ln x}{(x\ln x)^2}\,\mathrm{d}x$;

(13) $\displaystyle\int \dfrac{\sin x - \cos x}{\sin x + \cos x}\,\mathrm{d}x$;

(14) $\displaystyle\int \dfrac{1-\sin x}{x+\cos x}\,\mathrm{d}x$;

(15) $\displaystyle\int \dfrac{\mathrm{d}x}{x(\ln x)(\ln\ln x)}$;

(16) $\displaystyle\int \dfrac{\cot x}{\ln\sin x}\,\mathrm{d}x$;

(17) $\displaystyle\int \sqrt{1+3\cos^2 x}\,\sin 2x\,\mathrm{d}x$;

(18) $\displaystyle\int \dfrac{\sin x\cos x}{\sqrt{a^2\cos^2 x + b^2\sin^2 x}}\,\mathrm{d}x$ $(a^2\neq b^2)$;

(19) $\displaystyle\int \dfrac{\mathrm{d}x}{1+\sin x}$;

(20) $\displaystyle\int \dfrac{\sin x+\cos x}{3+\sin x 2x}\,\mathrm{d}x$;

(21) $\displaystyle\int \dfrac{\mathrm{d}x}{\sqrt{x-b}+\sqrt{x-a}}$ $(a\neq b)$;

(22) $\displaystyle\int \dfrac{x+1}{\sqrt{3+4x-4x^2}}\,\mathrm{d}x$;

(23) $\displaystyle\int \dfrac{\mathrm{e}^x(1+\mathrm{e}^x)}{\sqrt{1-\mathrm{e}^{2x}}}\,\mathrm{d}x$;

(24) $\displaystyle\int \dfrac{x}{1-x\cot x}\,\mathrm{d}x$.

3. 用第二换元积分法计算下列积分.

(1) $\displaystyle\int \dfrac{x^2}{(x-1)^{10}}\,\mathrm{d}x$;

(2) $\displaystyle\int x(2x+5)^{10}\,\mathrm{d}x$;

(3) $\displaystyle\int \dfrac{1}{1+\sqrt{1+x}}\,\mathrm{d}x$;

(4) $\displaystyle\int \dfrac{\sqrt{x}}{\sqrt{x}-\sqrt[3]{x}}\,\mathrm{d}x$;

(5) $\displaystyle\int \dfrac{1}{\sqrt{1+\mathrm{e}^x}}\,\mathrm{d}x$;

(6) $\displaystyle\int \dfrac{\mathrm{d}x}{(x^2-a^2)^{3/2}}$.

4. 利用分部积分法计算下列积分.

(1) $\displaystyle\int \ln^2 x\,\mathrm{d}x$;

(2) $\displaystyle\int \ln(x+\sqrt{1+x^2}\,)\,\mathrm{d}x$;

(3) $\displaystyle\int \arctan x\,\mathrm{d}x$;

(4) $\displaystyle\int x\arcsin x\,\mathrm{d}x$;

(5) $\displaystyle\int \sin(\ln x)\,\mathrm{d}x$;

(6) $\displaystyle\int \sin x\ln(\tan x)\,\mathrm{d}x$;

(7) $\displaystyle\int \dfrac{\arcsin x}{\sqrt{1+x}}\,\mathrm{d}x$;

(8) $\displaystyle\int (\arcsin x)^2\,\mathrm{d}x$;

(9) $\displaystyle\int \frac{\ln(1+e^x)}{e^x}\,dx$;

(10) $\displaystyle\int \frac{x\ln(x+\sqrt{1+x^2})}{(1-x^2)^2}\,dx$.

5. 计算下列积分.

(1) $\displaystyle\int \sqrt{1+\csc x}\,dx$;

(2) $\displaystyle\int \frac{x}{1-\cos x}\,dx$;

(3) $\displaystyle\int \frac{\cos\sqrt{x}-1}{\sqrt{x}\sin^2\sqrt{x}}\,dx$;

(4) $\displaystyle\int \frac{\ln x-1}{\ln^2 x}\,dx$;

(5) $\displaystyle\int \frac{x^2+1}{x^4+1}\,dx \quad (x\neq 0)$;

(6) $\displaystyle\int \frac{x^2-1}{x^4+1}\,dx$;

(7) $\displaystyle\int \frac{2-\sin x}{2+\cos x}\,dx$;

(8) $\displaystyle\int \frac{1+\sin x}{1+\cos x}e^x\,dx$;

(9) $\displaystyle\int \frac{x}{\cos^2 x\tan^3 x}\,dx$;

(10) $\displaystyle\int \frac{1}{\sqrt[4]{\sin^3 x\cos^5 x}}\,dx$;

(11) $\displaystyle\int \frac{x\ln x}{(1+x^2)^2}\,dx$;

(12) $\displaystyle\int \sqrt{\frac{\ln(x+\sqrt{1+x^2})}{1+x^2}}\,dx$;

(13) $\displaystyle\int \frac{dx}{x(x^6+4)}$;

(14) $\displaystyle\int \frac{x+1}{x(1+xe^x)}\,dx$;

(15) $\displaystyle\int \frac{\cos\sqrt{x}+\ln x}{\sqrt{x}}\,dx$;

(16) $\displaystyle\int x^2(e^{3x}-\sqrt{4-3x^3})\,dx$;

(17) $\displaystyle\int \frac{x\cos x+\cot^{\frac{2}{3}} x}{\sin^2 x}\,dx$;

(18) $\displaystyle\int \frac{\arctan e^x}{e^{2x}}\,dx$;

(19) $\displaystyle\int \frac{x^2+\ln^4 x}{(x\ln x)^3}\,dx$;

(20) $\displaystyle\int \frac{dx}{\sin(x+\alpha)\sin(x+\beta)} \quad (\alpha\neq\beta)$;

(21) $\displaystyle\int \tan(x+\alpha)\tan(x+\beta)\,dx \quad (\alpha\neq\beta)$;

(22) $\displaystyle\int \arcsin x\arccos x\,dx$;

(23) $\displaystyle\int \frac{\arcsin x}{x^2}\frac{1+x^2}{\sqrt{1-x^2}}\,dx$;

(24) $\displaystyle\int \sqrt{\tan x}\,dx \quad \left(0<x<\frac{\pi}{2}\right)$.

6. 求下列两个函数在指定区间上的不定积分.

(1) $f(x)=\sqrt{1+\sin x}$, $x\in[0,2\pi]$;

(2) $f(x)=\begin{cases} x^2, & -1\leqslant x<0, \\ \sin x, & 0\leqslant x<1. \end{cases}$

第6章

定积分及其应用

6.1 定积分的概念与性质

6.1.1 定积分的概念

定积分的概念也是由大量的实际问题抽象出来的，现举两例.

1. 曲边梯形的面积

求由连续曲线 $y=f(x)>0$ 及直线 $x=a$、$x=b$ 和 $y=0$ 所围成的曲边梯形的面积 S.

当 $f(x)\equiv h$（常数）时，由矩形面积公式知，$S=(b-a)h$. 对 $f(x)$ 的一般情况，曲线上各点处的高度是变化的，我们采取下列步骤来求面积 S.

（1）分割：用分点

$$a=x_1<x_2<\cdots<x_i<x_{i+1}<\cdots<x_n<x_{n+1}=b$$

把区间 $[a,b]$ 分为 n 个小区间，使每个小区间 $[x_i,x_{i+1}]$ 上的 $f(x)$ 变化较小. 记 $\Delta x_i=x_{i+1}-x_i$，用 ΔS_i 表示 $[x_i,x_{i+1}]$ 上对应的窄曲边梯形的面积（见图 6.1）.

（2）作积：在每个区间 $[x_i,x_{i+1}]$ 内任取一点 ξ_i，以 $f(\xi_i)$ 为高、Δx_i 为底的矩形面积近似代替 ΔS_i，有

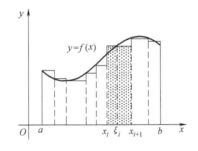

图 6.1

$$\Delta S_i\approx f(\xi_i)\Delta x_i,i=1,2,\cdots,n.$$

（3）求和：这些窄矩形面积之和可以作为曲边梯形面积 S 的近似值.

$$S\approx\sum_{i=1}^{n}f(\xi_i)\Delta x_i.$$

（4）取极限：为得到 S 的精确值，让分割无限细密. 设 $\lambda=$

$\max\limits_{1 \leqslant i \leqslant n} \{|\Delta x_i|\}$，令 $\lambda \to 0$（蕴含着 $n \to \infty$），取极限，极限值就是给定的图形的面积

$$S = \lim_{\lambda \to 0} \sum_{i=1}^{n} f(\xi_i) \Delta x_i.$$

可见，为了求曲边梯形的面积，需对 $f(x)$ 做如上的乘积和式的极限运算.

2. 变速直线运动的路程

已知某物体做直线运动，其速度 $v = v(t)$，求该物体从 $t = a$ 到 $t = b$ 时间间隔内走过的路程 s.

我们知道，匀速直线运动的路程等于速度乘时间. 现在遇到的是变速运动，在较大的时间范围内速度可能有较大的变化. 但在很短的时间间隔内速度变化不会很大，所以在很短的时间范围内可以把变速运动近似地作为匀速运动处理.

（1）分割：用分点
$$a = t_1 < t_2 < \cdots < t_i < t_{i+1} < \cdots < t_n < t_{n+1} = b$$
把时间区间 $[a, b]$ 分为 n 个小区间，记 $\Delta t_i = t_{i+1} - t_i$，$\Delta s_i$ 表示在时间区间 $[t_i, t_{i+1}]$ 内走过的路程.

（2）作积：在每个区间 $[t_i, t_{i+1}]$ 内任取一时刻 ξ_i，以 ξ_i 时的瞬时速度 $v(\xi_i)$ 代替 $[t_i, t_{i+1}]$ 上各时刻的速度 $v(t)$，则有
$$\Delta s_i \approx v(\xi_i) \Delta t_i, i = 1, 2, \cdots, n.$$

（3）求和：把各个小的时间区间内走过的路程的近似值累加起来，可以作为时间区间 $[a, b]$ 内走过路程的近似值.

$$s \approx \sum_{i=1}^{n} v(\xi_i) \Delta t_i.$$

（4）取极限：为得到路程 s 的精确值，让分割无限细密. 设 $\lambda = \max\limits_{1 \leqslant i \leqslant n} \{|\Delta t_i|\}$，令 $\lambda \to 0$，就得到

$$s = \lim_{\lambda \to 0} \sum_{i=1}^{n} v(\xi_i) \Delta t_i.$$

同前一问题一样，最终归结为函数 $v(t)$ 在 $[a, b]$ 上的上述乘积和式的极限运算.

类似的例子很多，比如变力做功的计算、电容器充电量的计算，等等.

定义 6.1 设函数 $f(x)$ 在区间 $[a, b]$ 上有定义，用分点
$$a = x_1 < x_2 < \cdots < x_i < x_{i+1} < \cdots < x_n < x_{n+1} = b$$
将 $[a, b]$ 分为 n 个小区间 $[x_i, x_{i+1}]$，记 $\Delta x_i = x_{i+1} - x_i$，$\lambda =$

$\max\limits_{1\leqslant i\leqslant n}\{|\Delta x_i|\}$. 任取 $\xi_i\in[x_i,x_{i+1}]$，$i=1$，2，$\cdots$，n. 如果乘积的和式

$$\sum_{i=1}^{n}f(\xi_i)\Delta x_i$$

（称为积分和）的极限

$$\lim_{\lambda\to0}\sum_{i=1}^{n}f(\xi_i)\Delta x_i$$

存在，且这个极限值与 x_i 和 ξ_i 的取法无关，则称 $f(x)$ 在 $[a,b]$ 上可积，并称此极限值为 $f(x)$ 在区间 $[a,b]$ 上由 a 到 b 的定积分，用记号 $\int_a^b f(x)\mathrm{d}x$ 表示，即

$$\int_a^b f(x)\mathrm{d}x=\lim_{\lambda\to0}\sum_{i=1}^{n}f(\xi_i)\Delta x_i.$$

称 $f(x)$ 为被积函数，$f(x)\mathrm{d}x$ 为被积表达式，x 为积分变量，a 为积分下限，b 为积分上限，$[a,b]$ 为积分区间. 称 $\int$ 为**积分号**，它是由拉丁文单词 Summa（意思是"和"）的首字母 S 拉长而来的.

　　根据定积分的定义，曲边梯形的面积等于曲边上的点的纵坐标在底边区间 $[a,b]$ 上的定积分，即

$$S=\int_a^b f(x)\mathrm{d}x.$$

　　物体从 $t=a$ 到 $t=b$ 走过的路程，等于速度函数在时间区间 $[a,b]$ 上的定积分，即

$$s=\int_a^b v(t)\mathrm{d}t.$$

　　总之，对于分布在某区间上的量的总量问题，当分布均匀时，只需用乘法（分布密度×区间的度量）便可解决；当分布非均匀时，就需要用定积分——分布密度函数在区间上的定积分来计算.

　　难怪有人说：定积分是常量数学中的乘法在变量数学中的发展. 在定积分的记号内，还保留着乘积的痕迹 $f(x)\mathrm{d}x$，它来自第二步"作积"，它是局部量的线性近似.

　　所以，在 x 轴方向上的变力 $F(x)$ 作用下，物体从 $x=a$ 移到 $x=b$，变力做的功 W 等于变力在路程区间 $[a,b]$ 上的定积分，即

$$W=\int_a^b F(x)\mathrm{d}x.$$

　　从时刻 t_1 到 t_2，电容器极板上增加的电荷量 Q 等于电流 $I(t)$ 在时间区间 $[t_1,t_2]$ 上的定积分

$$Q = \int_{t_1}^{t_2} I(t)\,\mathrm{d}t.$$

练习 1. 用定积分定义计算 $\int_1^{10}(1+x)\,\mathrm{d}x$.

练习 2. 将下列各问题表示为积分, 不必计算.

(1) 在原点处, 有一电荷量为 q 的正电荷. 由电学知识, 离原点 x 处的电场力的大小为 $F(x) = \dfrac{q}{x^2}$, 求单位正电荷在 x 轴上从点 a 移到点 b 时, 电场力做的功 W;

(2) 有一长为 l 的细杆, ①如果其线密度 $\rho = 2$, 求细杆的质量 m; ②如果细杆上各点处线密度不同, 是到某一端点距离 x 的函数 $\rho = 2 + x^2/l^2$, 求细杆质量;

(3) 某产品的生产速度为 $V(t) = 100 + 12t - 0.6t^2$ (t 的单位: h), 求从 $t = 2$ 到 $t = 4$ 这两个小时内的总产量 P;

(4) 已知圆的周长公式 $C = 2\pi r$, 如何求半径为 a 的圆的面积 S.

练习 3. 写出下列各积分的定义式.

(1) $\displaystyle\int_a^b 2\,\mathrm{d}x$;   (2) $\displaystyle\int_0^1 \dfrac{\mathrm{d}x}{1+x^2}$;   (3) $\displaystyle\int_0^\pi \sin x\,\mathrm{d}x$.

定积分的几何意义: 当 $f(x) > 0$ 时, 由前面的讨论知 $\int_a^b f(x)\,\mathrm{d}x$ 表示由曲线 $y = f(x)$ 和直线 $x = a$、$x = b$ 及 $y = 0$ 围成的曲边梯形的面积; 当 $f(x) < 0$ 时, 由于 $f(\xi_i)\Delta x_i < 0$, 所以 $\int_a^b f(x)\,\mathrm{d}x$ 表示曲边梯形面积的负值. 所以对一般函数 $f(x)$, 定积分 $\int_a^b f(x)\,\mathrm{d}x$ 的几何意义是: 介于 x 轴、曲线 $y = f(x)$ 以及直线 $x = a$、$x = b$ 之间的各部分图形面积的代数和——在 x 轴上方的图形面积与下方的图形面积数之差 (见图 6.2).

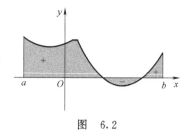

图 6.2

哪些函数可积呢? 下述定理给出了解答.

定理 6.1 如果 $f(x)$ 在 $[a, b]$ 上可积, 则 $f(x)$ 在 $[a, b]$ 上必有界.

事实上, 无界函数在任何一个分割下都至少有一个小区间 $[x_j, x_{j+1}]$, 在其上函数无界. 这样 $|f(\xi_j)\Delta x_j|$ 就可以任意大, 所以积分和没有极限, 即 $f(x)$ 在 $[a, b]$ 上不可积.

这个定理是说无界函数一定不可积，但有界函数也未见得可积. 例如，狄利克雷函数 $D(x)$，虽然是有界的，但在任何区间 $[a,b]$ 上它都不是可积的. 这是因为无论怎样分割区间 $[a,b]$，只要选取 ξ_i 均为无理数，积分和就等于零；而选取 ξ_i 均为有理数时，积分和为 $b-a$. 所以 $\lambda \to 0$ 时，积分和没有确定的极限.

定理 6.2 如果 $f(x) \in C[a,b]$，则 $f(x)$ 在 $[a,b]$ 上可积.

定理 6.3 如果 $f(x)$ 在 $[a,b]$ 上除有限个第一类间断点外处处连续，则 $f(x)$ 在 $[a,b]$ 上可积.

证明略（可参看理科数学分析教材）. 由定理 6.3 知，函数在区间 $[a,b]$ 内个别点（属于第一类间断点）处无定义，不影响可积性.

练习 4. $f(x) \in C[a,b]$ 的充分条件是在 $[a,b]$ 上（   ）.

(A) $f(x)$ 处处有定义，且有界   (B) $f(x)$ 可微

(C) 对于任意 x_0，都有极限 $\lim\limits_{x \to x_0} f(x)$ 存在

(D) $f(x)$ 可积

6.1.2 定积分的简单性质

定积分是由被积函数与积分区间所确定的一个数

$$\int_a^b f(x)\mathrm{d}x = \lim_{\lambda \to 0} \sum_{i=1}^n f(\xi_i) \Delta x_i.$$

由此不难得到下列性质. 在本节中，假定所涉及的定积分都存在.

(1) $\int_b^a f(x)\mathrm{d}x = -\int_a^b f(x)\mathrm{d}x$（有向性）.

(2) $\int_a^a f(x)\mathrm{d}x = 0$.

(3) $\int_a^b 1\mathrm{d}x = b-a$.

(4) $\int_a^b [kf(x) + lg(x)]\mathrm{d}x = k\int_a^b f(x)\mathrm{d}x + l\int_a^b g(x)\mathrm{d}x$（$k$，$l$ 为常数）.

这条性质称为定积分的线性性质.

(5) $\int_a^b f(x)\mathrm{d}x = \int_a^c f(x)\mathrm{d}x + \int_c^b f(x)\mathrm{d}x$，其中 c 可以在区间 $[a,b]$ 内，也可以在区间外. 此性质称为区间可加性.

若 c 在区间 $[a,b]$ 内，只要将 c 取作一个分点，将积分和按

c 点分成两部分, 再取极限就可以得到这条性质. 若 c 在区间 $[a,b]$ 外, 当 $c>b$ 时, 可将 $[a,c]$ 上的积分用 b 分为两部分; 当 $c<a$ 时, 可将 $[c,b]$ 上的积分用 a 分为两部分.

(6) 若在区间 $[a,b]$ 上 $f(x)\leqslant g(x)$, 则有

$$\int_a^b f(x)\mathrm{d}x \leqslant \int_a^b g(x)\mathrm{d}x \text{ (保序性)}.$$

(7) 若在区间 $[a,b]$ 上, $m\leqslant f(x)\leqslant M$, 则有

$$m(b-a)\leqslant \int_a^b f(x)\mathrm{d}x \leqslant M(b-a).$$

利用性质 (3) 及 (4)、(6) 便可推得这个积分的估值.

(8) $\left|\int_a^b f(x)\mathrm{d}x\right| \leqslant \int_a^b |f(x)|\mathrm{d}x \quad (a<b).$

由不等式 $-|f(x)|\leqslant f(x)\leqslant |f(x)|$ 和性质 (6) 不难推出这个结果.

(9) 定积分值与积分变量的记号无关, 即

$$\int_a^b f(x)\mathrm{d}x = \int_a^b f(t)\mathrm{d}t.$$

(10) 定积分中值定理 设 $f(x)\in C[a,b]$, 则至少存在一点 $\xi\in[a,b]$, 使得

$$\int_a^b f(x)\mathrm{d}x = f(\xi)(b-a).$$

证明 由 $f(x)\in C[a,b]$, 知 $f(x)$ 在区间 $[a,b]$ 上有最大值 M 和最小值 m. 由性质 (7), 得

$$m\leqslant \frac{1}{b-a}\int_a^b f(x)\mathrm{d}x \leqslant M.$$

根据闭区间上连续函数介值定理知, 存在一点 $\xi\in[a,b]$, 使得

$$f(\xi) = \frac{1}{b-a}\int_a^b f(x)\mathrm{d}x. \qquad \square$$

这个定理告诉我们如何去掉积分号来表示积分值.

无论从几何上, 还是从物理上, 都容易理解 $f(\xi)$ 就是 $f(x)$ 在区间 $[a,b]$ 上的平均值 (见图 6.3), 所以上式也叫作平均值公式. 求连续变量的平均值时就要用到它.

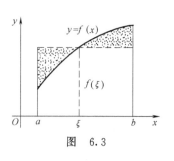

图 6.3

例 1 估计积分值 $\int_0^{\frac{1}{2}} \mathrm{e}^{-x^2}\mathrm{d}x.$

解 显然，函数 e^{-x^2} 在区间 $\left[0,\frac{1}{2}\right]$ 上是单调下降的，因此有

$$e^{-\frac{1}{4}} \leqslant e^{-x^2} \leqslant 1,\ x \in \left[0,\frac{1}{2}\right].$$

由性质（7）有估计式

$$\frac{1}{2}e^{-\frac{1}{4}} \leqslant \int_0^{\frac{1}{2}} e^{-x^2}\,dx \leqslant \frac{1}{2}.$$

例2 试证

$$\lim_{n\to\infty} \int_n^{n+a} \frac{\sin x}{x}\,dx = 0.$$

证明 由积分中值定理，有

$$\lim_{n\to\infty} \int_n^{n+a} \frac{\sin x}{x}\,dx = \lim_{n\to\infty} \frac{\sin \xi_n}{\xi_n}a = 0 \quad (n \leqslant \xi_n \leqslant n+a). \qquad \square$$

例3 设函数 $f(x)$ 非负连续，则 $\int_a^b f(x)\,dx = 0$ 的充要条件是 $f(x) \equiv 0,\ x \in [a,b]$.

证明 （必要性）假设不然，则必有 $x_0 \in (a,b)$，使得

$$f(x_0) = \lambda > 0.$$

由此及 $f(x)$ 的连续性知，存在 $\delta > 0$，使得 $[x_0-\delta, x_0+\delta] \subset [a,b]$，且当 $x \in [x_0-\delta, x_0+\delta]$ 时，有

$$f(x) > \frac{\lambda}{2}.$$

于是由性质（5）、（6）和（7），有

$$\int_a^b f(x)\,dx = \int_a^{x_0-\delta} f(x)\,dx + \int_{x_0-\delta}^{x_0+\delta} f(x)\,dx + \int_{x_0+\delta}^b f(x)\,dx$$

$$\geqslant \int_{x_0-\delta}^{x_0+\delta} f(x)\,dx > \frac{\lambda}{2}2\delta > 0,$$

这与假设矛盾.

（充分性）由定积分定义或性质（7）知它是显然的. $\qquad \square$

例4 设 $f(x), g(x) \in C[a,b]$，证明柯西不等式

$$\left[\int_a^b f(x)g(x)\,dx\right]^2 \leqslant \int_a^b f^2(x)\,dx \int_a^b g^2(x)\,dx \quad (a < b).$$

证明 分两种情况：

（1）当 $\int_a^b f^2(x)\,dx = 0$ 时，类似例3可知 $f(x) \equiv 0$，不等式显然成立.

（2）当 $\int_a^b f^2(x)\,dx \neq 0$ 时，对任意实数 λ，有

$$[\lambda f(x)-g(x)]^2\geqslant 0.$$

从 a 到 b 积分，由线性性质，得

$$\int_a^b[\lambda f(x)-g(x)]^2\mathrm{d}x=\left[\int_a^b f^2(x)\mathrm{d}x\right]\lambda^2-$$

$$2\left[\int_a^b f(x)g(x)\mathrm{d}x\right]\lambda+\int_a^b g^2(x)\mathrm{d}x\geqslant 0,$$

不等式左边是关于 λ 的二次三项式. 这个不等式成立的充要条件是判别式

$$\left[\int_a^b f(x)g(x)\mathrm{d}x\right]^2-\int_a^b f^2(x)\mathrm{d}x\int_a^b g^2(x)\mathrm{d}x\leqslant 0. \qquad \square$$

练习 5. 比较下列各组积分的大小，指明较大的一个.

(1) $\int_0^1 x^2\mathrm{d}x$ 与 $\int_0^1 x^3\mathrm{d}x$ ； (2) $\int_1^2 x^2\mathrm{d}x$ 与 $\int_1^2 x^3\mathrm{d}x$ ；

(3) $\int_1^2 \ln x\mathrm{d}x$ 与 $\int_1^2 x\mathrm{d}x$ ； (4) $\int_0^\pi \sin x\mathrm{d}x$ 与 $\int_0^{2\pi}\sin x\mathrm{d}x$.

练习 6. 估计积分值 $I=\displaystyle\int_{\pi/2}^\pi \frac{\sin x}{x}\mathrm{d}x$.

练习 7. 试证：如果 $f(x)$ 与 $g(x)$ 在区间 $[a,b]$ 上连续，$f(x)\geqslant g(x)$，但 $f(x)\not\equiv g(x)$，则

$$\int_a^b f(x)\mathrm{d}x>\int_a^b g(x)\mathrm{d}x.$$

练习 8. 设 $f(x)$ 连续，且极限 $\lim\limits_{x\to+\infty}f(x)$ 存在，试证：

$$\lim_{h\to+\infty}\int_h^{h+a}\frac{f(x)}{x}\mathrm{d}x=0.$$

练习 9. （积分中值定理）设 $f(x)$, $g(x)\in C[a,b]$，$g(x)$ 不变号 [即 $g(x)\geqslant 0$ 或 $g(x)\leqslant 0$]，试证在 $[a,b]$ 上至少存在一点 ξ，使得

$$\int_a^b f(x)g(x)\mathrm{d}x=f(\xi)\int_a^b g(x)\mathrm{d}x.$$

练习 10. 选择题

(1) 设 $f(x)\in C[a,b]$，且 $\int_a^b f(x)\mathrm{d}x=0$，则在 $[a,b]$ 上（　　）.

(A) 必有 x_1、x_2，使得 $f(x_1)f(x_2)<0$ (B) $f(x)\equiv 0$

(C) 必有 x_0，使得 $f(x_0)=0$ (D) $f(x)\neq 0$

(2) 设 $f(x)$, $g(x)$ 在 $[a,b]$ 上有界，在 (a,b) 内可导，且 $f(x)<g(x)$，则在 (a,b) 区间上，有不等式（　　）.

(A) $f'(x) < g'(x)$ 　　　　(B) $\lim\limits_{x \to a^+} f(x) < \lim\limits_{x \to a^+} g(x)$

(C) $\int f(x)\mathrm{d}x < \int g(x)\mathrm{d}x$ 　(D) $\int_a^x f(t)\mathrm{d}t < \int_a^x g(t)\mathrm{d}t$

6.2　微积分学基本定理

由定积分的定义

$$\int_a^b f(x)\mathrm{d}x = \lim_{\lambda \to \infty} \sum_{i=1}^n f(\xi_i)\Delta x_i$$

计算定积分是非常困难的，甚至常常是不可能的．历史上，由于微分学的研究远远晚于积分学，所以定积分计算问题长期未能解决，积分学的发展很缓慢．直到 17 世纪最后 30 年，牛顿和莱布尼茨才把貌似无关的微分问题和积分问题联系起来，建立了微积分学基本定理，为定积分的计算提供了统一而简洁的方法．

以路程问题为例．如果已知某物体做直线运动，其速度为 $v(t)$，则在时间间隔 $[a,b]$ 内走过的路程 $s_{[a,b]} = \int_a^b v(t)\mathrm{d}t$．如果知道该物体运动的路程函数 $s(t)$，则 $s_{[a,b]} = s(b) - s(a)$．可见如果能从 $v(t)$ 求出 $s(t)$，定积分运算 $\int_a^b v(t)\mathrm{d}t$ 就可化为减法运算 $s(b) - s(a)$．这正是第 5 章已经解决了的微分运算的逆运算——不定积分问题，这启示我们：定积分的计算有捷径可循．下面进行一般性的讨论．

设 $f(x)$ 在区间 $[a,b]$ 上可积，则对任一点 $x \in [a,b]$，定积分

$$\int_a^x f(t)\mathrm{d}t$$

都有确定的值，所以这个定积分是上限 x 的函数，记为 $\Phi(x)$，即

$$\Phi(x) = \int_a^x f(t)\mathrm{d}t \quad (a \leqslant x \leqslant b).$$

注意：这样定义的函数一定是 $[a,b]$ 上的连续函数（留作练习）．这个函数的几何意义是图 6.4 中阴影部分的面积函数．

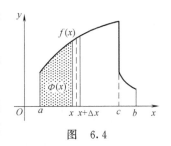

图　6.4

定理 6.4　（微积分学基本定理第一部分）　设 $f(x) \in C[a,b]$，则积分上限函数

$$\Phi(x) = \int_a^x f(t)\,\mathrm{d}t$$

在 $[a,b]$ 上连续可微，且对上限的导数等于被积函数在上限处的值，即

$$\Phi'(x) = \frac{\mathrm{d}}{\mathrm{d}x}\int_a^x f(t)\,\mathrm{d}t = f(x) \quad (a \leqslant x \leqslant b). \quad (6.2.1)$$

证明 因为

$$\Phi(x + \Delta x) = \int_a^{x+\Delta x} f(t)\,\mathrm{d}t,$$

所以由定积分性质（5）和积分中值定理，有

$$\Delta\Phi = \Phi(x + \Delta x) - \Phi(x) = \int_a^{x+\Delta x} f(t)\,\mathrm{d}t - \int_a^x f(t)\,\mathrm{d}t$$

$$= \int_x^{x+\Delta x} f(t)\,\mathrm{d}t = f(\xi)\Delta x,$$

其中，ξ 介于 x 与 $x + \Delta x$ 之间. 因 $f(x)$ 连续，故

$$\Phi'(x) = \lim_{\Delta x \to 0} \frac{\Delta\Phi}{\Delta x} = \lim_{\Delta x \to 0} f(\xi) = f(x). \qquad \square$$

这个定理指出积分运算和微分运算为逆运算的关系，它把微分和积分连接为一个有机的整体——微积分，所以它是**微积分学基本定理**.

它还说明，连续函数 $f(x)$ 一定有原函数，函数 $\Phi(x) = \int_a^x f(t)\,\mathrm{d}t$ 就是 $f(x)$ 的一个原函数（这就证明了定理 5.2）. 由此可见，连续函数 $f(x)$ 的不定积分和定积分有如下关系：

$$\int f(x)\,\mathrm{d}x = \int_a^x f(t)\,\mathrm{d}t + C. \quad (6.2.2)$$

它还说明：连续函数的定积分 $\int_a^b f(x)\,\mathrm{d}x$ 的被积表达式 $f(x)\mathrm{d}x$ 等于变上限积分函数 $\Phi(x)$ 的微分，即 $f(x)\,\mathrm{d}x$ 是 $\Phi(x)$ 的增量 $\Delta\Phi$ 的线性主部. 将有关的实际问题化为定积分时，必须注意到这一点，后面我们将会用到它，习惯称 $f(x)\,\mathrm{d}x$ 为**微元**.

例 1
$$\left(\int_0^x \mathrm{e}^{2t}\,\mathrm{d}t\right)' = \mathrm{e}^{2x}.$$

$$\left(\int_x^{\pi} \cos^2 t\,\mathrm{d}t\right)' = \left(-\int_{\pi}^x \cos^2 t\,\mathrm{d}t\right)' = -\cos^2 x.$$

$$\left(\int_x^{x^2} \ln t\,\mathrm{d}t\right)' = \left(\int_x^1 \ln t\,\mathrm{d}t + \int_1^{x^2} \ln t\,\mathrm{d}t\right)'$$

$$= -\ln x + 2x\ln x^2 = (4x - 1)\ln x.$$

练习 1. 求下列函数的导数.

(1) $\int_1^x \frac{\sin t}{t} \mathrm{d}t \quad (x > 0)$；　　(2) $\int_x^0 \sqrt{1+t^4} \, \mathrm{d}t$；

(3) $\int_0^{x^2} \frac{t \sin t}{1+\cos^2 t} \mathrm{d}t$；　　　(4) $\int_x^{x^2} \mathrm{e}^{-t^2} \mathrm{d}t$；

(5) $\sin\left(\int_0^x \frac{\mathrm{d}t}{1+\sin^2 t}\right)$；　　(6) $\int_0^x x f(t) \mathrm{d}t$.

练习 2. 求由 $\int_0^y \mathrm{e}^{t^2} \mathrm{d}t + \int_0^x \cos t \, \mathrm{d}t = 0$ 所确定的隐函数 y 关于 x 的导数.

练习 3. 求由参数方程 $x = \int_0^{t^2} u \ln u \, \mathrm{d}u$，$y = \int_{t^2}^1 u^2 \ln u \, \mathrm{d}u$ 所给定的函数 y 关于 x 的导数.

练习 4. 设 $f(x)$ 连续，且 $\int_0^x f(t) \mathrm{d}t = x^2(1+x)$，求 $f(x)$ 及 $f(2)$.

练习 5. 求下列极限.

(1) $\lim\limits_{x \to 0^+} \dfrac{\int_0^{\sin x} \sqrt{\tan t} \, \mathrm{d}t}{\int_0^{\tan x} \sqrt{\sin t} \, \mathrm{d}t}$；

(2) $\lim\limits_{x \to a} \dfrac{x^2}{x-a} \int_a^x f(t) \mathrm{d}t$，其中 $f(t)$ 连续.

练习 6. 设 $f(x) \in C[a, b]$，且 $f(x)$ 单调下降，试证：函数

$$g(x) = \frac{1}{x-a} \int_a^x f(t) \mathrm{d}t \quad (a < x \leqslant b)$$

单调下降.

练习 7. 设 $x > 0$ 时，可微函数 $f(x)$ 的反函数为 $f^{-1}(x)$，$f(x_0) = 1$，且有

$$\int_1^{f(x)} f^{-1}(t) \mathrm{d}t = \frac{1}{3}\left(x^{\frac{3}{2}} - 8\right),$$

求函数 $f(x)$.

定理 6.5 （微积分学基本定理第二部分） 如果 $F(x)$ 是 $[a, b]$ 区间上连续函数 $f(x)$ 的一个原函数，则

$$\int_a^b f(x) \mathrm{d}x = F(b) - F(a). \tag{6.2.3}$$

证明 因为 $F(x)$ 及 $\varPhi(x) = \int_a^x f(t) \mathrm{d}t$ 都是 $f(x)$ 在 $[a, b]$

上的原函数，故有

$$\Phi(x)=F(x)+C, \quad \forall x\in[a,b],$$

C 是待定常数，即有

$$\int_a^x f(t)\mathrm{d}t=F(x)+C, \forall x\in[a,b].$$

令 $x=a$，由上式，得 $0=F(a)+C$，于是 $C=-F(a)$，可见

$$\int_a^x f(t)\mathrm{d}t=F(x)-F(a), \quad \forall x\in[a,b].$$

特别地，令 $x=b$，上式就变为式 (6.2.3). 式 (6.2.3) 称为牛顿 - 莱布尼茨公式. □

式 (6.2.3) 表明了连续函数的定积分与不定积分之间的关系. 它把复杂的乘积和式的极限运算转化为被积函数的原函数在积分上下限 b、a 两点处的函数值之差. 习惯用 $F(x)\big|_a^b$ 表示 $F(b)-F(a)$，于是式 (6.2.3) 可写为

$$\int_a^b f(x)\mathrm{d}x=F(x)\big|_a^b=F(b)-F(a).$$

例 2
$$\int_{-1}^1 \frac{1}{1+x^2}\mathrm{d}x=\arctan x\,\bigg|_{-1}^1=\frac{\pi}{4}-\left(-\frac{\pi}{4}\right)=\frac{\pi}{2}.$$

$$\int_0^\pi \sin x\,\mathrm{d}x=-\cos x\,\bigg|_0^\pi=1-(-1)=2.$$

例 3 求极限 $\lim\limits_{n\to\infty}\left(\dfrac{1}{n+1}+\dfrac{1}{n+2}+\cdots+\dfrac{1}{n+n}\right)$.

解 此极限实际上是一个积分和的极限，即

$$\lim_{n\to\infty}\sum_{i=1}^n \frac{1}{n+i}=\lim_{n\to\infty}\sum_{i=1}^n \frac{1}{1+\dfrac{i}{n}}\frac{1}{n}$$

$$=\int_0^1 \frac{1}{1+x}\mathrm{d}x=\ln(1+x)\,\bigg|_0^1=\ln 2.$$

注意：式 (6.2.3) 要求被积函数连续，如果遇到分段连续函数 $f(x)$ 的积分，应将积分区间 $[a,b]$ 分为几个子区间 $[a,x_1]$，$[x_1,x_2]$，$\cdots$，$[x_n,b]$，使 $f(x)$ 在每个子区间上连续，根据定积分的性质 (5)，有

$$\int_a^b f(x)\mathrm{d}x=\int_a^{x_1} f(x)\mathrm{d}x+\int_{x_1}^{x_2} f(x)\mathrm{d}x+\cdots+\int_{x_n}^b f(x)\mathrm{d}x,$$

右端的每个积分都可用牛顿 - 莱布尼茨公式计算.

例 4 设 $f(x)=\begin{cases}2x, & 0\leqslant x\leqslant 1, \\ 5, & 1<x\leqslant 2,\end{cases}$ 求 $\int_0^2 f(x)\mathrm{d}x.$

解

$$\int_0^2 f(x)\mathrm{d}x = \int_0^1 2x\,\mathrm{d}x + \int_1^2 5\mathrm{d}x = x^2\,|_0^1 + 5x\,|_1^2 = 1 + 5 = 6.$$

例 5

$$\int_0^{\pi/2} \sqrt{1 - \sin 2x}\,\mathrm{d}x$$

$$= \int_0^{\pi/2} \sqrt{(\cos x - \sin x)^2}\,\mathrm{d}x$$

$$= \int_0^{\pi/2} |\cos x - \sin x|\,\mathrm{d}x$$

$$= \int_0^{\pi/4} (\cos x - \sin x)\,\mathrm{d}x + \int_{\pi/4}^{\pi/2} (\sin x - \cos x)\,\mathrm{d}x$$

$$= 2\sqrt{2} - 2.$$

当被积函数带有绝对值号时，应将积分区间分开，去掉绝对值号后，再积分.

练习 8. 用牛顿 - 莱布尼茨公式计算定积分.

(1) $\int_0^3 2x\,\mathrm{d}x$;　　(2) $\int_0^1 \dfrac{\mathrm{d}x}{1 + x^2}$;

(3) $\int_0^{\pi/2} \cos x\,\mathrm{d}x$;　　(4) $\int_1^0 \mathrm{e}^x\,\mathrm{d}x$;

(5) $\int_{\pi/4}^{\pi/2} \dfrac{1}{\sin^2 x}\,\mathrm{d}x$;　　(6) $\int_{-1/2}^{1/2} \dfrac{\mathrm{d}x}{\sqrt{1 - x^2}}$;

(7) $\int_1^2 \dfrac{\mathrm{d}x}{x + x^3}$;　　(8) $\int_1^{\mathrm{e}} \dfrac{1 + \ln x}{x}\,\mathrm{d}x$.

练习 9. 计算定积分.

(1) $\int_0^2 |1 - x|\sqrt{(x - 4)^2}\,\mathrm{d}x$;

(2) $\int_0^1 x|x - a|\,\mathrm{d}x \quad (a > 0)$;

(3) $\int_0^{\pi} \sqrt{1 + \cos 2x}\,\mathrm{d}x$.

练习 10. 求下列极限.

(1) $\lim\limits_{n \to \infty} \dfrac{1}{n\sqrt{n}}(\sqrt{1} + \sqrt{2} + \cdots + \sqrt{n})$;

(2) $\lim\limits_{n \to \infty} \dfrac{1}{n}\left[\sin a + \sin\left(a + \dfrac{b}{n}\right) + \sin\left(a + \dfrac{2b}{n}\right) + \cdots + \right.$

$\left. \sin\left(a + \dfrac{(n-1)\,b}{n}\right)\right]$;

(3) $\lim\limits_{n \to \infty} \int_0^1 \dfrac{x^n}{1 + x}\,\mathrm{d}x$;

(4) 设 $a_n = \dfrac{3}{2}\displaystyle\int_0^{\frac{n}{n+1}} x^{n-1}\sqrt{1+x^n}\,\mathrm{d}x$，求 $\lim\limits_{n\to\infty} na_n$.

(5) $\lim\limits_{n\to\infty}\left(\dfrac{\sin\dfrac{\pi}{n}}{n+1} + \dfrac{\sin\dfrac{2\pi}{n}}{n+\dfrac{1}{2}} + \cdots + \dfrac{\sin\pi}{n+\dfrac{1}{n}}\right)$.

练习 11. 若 $f(x)$ 在 $[0,1]$ 上连续可微，且 $f(1)-f(0)=1$，试证：$\displaystyle\int_0^1 [f'(x)]^2\,\mathrm{d}x \geqslant 1$.

6.3 定积分的计算

在不定积分的计算中有两个重要的方法——换元积分法和分部积分法. 在定积分计算中用到它们时，由于我们的目的是求积分值，所以又有新的特点. 下面来介绍它们.

6.3.1 定积分的换元积分法

定理 6.6 设 $f(x)\in C[a,b]$，对变换 $x=\varphi(t)$，若有常数 α、β 满足：

(i) $\varphi(\alpha)=a$，$\varphi(\beta)=b$；

(ii) 在 α、β 界定的区间上，$a\leqslant\varphi(t)\leqslant b$；

(iii) 在 α、β 界定的区间上，$\varphi(t)$ 有连续的导数，

则

$$\int_a^b f(x)\,\mathrm{d}x = \int_\alpha^\beta f(\varphi(t))\varphi'(t)\,\mathrm{d}t.$$

证明 由于 $f(x)\in C[a,b]$，所以上式左边的积分存在. 由 $f(x)\in C[a,b]$ 及条件（ii）、（iii）知右边积分也存在. 设 $F(x)$ 是 $f(x)$ 的一个原函数，则由复合函数求导法知，$F(\varphi(t))$ 是 $f(\varphi(t))\varphi'(t)$ 的原函数，于是由牛顿－莱布尼茨公式，有

$$\int_a^b f(x)\,\mathrm{d}x = F(b) - F(a),$$

$$\int_\alpha^\beta f(\varphi(t))\varphi'(t)\,\mathrm{d}t = F(\varphi(\beta)) - F(\varphi(\alpha)) = F(b) - F(a).$$

比较两式知结论成立. □

这个定理说明用换元积分法计算定积分时，应把积分上、下限同时换为新的积分变量的上、下限，通过新的积分算出积分值. 这样避免了求 $f(x)$ 的原函数，所以对变换 $x=\varphi(t)$ 也不要求它有反函数.

例 1　计算 $\int_0^a \sqrt{a^2 - x^2}\, dx\,(a > 0)$.

解　令 $x = a\sin t$，当 $x = 0$ 时，$t = 0$；当 $x = a$ 时，$t = \dfrac{\pi}{2}$.

于是 $\sqrt{a^2 - x^2} = a\cos t$，$dx = a\cos t\, dt$，故

$$\int_0^a \sqrt{a^2 - x^2}\, dx = a^2 \int_0^{\pi/2} \cos^2 t\, dt = \frac{a^2}{2} \int_0^{\pi/2} (1 + \cos 2t)\, dt$$

$$= \frac{a^2}{2} \left(t + \frac{1}{2}\sin 2t \right) \Big|_0^{\pi/2} = \frac{1}{4}\pi a^2.$$

这是半径为 a 的四分之一圆的面积. 记住这个结论，以后可直接应用.

例 2　计算 $\int_0^4 \dfrac{x + 2}{\sqrt{2x + 1}}\, dx$.

解　令 $\sqrt{2x + 1} = t$，即 $x = \dfrac{t^2 - 1}{2}$. 当 $x = 0$ 时，$t = 1$；当 $x = 4$ 时，$t = 3$. $dx = t\, dt$，故

$$\int_0^4 \frac{x + 2}{\sqrt{2x + 1}}\, dx = \int_1^3 \frac{\dfrac{t^2 - 1}{2} + 2}{t} t\, dt = \frac{1}{2} \int_1^3 (t^2 + 3)\, dt = \frac{22}{3}.$$

在进行变换时，必须满足定理的条件. 特别是通过 $t = \psi(x)$ 引入新变量 t 时，要验证它的反函数是否满足定理的条件. 换元积分法还可以用来证明一些定积分等式，通常由被积函数的变化和积分区间变化来确定变换. 下面几个例子也可作为定积分公式使用.

例 3　设 $f(x)$ 在区间 $[-a, a]$ 上连续，则

$$\int_{-a}^a f(x)\, dx = \int_0^a [f(x) + f(-x)]\, dx.$$

证明　由于

$$\int_{-a}^a f(x)\, dx = \int_{-a}^0 f(x)\, dx + \int_0^a f(x)\, dx,$$

对积分 $\int_{-a}^0 f(x)\, dx$ 做变换，令 $x = -t$，则

$$\int_{-a}^0 f(x)\, dx = -\int_a^0 f(-t)\, dt = \int_0^a f(-t)\, dt,$$

故有

$$\int_{-a}^a f(x)\, dx = \int_0^a [f(x) + f(-x)]\, dx. \qquad \square$$

由定积分定义不难推证，对一般可积函数，例 3 中的公式也成立. 更重要的是下面两个结果：

(1) 若 $f(x)$ 为可积的偶函数，则 $\int_{-a}^{a} f(x)\mathrm{d}x = 2\int_{0}^{a} f(x)\mathrm{d}x$.

(2) 若 $f(x)$ 为可积的奇函数，则 $\int_{-a}^{a} f(x)\mathrm{d}x = 0$.

利用这一结果计算：

$$\int_{-\pi/4}^{\pi/4} \frac{\cos x}{1+\mathrm{e}^{-x}}\mathrm{d}x = \int_{0}^{\pi/4} \left(\frac{\cos x}{1+\mathrm{e}^{-x}} + \frac{\cos x}{1+\mathrm{e}^{x}}\right)\mathrm{d}x$$

$$= \int_{0}^{\pi/4} \cos x\,\mathrm{d}x = \frac{\sqrt{2}}{2}.$$

$$\int_{-1}^{2} x\sqrt{|x|}\,\mathrm{d}x = \int_{-1}^{1} x\sqrt{|x|}\,\mathrm{d}x + \int_{1}^{2} x\sqrt{|x|}\,\mathrm{d}x$$

$$= \int_{1}^{2} x^{\frac{3}{2}}\,\mathrm{d}x = \frac{2}{5}(4\sqrt{2}-1).$$

$$\int_{-2}^{2} \frac{x^5 + x^4 - x^3 - x^2 - 2}{1+x^2}\,\mathrm{d}x = 2\int_{0}^{2} \frac{x^4 - x^2 - 2}{1+x^2}\,\mathrm{d}x$$

$$= 2\int_{0}^{2} (x^2 - 2)\,\mathrm{d}x = -\frac{8}{3}.$$

例4 设 $f(x)$ 是 $(-\infty,\infty)$ 上以 T 为周期的连续函数，则对任何实数 a，都有

$$\int_{a}^{a+T} f(x)\mathrm{d}x = \int_{0}^{T} f(x)\mathrm{d}x.$$

证明 由于

$$\int_{a}^{a+T} f(x)\mathrm{d}x = \int_{a}^{0} f(x)\mathrm{d}x + \int_{0}^{T} f(x)\mathrm{d}x + \int_{T}^{a+T} f(x)\mathrm{d}x, \quad (*)$$

对最后的积分用换元法，令 $x=t+T$，有

$$\int_{T}^{a+T} f(x)\mathrm{d}x = \int_{0}^{a} f(t+T)\mathrm{d}t = \int_{0}^{a} f(t)\mathrm{d}t.$$

代入式（*），得

$$\int_{a}^{a+T} f(x)\mathrm{d}x = \int_{0}^{T} f(x)\mathrm{d}x. \qquad \square$$

对一般可积的周期函数，例 4 中的公式也成立. 它说明可积的周期函数在任何一个长度为一个周期的区间上的积分值都是相等的.

例5 设 $f(x)\in C[0,1]$，试证：

(1) $\int_{0}^{\pi/2} f(\sin x)\mathrm{d}x = \int_{0}^{\pi/2} f(\cos x)\mathrm{d}x$；

(2) $\int_{0}^{\pi} xf(\sin x)\mathrm{d}x = \frac{\pi}{2}\int_{0}^{\pi} f(\sin x)\mathrm{d}x = \pi\int_{0}^{\pi/2} f(\sin x)\mathrm{d}x.$

证明

(1) $\displaystyle\int_0^{\pi/2} f(\sin x)\mathrm{d}x \xdef\tmp{}\overset{x=\frac{\pi}{2}-t}{=\!=\!=\!=\!=} \int_{\pi/2}^0 f(\cos t)(-\,\mathrm{d}t) =$

$\displaystyle\int_0^{\pi/2} f(\cos t)\mathrm{d}t.$

(2) 留给读者作为练习. □

利用这一结果计算:

$$\int_0^\pi \frac{x\sin x}{1+\cos^2 x}\mathrm{d}x = \pi\int_0^{\pi/2} \frac{\sin x}{1+\cos^2 x}\mathrm{d}x = -\pi\arctan\cos x \Big|_0^{\pi/2} = \frac{\pi^2}{4}.$$

练习 1. 计算下列定积分.

(1) $\displaystyle\int_4^9 \frac{\sqrt{x}}{\sqrt{x}-1}\mathrm{d}x$;

(2) $\displaystyle\int_0^{\ln 2} \sqrt{\mathrm{e}^x-1}\,\mathrm{d}x$;

(3) $\displaystyle\int_{1/\sqrt{2}}^1 \frac{\sqrt{1-x^2}}{x^2}\mathrm{d}x$;

(4) $\displaystyle\int_{-\sqrt{2}}^{-2} \frac{\mathrm{d}x}{\sqrt{x^2-1}}$;

(5) $\displaystyle\int_0^{-a} \sqrt{x^2+a^2}\,\mathrm{d}x$ $(a>0)$;

(6) $\displaystyle\int_0^{\pi/2} \frac{\mathrm{d}x}{2+\sin x}$;

(7) $\displaystyle\int_0^1 \frac{\ln(1+x)}{1+x^2}\mathrm{d}x$;

(8) $\displaystyle\int_0^1 x(1-x^4)^{3/2}\mathrm{d}x.$

练习 2. 计算下面两个定积分时, 能否用题后指定的变换, 为什么?

(1) $\displaystyle\int_0^2 \sqrt[3]{1-x^2}\,\mathrm{d}x$, $x=\cos t$;

(2) $\displaystyle\int_0^\pi \frac{\mathrm{d}x}{1+\sin^2 x}$, $\tan x=t.$

练习 3. 设 $f(x)\in C(-\infty,+\infty)$, 试证函数

$$F(x)=\int_0^1 f(x+t)\mathrm{d}t$$

可导, 并求 $F'(x)$.

练习 4. 设 $f(x)\in C(-\infty,+\infty)$, 试证:

（1）当 $f(x)$ 为奇函数时，$\int_0^x f(t)\,\mathrm{d}t$ 是偶函数，且 $f(x)$ 的所有原函数皆为偶函数；

（2）当 $f(x)$ 为偶函数时，$\int_0^x f(t)\,\mathrm{d}t$ 是奇函数，且 $f(x)$ 仅有这一原函数是奇函数.

6.3.2 定积分的分部积分法

定理 6.7 设 $u(x)$ 与 $v(x)$ 在区间 $[a,b]$ 上有连续的导数，则

$$\int_a^b u(x)v'(x)\,\mathrm{d}x = u(x)v(x)\Big|_a^b - \int_a^b u'(x)v(x)\,\mathrm{d}x.$$

由不定积分的分部积分法及牛顿-莱布尼茨公式，这是显然的.

例 6
$$\int_0^{\pi/2} x^2\sin x\,\mathrm{d}x = -x^2\cos x\Big|_0^{\pi/2} + 2\int_0^{\pi/2} x\cos x\,\mathrm{d}x$$
$$= 2x\sin x\,\Big|_0^{\pi/2} - 2\int_0^{\pi/2}\sin x\,\mathrm{d}x = \pi + 2\cos x\,\Big|_0^{\pi/2}$$
$$= \pi - 2.$$

例 7
$$\int_0^1 x\arctan x\,\mathrm{d}x = \frac{1}{2}x^2\arctan x\,\Big|_0^1 - \frac{1}{2}\int_0^1 \frac{x^2}{1+x^2}\,\mathrm{d}x$$
$$= \frac{\pi}{8} - \frac{1}{2}(x-\arctan x)\,\Big|_0^1 = \frac{\pi}{4} - \frac{1}{2}.$$

例 8 试证对任何大于 1 的自然数 n，有
$$I_n = \int_0^{\pi/2}\sin^n x\,\mathrm{d}x = \int_0^{\pi/2}\cos^n x\,\mathrm{d}x$$
$$= \begin{cases} \dfrac{(n-1)(n-3)\cdots 2}{n(n-2)\cdots 3}, & \text{当 } n \text{ 为奇数时.} \\[3mm] \dfrac{(n-1)(n-3)\cdots 1}{n(n-2)\cdots 2}\dfrac{\pi}{2}, & \text{当 } n \text{ 为偶数时.} \end{cases}$$

证明 由例 5 的（1）问知上述两个积分相等.

当 $n \geqslant 2$ 时，有
$$I_n = -\int_0^{\pi/2}\sin^{n-1}x\,\mathrm{d}\cos x = -\cos x\sin^{n-1}x\,\Big|_0^{\pi/2} +$$
$$(n-1)\int_0^{\pi/2}\sin^{n-2}x\cos^2 x\,\mathrm{d}x$$
$$= (n-1)\int_0^{\pi/2}\sin^{n-2}x(1-\sin^2 x)\,\mathrm{d}x$$
$$= (n-1)I_{n-2} - (n-1)I_n.$$

于是得到一个递推公式

$$I_n = \frac{n-1}{n} I_{n-2} \quad (n \geqslant 2).$$

又因为

$$I_0 = \int_0^{\pi/2} \mathrm{d}x = \frac{\pi}{2}, \quad I_1 = \int_0^{\pi/2} \sin x \, \mathrm{d}x = 1.$$

所以，当 n 为偶数时，

$$I_n = \frac{n-1}{n} I_{n-2} = \frac{n-1}{n} \frac{n-3}{n-2} I_{n-4} = \cdots = \frac{n-1}{n} \cdot \cdots \cdot \frac{3}{4} \frac{1}{2} I_0$$

$$= \frac{(n-1)(n-3) \cdot \cdots \cdot 1}{n(n-2) \cdot \cdots \cdot 2} \frac{\pi}{2}.$$

当 n 为大于 1 的奇数时，

$$I_n = \frac{n-1}{n} I_{n-2} = \frac{n-1}{n} \frac{n-3}{n-2} I_{n-4} = \cdots = \frac{n-1}{n} \cdot \cdots \cdot \frac{4}{5} \frac{2}{3} I_1$$

$$= \frac{(n-1)(n-3) \cdot \cdots \cdot 2}{n(n-2) \cdot \cdots \cdot 3}.$$

$\square$

利用这个公式可直接计算出：

$$\int_0^{\pi/2} \cos^{10} x \, \mathrm{d}x = \frac{9 \cdot 7 \cdot 5 \cdot 3 \cdot 1}{10 \cdot 8 \cdot 6 \cdot 4 \cdot 2} \pi = \frac{63}{512} \pi.$$

练习 5. 计算下列定积分.

(1) $\int_0^{\pi/2} x \sin^2 x \, \mathrm{d}x$；

(2) $\int_0^{\pi/2} \mathrm{e}^{2x} \cos x \, \mathrm{d}x$；

(3) $\int_0^{\sqrt{3}} x \arctan x \, \mathrm{d}x$；

(4) $\int_0^1 x^3 \mathrm{e}^{2x} \, \mathrm{d}x$；

(5) $\int_{1/\mathrm{e}}^{\mathrm{e}} |\ln x| \, \mathrm{d}x$；

(6) $\int_{1/2}^2 \left(1 + x - \frac{1}{x}\right) \mathrm{e}^{x+\frac{1}{x}} \, \mathrm{d}x$.

练习 6. 已知 $f(\pi) = 1$，且 $\int_0^\pi [f(x) + f''(x)] \sin x \, \mathrm{d}x = 3$，求 $f(0)$.

练习 7. 已知 $f(x)$ 的一个原函数是 $\sin x \ln x$，求 $\int_1^\pi x f'(x) \, \mathrm{d}x$.

练习 8. 证明 $\int_0^1 x^m (1-x)^n \mathrm{d}x = \int_0^1 x^n (1-x)^m \mathrm{d}x = \dfrac{m!\, n!}{(m+n+1)!}$，其中 m、n 均为自然数.

练习 9. 选择题.

(1) 设 $f(x)$ 连续，$I = t\int_0^{s/t} f(tx)\mathrm{d}x$，其中 $t>0$，$s>0$，则 I 的值（　　）.

(A) 依赖 s，不依赖 t　　(B) 依赖 t，不依赖 s

(C) 依赖 s 和 t　　　　　(D) 依赖 s，t 和 x

(2) $P = \int_{-a}^a \dfrac{1}{1+x^2}\cos^6 x \,\mathrm{d}x$，$Q = \int_{-a}^a (\sin^3 x + \cos^6 x)\mathrm{d}x$，$R = \int_{-a}^a (x^2 \sin^3 x - \cos^6 x)\mathrm{d}x$，$a>0$，则有（　　）.

(A) $P<Q<R$　　　　　(B) $Q<R<P$

(C) $R<P<Q$　　　　　(D) $R<Q<P$

(3) 设 $F(x) = \int_x^{x+2\pi} \mathrm{e}^{\sin t} \sin t \,\mathrm{d}t$，则 $F(x)$（　　）.

(A) 为正常数　　　　　(B) 为负常数

(C) 恒为零　　　　　　(D) 不为常数

练习 10. 求极限 $\lim\limits_{n\to\infty} \left[\dfrac{(2n)!}{n!\, n^n} \right]^{\frac{1}{n}}$.

6.4　反常积分

定积分 $\int_a^b f(x)\mathrm{d}x$ 受到两个限制，其一，积分区间 $[a,b]$ 是有限区间；其二，被积函数在积分区间上是有界函数. 许多实际问题并不满足这两个要求，为此我们从两个方面推广定积分的概念，解决新问题. 如果把我们讨论过的积分叫**常义积分**，那么推广过的积分就称为**反常积分**。反常积分有两类：一类是积分区间是无界的，另一类是被积函数是无界的.

6.4.1　无穷区间上的反常积分

一个固定的点电荷 $+q$ 产生的电场，对场内其他电荷有作用力. 由库仑定律知，距离 q 为 r 的单位正电荷受到的电场力，其方向与径向一致指向外，大小为

$$F = \frac{kq}{r^2} \quad (k \text{ 是常数}).$$

当单位正电荷从 $r=a$ 沿径向移到 $r=b$ 处时，电场力所做的功称为该电场在这两点处的电位差.

单位正电荷从 $r=a$ 移到无穷远时，电场力所需做的功称为该电场在点 a 处的电位.

例 1　试求 a、b 两点的电位差及 a 点的电位.

解　a、b 两点的电位差为

$$V_{[a,b]} = \int_a^b \frac{kq}{r^2} \mathrm{d}r = kq\left(-\frac{1}{r}\right)\Big|_a^b = kq\left(\frac{1}{a} - \frac{1}{b}\right).$$

令 $b \to +\infty$，即得 a 点处的电位为

$$V_a = \lim_{b \to +\infty} \int_a^b \frac{kq}{r^2} \mathrm{d}r = \lim_{b \to +\infty} kq\left(\frac{1}{a} - \frac{1}{b}\right) = \frac{kq}{a}.$$

这里计算了一个上限无限增大的定积分的极限. 类似的实例很多，如一些无界区域的面积、第二宇宙速度问题、电容器放电问题，等等. 下面引入反常积分的概念.

定义 6.2　设对任何大于 a 的实数 b，$f(x)$ 在 $[a,b]$ 上均可积，则称极限

$$\lim_{b \to +\infty} \int_a^b f(x)\mathrm{d}x$$

为 $f(x)$ 在无穷区间 $[a, +\infty)$ 上的反常积分（或广义积分），记为 $\int_a^{+\infty} f(x)\mathrm{d}x$，即

$$\int_a^{+\infty} f(x)\mathrm{d}x = \lim_{b \to +\infty} \int_a^b f(x)\mathrm{d}x.$$

当这个极限存在时，则称反常积分 $\int_a^{+\infty} f(x)\mathrm{d}x$ 收敛（存在），否则称它发散.

类似地，定义反常积分

$$\int_{-\infty}^b f(x)\mathrm{d}x = \lim_{a \to -\infty} \int_a^b f(x)\mathrm{d}x,$$

$$\int_{-\infty}^{+\infty} f(x)\mathrm{d}x = \int_{-\infty}^c f(x)\mathrm{d}x + \int_c^{+\infty} f(x)\mathrm{d}x,$$

其中，c 为任一实常数. 反常积分 $\int_{-\infty}^{+\infty} f(x)\mathrm{d}x$ 收敛的充要条件是两个反常积分 $\int_{-\infty}^c f(x)\mathrm{d}x$ 和 $\int_c^{+\infty} f(x)\mathrm{d}x$ 均收敛.

若 $F(x)$ 是连续函数 $f(x)$ 的原函数，在计算反常积分时，为书写方便，记

$$F(+\infty) = \lim_{x \to +\infty} F(x), \quad F(-\infty) = \lim_{x \to -\infty} F(x),$$

$$\int_a^{+\infty} f(x)\mathrm{d}x = F(x)\Big|_a^{+\infty} = F(+\infty) - F(a),$$

$$\int_{-\infty}^{b} f(x)\mathrm{d}x = F(x)\Big|_{-\infty}^{b} = F(b) - F(-\infty),$$

$$\int_{-\infty}^{+\infty} f(x)\mathrm{d}x = F(x)\Big|_{-\infty}^{+\infty} = F(+\infty) - F(-\infty).$$

这时反常积分的收敛与发散取决于 $F(+\infty)$ 和 $F(-\infty)$ 是否存在.

例 2　$\int_{0}^{+\infty} \dfrac{\mathrm{d}x}{1+x^2} = \arctan x\Big|_{0}^{+\infty} = \dfrac{\pi}{2} - 0 = \dfrac{\pi}{2},$

$$\int_{-\infty}^{0} \dfrac{\mathrm{d}x}{1+x^2} = \arctan x\Big|_{-\infty}^{0} = 0 - \left(-\dfrac{\pi}{2}\right) = \dfrac{\pi}{2},$$

$$\int_{-\infty}^{+\infty} \dfrac{\mathrm{d}x}{1+x^2} = \arctan x\Big|_{-\infty}^{+\infty} = \dfrac{\pi}{2} - \left(-\dfrac{\pi}{2}\right) = \pi.$$

这三个反常积分都收敛，如果注意到第一个反常积分收敛和它的积分值，以及被积函数为偶函数，立刻就会得到后两个反常积分值.

例 3　试证反常积分

$$\int_{1}^{+\infty} \dfrac{1}{x^p}\mathrm{d}x$$

当 $p>1$ 时收敛，当 $p\leqslant 1$ 时发散.

证明　当 $p=1$ 时,

$$\int_{1}^{+\infty} \dfrac{1}{x^p}\mathrm{d}x = \int_{1}^{+\infty} \dfrac{1}{x}\mathrm{d}x = \ln x\Big|_{1}^{+\infty} = +\infty.$$

当 $p\neq 1$ 时,

$$\int_{1}^{+\infty} \dfrac{1}{x^p}\mathrm{d}x = \dfrac{x^{1-p}}{1-p}\Big|_{1}^{+\infty} = \begin{cases} +\infty, & \text{当 } p<1 \text{ 时,} \\ \dfrac{1}{p-1}, & \text{当 } p>1 \text{ 时.} \end{cases}$$

故当 $p>1$ 时，反常积分 $\int_{1}^{+\infty} \dfrac{1}{x^p}\mathrm{d}x = \dfrac{1}{p-1}$ 收敛；当 $p\leqslant 1$ 时，它发散（见图 6.5）.　□

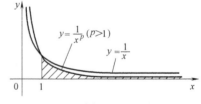

图　6.5

这个积分通常称为第一类 p 积分. 这个结论在今后时常会用到.

下面我们引入反常积分的柯西主值概念. 把 $\int_{-\infty}^{+\infty} f(x)\mathrm{d}x$ 重写为

$$\int_{-\infty}^{+\infty} f(x)\mathrm{d}x = \lim_{a\to-\infty}\int_a^0 f(x)\mathrm{d}x + \lim_{b\to+\infty}\int_0^b f(x)\mathrm{d}x.$$

注意，这里的 $a<0$ 与 $b>0$ 都是实数且各自独立地分别趋于 $-\infty$ 与 $+\infty$. 如果在上式中，将 a 取成 $-b$，则 $b\to+\infty$ 时，必有 $a=b\to-\infty$.

定义 6.3 （**柯西主值**）设 $f(x)$ 在 $(-\infty,+\infty)$ 上有定义. 如果积分 $\int_{-b}^0 f(x)\mathrm{d}x$ 与 $\int_0^b f(x)\mathrm{d}x$ 对任意的 $b>0$ 都存在，则称极限 （如果存在）

$$\lim_{b\to+\infty}\left[\int_{-b}^0 f(x)\mathrm{d}x + \int_0^b f(x)\mathrm{d}x\right] = \lim_{b\to+\infty}\int_{-b}^b f(x)\mathrm{d}x$$

是广义积分的 $\int_{-\infty}^{+\infty} f(x)\mathrm{d}x$ 的柯西主值，记为

$$\mathrm{V.P.}\int_{-\infty}^{+\infty} f(x)\mathrm{d}x = \lim_{b\to+\infty}\int_{-b}^b f(x)\mathrm{d}x.$$

此时，称反常积分 $\int_{-\infty}^{+\infty} f(x)\mathrm{d}x$ 在柯西主值的意义下收敛，简称**柯西主值积分收敛**；如果上式右端的极限不存在，则称反常积分 $\int_{-\infty}^{+\infty} f(x)\mathrm{d}x$ 在柯西主值的意义下发散，简称柯西主值积分发散.

易知，如果柯西主值积分发散，则无穷积分必发散，但反之不真. 在概率论、复变函数等领域中也经常会用到反常积分的柯西主值的概念.

例 4　考虑概率论中下面反常积分的敛散性：

$$\int_{-\infty}^{+\infty} \frac{x}{1+x^2}\mathrm{d}x.$$

解　由于 $\dfrac{x}{1+x^2}$ 是奇函数，易知 $\displaystyle\lim_{A\to+\infty}\int_{-A}^{+A} \frac{x}{1+x^2}\mathrm{d}x = 0$，所以

$$\mathrm{V.P.}\int_{-\infty}^{+\infty} \frac{x}{1+x^2}\mathrm{d}x = 0,$$

即柯西主值积分收敛. 但是，由于

$$\lim_{A\to-\infty}\int_A^0 \frac{x}{1+x^2}\mathrm{d}x = -\frac{1}{2}\lim_{A\to-\infty}\ln(1+A^2) = -\infty.$$

故反常积分 $\int_{-\infty}^{+\infty} \frac{x}{1+x^2}\mathrm{d}x$ 发散.

下面我们再来介绍一下判断反常积分敛散性的其他判别法.

定理 6.8（比较判别法 1）　设 $f(x)\geqslant g(x)>0$，$f(x)$ 与 $g(x)$ 均在 $[a,+\infty]$ 连续. 证明：若 $\int_a^{+\infty} f(x)\mathrm{d}x$ 收敛，则 $\int_a^{+\infty} g(x)\mathrm{d}x$ 收敛. 若 $\int_a^{+\infty} g(x)\mathrm{d}x$ 发散，则 $\int_a^{+\infty} f(x)\mathrm{d}x$ 发散.

证明　由反常积分定义，有

$$\int_a^{+\infty} f(x)\mathrm{d}x = \lim_{x\to+\infty}\int_a^x f(x)\mathrm{d}x,$$

$$\int_a^{+\infty} g(x)\mathrm{d}x = \lim_{x\to+\infty}\int_g^x g(x)\mathrm{d}x.$$

由 $f(x)\geqslant g(x)>0$，$\int_a^x g(t)\mathrm{d}t$ 单调上升.

若 $\int_a^{+\infty} f(x)\mathrm{d}x$ 收敛，则 $\int_a^x g(t)\mathrm{d}t \leqslant \int_a^{+\infty} f(x)\mathrm{d}x$，即 $\int_a^x g(t)\mathrm{d}t$ 有界.

由单调有界必收敛原理，可知 $\int_a^{+\infty} g(x)\mathrm{d}x$ 收敛.

反之，由反证法，若 $\int_a^{+\infty} g(x)\mathrm{d}x$ 发散，则必有 $\int_a^{+\infty} f(x)\mathrm{d}x$ 发散. □

由此判别法，我们不难给出下面反常积分的敛散性：

例 5　判断 $\int_{-\infty}^{+\infty} \dfrac{\arctan x}{1+|x|}\mathrm{d}x$ 的敛散性.

解　当 $x\in[1,+\infty)$ 时，有

$$\frac{\arctan x}{1+|x|}\geqslant \frac{\dfrac{\pi}{4}}{2x}=\frac{\pi}{8}\frac{1}{x}>0.$$

由例 3 知，反常积分 $\int_1^{+\infty} \dfrac{1}{x}\mathrm{d}x = +\infty$ 发散，所以由上述定理 6.8 可知

$$\int_1^{+\infty} \frac{\arctan x}{1+|x|}\mathrm{d}x$$

发散，从而反常积分

$$\int_{-\infty}^{+\infty} \frac{\arctan x}{1+|x|}\mathrm{d}x$$

发散. □

由上面例 3 可知，对于反常积分 $\int_a^{+\infty} \dfrac{\mathrm{d}x}{x^p}(a>0)$，当 $p>1$ 时，收敛；当 $p\leqslant 1$ 时，发散. 因此，取 $g(x)=\dfrac{A}{x^p}$ $(A>0)$，立即可得以下反常积分的判别法.

定理 6.9　（比较判别法 2）　设函数 $f(x)$ 在区间 $[a,+\infty)$ $(a>0)$ 上连续，且 $f(x)\geqslant 0$. 如果存在常数 $M>0$ 及 $p>1$，使得 $f(x)\leqslant\dfrac{M}{x^p}$ $(a\leqslant x<+\infty)$，那么反常积分 $\int_a^{+\infty} f(x)\mathrm{d}x$ 收敛；

如果存在常数 $N>0$，使得 $f(x)\leqslant\dfrac{N}{x}$ $(a\leqslant x<+\infty)$，那么反常

积分 $\displaystyle\int_a^{+\infty}f(x)\mathrm{d}x$ 发散.

例 6　判断反常积分 $\displaystyle\int_1^{+\infty}\dfrac{\mathrm{d}x}{\sqrt[3]{x^4+1}}$ 的敛散性.

解　由于 $0<\dfrac{1}{\sqrt[3]{x^4+1}}<\dfrac{1}{\sqrt[3]{x^4}}$，根据定理 6.9，这个反常积分

收敛.

由定理 6.9，我们又可以得到下述应用时也很方便的极限判别法：

定理 6.10　（极限判别法 1）设函数 $f(x)$ 在区间 $[a,+\infty)$ $(a>0)$ 上连续，且 $f(x)\geqslant 0$. 如果存在常数 $p>1$，使得 $\lim\limits_{x\to+\infty}x^pf(x)=c<+\infty$，那么，反常积分 $\displaystyle\int_a^{+\infty}f(x)\mathrm{d}x$ 收敛；如果 $\lim\limits_{x\to+\infty}xf(x)=d>0$ $\left[\text{或}\lim\limits_{x\to+\infty}xf(x)=+\infty\right]$，那么反常积分 $\displaystyle\int_a^{+\infty}f(x)\mathrm{d}x$ 发散.

证明　由假设 $\lim\limits_{x\to+\infty}x^pf(x)=c$ $(p>1)$. 根据极限的定义，存在充分大的 b $(b\geqslant a,\ b>0)$，当 $x>b$ 时，必有
$$|x^pf(x)-c|<1,$$
因此
$$0\leqslant x^pf(x)<1+c.$$

令 $1+c=M>0$，于是在区间 $b<x<+\infty$ 内，不等式 $0\leqslant f(x)<\dfrac{M}{x^p}$ 成立. 由比较判别法 2，可知 $\displaystyle\int_b^{+\infty}f(x)\mathrm{d}x$ 收敛. 而

$$\int_a^{+\infty}f(x)\mathrm{d}x=\lim_{t\to+\infty}\int_a^tf(x)\mathrm{d}x=\lim_{t\to+\infty}\left[\int_a^bf(x)\mathrm{d}x+\int_b^tf(x)\mathrm{d}x\right]$$

$$=\int_a^bf(x)\mathrm{d}x+\lim_{t\to+\infty}\int_b^tf(x)\mathrm{d}x$$

$$=\int_a^bf(x)\mathrm{d}x+\int_b^{+\infty}f(x)\mathrm{d}x,$$

故反常积分 $\displaystyle\int_a^{+\infty}f(x)\mathrm{d}x$ 收敛.

如果 $\lim\limits_{x\to+\infty}xf(x)=d>0$（或 $+\infty$），那么存在充分大的 b，当 $x>b$ 时，必有
$$|xf(x)-d|<\dfrac{d}{2}.$$

由此，得

$$xf(x)>\dfrac{d}{2}.$$

（当 $\lim\limits_{x \to +\infty} xf(x) = +\infty$ 时，可取 d 为任意正数）．令 $\dfrac{d}{2} = N > 0$，

于是在区间 $b < x < +\infty$ 内，有不等式 $f(x) \geqslant \dfrac{N}{x}$ 成立．根据比较

判别法 2 知 $\displaystyle\int_b^{+\infty} f(x)\mathrm{d}x$ 发散，从而反常积分 $\displaystyle\int_a^{+\infty} f(x)\mathrm{d}x$ 发散．

$\square$

例 7 判断反常积分 $\displaystyle\int_1^{+\infty} \dfrac{\arctan x}{x}\mathrm{d}x$ 的敛散性．

解 由于

$$\lim_{x \to +\infty} x \,\frac{\arctan x}{x} = \lim_{x \to +\infty} \arctan x = \frac{\pi}{2},$$

根据极限判别法，可知反常积分 $\displaystyle\int_1^{+\infty} \dfrac{\arctan x}{x}\mathrm{d}x$ 发散．

不局限于被积函数只能取正值，我们有如下的结论：

定理 6.11 （比较判别法 3） 设函数 $f(x)$ 在区间 $[a, +\infty)$ $(a > 0)$ 上连续，如果反常积分

$$\int_a^{+\infty} |f(x)|\mathrm{d}x$$

收敛，那么反常积分

$$\int_a^{+\infty} f(x)\mathrm{d}x$$

也收敛．

证明 令 $\varphi(x) = \dfrac{1}{2}[f(x) + |f(x)|]$．于是 $\varphi(x) \geqslant 0$，且 $\varphi(x) \leqslant |f(x)|$，而

$$\int_a^{+\infty} |f(x)\mathrm{d}x$$

收敛，由比较判别法 2，可知

$$\int_a^{+\infty} \varphi(x)\mathrm{d}x$$

也收敛．但 $f(x) = 2\varphi(x) - |f(x)|$．因此，有

$$\int_a^{+\infty} f(x)\mathrm{d}x = 2\int_a^{+\infty} \varphi(x)\mathrm{d}x - \int_a^{+\infty} |f(x)|\mathrm{d}x,$$

可见反常积分 $\displaystyle\int_a^{+\infty} f(x)\mathrm{d}x$ 是两个收敛的反常积分的差，因此它是收敛的．

$\square$

通常称满足定理 6.11 的反常积分

$$\int_a^{+\infty} f(x)\mathrm{d}x$$

绝对收敛．于是，定理 6.11 可以改写为：绝对收敛的反常积分

$$\int_a^{+\infty} f(x)\,\mathrm{d}x$$

必定收敛.

看到这里，读者可以在以后学到无穷级数这一章时，仔细体会反常积分的敛散性判别方法和无穷级数敛散性判别方法之间的联系有哪些. 到那时，看看你能得到哪些结论.

练习 1. 讨论下列反常积分的敛散性. 若收敛，求其值.

(1) $\displaystyle\int_1^{+\infty} \frac{1}{x^4}\,\mathrm{d}x$;

(2) $\displaystyle\int_{-\infty}^{+\infty} \frac{\mathrm{d}x}{x^2+2x+2}$;

(3) $\displaystyle\int_0^{+\infty} \mathrm{e}^{-kx}\cos x\,\mathrm{d}x$;

(4) $\displaystyle\int_3^{+\infty} \frac{\mathrm{d}x}{(x-1)^4\sqrt{x^2-2x}}$;

(5) $\displaystyle\int_e^{+\infty} \frac{\mathrm{d}x}{x\ln^k x}$.

练习 2. 考虑下列概率论中无穷积分的敛散性：

$$\int_{-\infty}^{+\infty} \frac{|x|}{1+x^2}\,\mathrm{d}x.$$

练习 3. 判定反常积分 $\displaystyle\int_0^{+\infty} \mathrm{e}^{-ax}\sin bx\,\mathrm{d}x\,(a,b$ 都是常数，且 $a>0)$ 的敛散性.

6.4.2　无界函数的反常积分

我们接下来考虑被积函数无界的情形，仍先考虑一个具体例子.

求由曲线 $y=\dfrac{1}{\sqrt{x}}$ $(x>0)$、x 轴、y 轴和直线 $x=1$ 所围成的开口曲边梯形的面积（见图 6.6）. 按定积分的几何意义，这个曲边梯形的面积形式上可写成

$$\int_0^1 \frac{1}{\sqrt{x}}\,\mathrm{d}x.$$

但是，因为被积函数无界，故在黎曼积分的定义下，它是无意义的. 可是，对于任意 $\varepsilon\in(0,1)$，积分

$$\int_\varepsilon^1 \frac{1}{\sqrt{x}}\,\mathrm{d}x$$

是有意义的（见图 6.7）. 显然，介于直线 $x=\varepsilon$ 与 $x=1$ 之间的曲边梯形的面积为

$$A(\varepsilon)=\int_{\varepsilon}^{1}\frac{1}{\sqrt{x}}\mathrm{d}x=2(1-\sqrt{\varepsilon}).$$

当 $\varepsilon>0$ 越小时，这块面积就越接近开口曲边梯形的面积. 由极限的思想，有理由认为上述开口曲边梯形的面积是当 ε（>0）趋向于零时 $A(\varepsilon)$ 的极限，即规定

$$\int_{0}^{1}\frac{1}{\sqrt{x}}\mathrm{d}x=\lim_{\varepsilon\to0^{+}}\int_{\varepsilon}^{1}\frac{1}{\sqrt{x}}\mathrm{d}x=2.$$

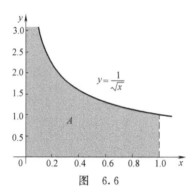

图　6.6

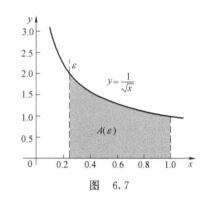

图　6.7

因此一般地，我们有：

定义 6.4　若对于任意 $\varepsilon>0$，$f(x)$ 在 $[a+\varepsilon,b]$ 上可积，在 a 点右邻域内 $f(x)$ 无界（称 a 为瑕点），称极限

$$\lim_{\varepsilon\to0}\int_{a+\varepsilon}^{b}f(x)\mathrm{d}x$$

为无界函数 $f(x)$ 在 $(a,b]$ 上的反常积分（或瑕积分），记为 $\int_{a}^{b}f(x)\mathrm{d}x$．即

$$\int_{a}^{b}f(x)\mathrm{d}x=\lim_{\varepsilon\to0}\int_{a+\varepsilon}^{b}f(x)\mathrm{d}x.$$

当这个极限存在时，则称反常积分 $\int_{a}^{b}f(x)\mathrm{d}x$ 收敛，否则称它发散.

同样，若对于任意 $\varepsilon>0$，$f(x)$ 在 $[a,b-\varepsilon]$ 上可积，在 b 的左邻域内 $f(x)$ 无界（称 b 为瑕点），定义反常积分

$$\int_{a}^{b}f(x)\mathrm{d}x=\lim_{\varepsilon\to0}\int_{a}^{b-\varepsilon}f(x)\mathrm{d}x.$$

若对于任意 ε_1，$\varepsilon_2>0$，$f(x)$ 在 $[a,d-\varepsilon_1]$ 和 $[d+\varepsilon_2,b]$ 上都可积，且在点 d 的邻域内 $f(x)$ 无界，定义反常积分

$$\int_a^b f(x)\mathrm{d}x = \int_a^d f(x)\mathrm{d}x + \int_d^b f(x)\mathrm{d}x$$

$$= \lim_{\varepsilon_1 \to 0} \int_a^{d-\varepsilon_1} f(x)\mathrm{d}x + \lim_{\varepsilon_2 \to 0} \int_{d+\varepsilon_2}^b f(x)\mathrm{d}x.$$

其中，只有当两个反常积分 $\int_a^d f(x)\mathrm{d}x$ 和 $\int_d^b f(x)\mathrm{d}x$ 都收敛时，

反常积分 $\int_a^b f(x)\mathrm{d}x$ 才是收敛的.

例 8　有一热电子 e 从原点处的阴极发出（见图 6.8），射向 $x=b$ 处的板极，已知飞行速度 v 与飞过的距离的平方根成正比，即

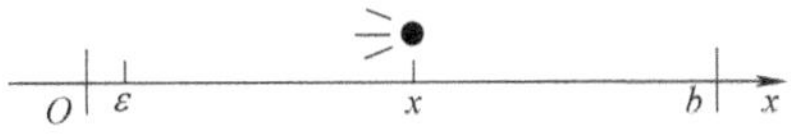

图　6.8

$$\frac{\mathrm{d}x}{\mathrm{d}t} = k\sqrt{x},$$

其中，k 为常数，求热电子 e 从阴极到板极飞行的时间.

解　时间 t 花费在 $x=0$ 到 $x=b$ 的路途上，在小路段 $[x, x+\mathrm{d}x]$ 上，用去的时间为

$$\mathrm{d}t = \frac{1}{k\sqrt{x}}\mathrm{d}x,$$

所以热电子 e 从 $x=0$ 到 $x=b$ 的飞行时间为

$$T = \int_0^b \frac{1}{k\sqrt{x}}\mathrm{d}x = \lim_{\varepsilon \to 0^+}\int_\varepsilon^b \frac{\mathrm{d}x}{k\sqrt{x}} = \lim_{\varepsilon \to 0^+} \frac{2}{k}\sqrt{x}\,\Big|_\varepsilon^b = \frac{2}{k}\sqrt{b}.$$

当 $f(x) \in C[a,b)$，且 b 为瑕点，$F(x)$ 是 $f(x)$ 的原函数时，为方便计，常把瑕积分写为

$$\int_a^b f(x)\mathrm{d}x = F(x)\,\Big|_a^b = F(b^-) - F(a).$$

如果 $f(x) \in C(a,b]$，且 a 为瑕点，则记

$$\int_a^b f(x)\mathrm{d}x = F(x)\,\Big|_{a^+}^b = F(b) - F(a^+).$$

如果瑕点在积分区间内部，通常要用瑕点将区间分开，分别讨论各子区间上的瑕积分，只要有一个瑕积分发散，则整个瑕积分发散. 但如果 $f(x)$ 的原函数 $F(x) \in C[a,b]$，则

$$\int_a^b f(x)\mathrm{d}x = F(x)\,\Big|_a^b = F(b) - F(a).$$

上式的证明留给读者作为练习.

例 9　$\displaystyle\int_0^a \frac{\mathrm{d}x}{\sqrt{a^2-x^2}} = \arcsin\frac{x}{a}\,\Big|_0^a = \frac{\pi}{2}.$

例 10　试证积分 $\displaystyle\int_0^1 \frac{1}{x^q}\mathrm{d}x$ 当 $q<1$ 时收敛，当 $q \geqslant 1$ 时发散.

证明 当 $q=1$ 时，

$$\int_0^1 \frac{1}{x^q}\mathrm{d}x = \int_0^1 \frac{1}{x}\mathrm{d}x = \ln x \Big|_{0^+}^1 = +\infty.$$

当 $q \neq 1$ 时，

$$\int_0^1 \frac{1}{x^q}\mathrm{d}x = \frac{1}{1-q}x^{1-q}\Big|_{0^+}^1 = \begin{cases} \dfrac{1}{1-q}, & \text{当 } q<1 \text{ 时,} \\ +\infty, & \text{当 } q>1 \text{ 时.} \end{cases}$$

故当 $q<1$ 时，反常积分 $\int_0^1 \frac{1}{x^q}\mathrm{d}x$ 收敛，当 $q \geqslant 1$ 时发散. □

这个积分称为第二类 p 积分. 这个结果也时常会用到.

例 11 判定 $\int_0^{\pi/2} \frac{\cos x}{\sqrt{x}}\mathrm{d}x$ 的敛散性.

解 当 $0<x\leqslant 1$ 时，

$$0 < \frac{\cos x}{\sqrt{x}} \leqslant \frac{1}{\sqrt{x}}.$$

由例 10 知 $\int_0^1 \frac{1}{\sqrt{x}}\mathrm{d}x$ 收敛，根据反常积分定义知

$$\int_0^1 \frac{\cos x}{\sqrt{x}}\mathrm{d}x$$

收敛，从而 $\int_0^{\pi/2} \frac{\cos x}{\sqrt{x}}\mathrm{d}x$ 收敛（留给读者作为练习）.

例 12 判定 $\int_{-1}^1 \frac{1}{x}\mathrm{d}x$ 的敛散性.

解 由于 $\int_0^1 \frac{1}{x}\mathrm{d}x$ 发散，所以 $\int_{-1}^1 \frac{1}{x}\mathrm{d}x$ 发散.

如果误认为 $\int_{-1}^1 \frac{1}{x}\mathrm{d}x$ 是定积分，则 $\int_{-1}^1 \frac{1}{x}\mathrm{d}x = 0$. 或认为

$\int_{-1}^1 \frac{1}{x}\mathrm{d}x = \lim_{\varepsilon \to 0^+} \left(\int_{-1}^{-\varepsilon} \frac{1}{x}\mathrm{d}x + \int_{\varepsilon}^1 \frac{1}{x}\mathrm{d}x \right) = 0$，得到的结果都是错误的！

例 13 计算 $\int_0^{3a} \frac{2x\,\mathrm{d}x}{(x^2-a^2)^{2/3}}$.

解 $x=a$ 是被积函数在积分区间内的第二类间断点，但原函数 $3(x^2-a^2)^{\frac{1}{3}}$ 在 $[0,3a]$ 上连续，故

$$\int_0^{3a} \frac{2x\,\mathrm{d}x}{(x^2-a^2)^{2/3}} = 3(x^2-a^2)^{\frac{1}{3}}\Big|_0^{3a} = 9a^{\frac{2}{3}}.$$

事实上，由例 10，我们可以得出反常积分 $\int_a^b \frac{\mathrm{d}x}{(x-a)^q}$，当 $q<1$ 时收敛，当 $q \geqslant 1$ 时发散. 于是，与广义积分的判别法类似，

我们得到如下的关于瑕积分敛散性的判别方法：

定理 6.12 （比较判别法 4）　设函数 $f(x)$ 在区间 $(a,b]$ 上连续，且 $f(x)\geqslant 0$，$x=a$ 为 $f(x)$ 的瑕点. 如果存在常数 $M>0$ 及 $q<1$，使得

$$f(x)\leqslant \frac{M}{(x-a)^q} \quad (a<x\leqslant b),$$

那么反常积分 $\int_a^b f(x)\mathrm{d}x$ 收敛. 如果存在常数 $N>0$，使得

$$f(x)\geqslant \frac{N}{x-a} \quad (a<x\leqslant b),$$

那么反常积分 $\int_a^b f(x)\mathrm{d}x$ 发散.

定理 6.13 （极限判别法 2）　设函数 $f(x)$ 在区间 $(a,b]$ 上连续，且 $f(x)\geqslant 0$，$x=a$ 为 $f(x)$ 的瑕点，如果存在常数 $0<q<1$，使得

$$\lim_{x\to a^+}(x-a)^q f(x)$$

存在，那么反常积分 $\int_a^b f(x)\mathrm{d}x$ 收敛. 如果

$$\lim_{x\to a^+}(x-a)f(x)=d>0 \quad \left[\text{或}\lim_{x\to a^+}(x-a)f(x)=+\infty\right],$$

则反常积分 $\int_a^b f(x)\mathrm{d}x$ 发散.

例 14　判断反常积分

$$\int_0^1 \frac{1}{\sqrt{x}}\sin\frac{1}{x}\mathrm{d}x$$

的敛散性.

解　由于

$$\left|\frac{1}{\sqrt{x}}\sin\frac{1}{x}\right|\leqslant\frac{1}{\sqrt{x}},$$

而 $\int_0^1 \frac{1}{\sqrt{x}}\mathrm{d}x$ 收敛，根据比较判别法 4，反常积分 $\int_0^1 \left|\frac{1}{\sqrt{x}}\sin\frac{1}{x}\right|\mathrm{d}x$ 收敛，因而反常积分 $\int_0^1 \frac{1}{\sqrt{x}}\sin\frac{1}{x}\mathrm{d}x$ 也收敛.

例 15　判断反常积分

$$\int_1^3 \frac{\mathrm{d}x}{\ln x}$$

的敛散性.

解　可知 $x=1$ 是被积函数的瑕点，由洛必达法则，有

$$\lim_{x \to 1^+} (x-1)\frac{1}{\ln x} = \lim_{x \to 1^+} \frac{1}{\frac{1}{x}} = 1 > 0,$$

根据极限判别法 2，反常积分 $\int_1^3 \dfrac{\mathrm{d}x}{\ln x}$ 发散.

练习 4. 讨论下列反常积分的敛散性. 若收敛，求其值.

(1) $\displaystyle\int_{-2}^2 \frac{\mathrm{d}x}{x^2-1}$ ；　　(2) $\displaystyle\int_0^2 \frac{\mathrm{d}x}{x\ln x}$ ；

(3) $\displaystyle\int_1^e \frac{\mathrm{d}x}{\sqrt{1-\ln^2 x}}$ ；　　(4) $\displaystyle\int_2^6 \frac{\mathrm{d}x}{\sqrt[3]{(4-x)^2}}$ ；

(5) $\displaystyle\int_1^{+\infty} \frac{\mathrm{d}x}{x\sqrt{x^2-1}}$.

练习 5. 试证：

(1) $\displaystyle\int_0^1 \ln^n x\,\mathrm{d}x = (-1)^n n!$ 　　$(n \in \mathbf{N}_+)$ ；

(2) $\displaystyle\int_0^{+\infty} \mathrm{e}^{-x} x^m\,\mathrm{d}x = m!$ 　　$(m \in \mathbf{N}_+)$.

练习 6. 设 $f(x) \geqslant g(x) > 0$，当 $x \in [a,+\infty)$ 时，猜想两个反常积分

$$\int_a^{+\infty} f(x)\mathrm{d}x \text{ 和 } \int_a^{+\infty} g(x)\mathrm{d}x$$

在敛散性方面是否有某种必然关系，证明你的猜想，并讨论下列反常积分的敛散性.

(1) $\displaystyle\int_1^{+\infty} \frac{\sin^2 x + \sqrt{x}}{x^2 + x + 2}\mathrm{d}x$ ；

(2) $\displaystyle\int_1^{+\infty} \frac{4}{x^{\frac{1}{2}} + x^{\frac{2}{3}} + x^{\frac{3}{4}} + x^{\frac{4}{5}}}\mathrm{d}x$ ；

(3) $\displaystyle\int_{-\infty}^{+\infty} \frac{\arctan x}{x}\mathrm{d}x$.

练习 7. 判断椭圆积分

$$\int_0^1 \frac{\mathrm{d}x}{\sqrt{(1-x^2)(1-k^2x^2)}} \quad (k^2 < 1)$$

的敛散性.

6.5 定积分的应用

6.5.1 微元法

在引入定积分的概念时，我们看到：几何与物理中的许多量

实际上是某一函数 $f(x)$ 在区间 $[a,b]$ 上的定积分 $I = \int_a^b f(x)\mathrm{d}x$.

为建立起积分表达式，我们按照：分割、作积、求和、取极限的过程进行. 对每个问题都这样做，显然是烦琐的，不便于应用. 本节介绍一种简便、常用的方法——微元法，其实质是以更加精简的方法建立积分表达式.

为一般化起见，对 $[a,b]$ 分割后，设 $[x,x+\mathrm{d}x]$ 为其任一小区间，作近似

$$\Delta I \approx f(x)\Delta x = f(x)\mathrm{d}x. \tag{6.5.1}$$

我们还可以从另一观点得到上式. 假设 $f(x) \in C\,[a,b]$. 考虑积分上限函数

$$I(x) = \int_a^x f(t)\mathrm{d}t,$$

则

$$\mathrm{d}I = f(x)\mathrm{d}x.$$

可见在记号 $\int_a^b f(x)\mathrm{d}x$ 中的被积表达式实质上是量 I 在 x 处的微分. 习惯上称 $f(x)\mathrm{d}x$ 为**积分微元**，简称**微元**. 由于

$$\Delta I = f(x)\mathrm{d}x + o(\Delta x), \tag{6.5.2}$$

因此，建立积分表达式的关键是选择好满足式（6.5.2）的微元，然后所求的量便是

$$\int_a^b f(x)\mathrm{d}x.$$

这就是用微元法建立积分表达式的过程.

下面通过一些实例来阐述微元法在某些几何、物理问题中的应用.

6.5.2 定积分在几何问题中的应用

1. 平面图形的面积

下面我们根据不同坐标系下的曲线方程给出平面图形的面积公式.

（1）直角坐标系下平面图形的面积. 设平面图形是由曲线 $y=f(x)$、$y=g(x)$ 及直线 $x=a$、$x=b$ 所围成（称为 x-型区域），其中 $f(x) \geqslant g(x)$，且均在 $[a,b]$ 上连续（见图 6.9a）.

取 $[a,b]$ 上任一小区间 $[x,x+\mathrm{d}x]$，其对应的小曲边形面积 ΔS 可以近似为小矩形面积，即

$$\Delta S \approx [f(x)-g(x)]\mathrm{d}x = \mathrm{d}S,$$

$\mathrm{d}S$ 即为所需求的面积微元. 于是所求的面积为

$$S = \int_a^b [f(x) - g(x)] dx. \tag{6.5.3}$$

同样地，由曲线 $x = f(y)$、$x = g(y)$ [$f(y) \geqslant g(y)$] 和直线 $y = c$、$y = d$ 围成的区域（称为 y-型区域）的面积（见图 6.9b）为

$$S = \int_c^d [f(y) - g(y)] dy. \tag{6.5.4}$$

一般情况下，由曲线围成的区域，总可以分成若干块 x-型区域或 y-型区域. 如图 6.9c 所示，只要分别算出每块的面积再相加即可.

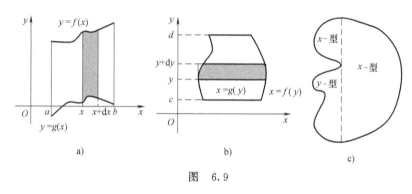

图 6.9

例 1　求由抛物线 $y = x^2$ 和 $y^2 = x$ 所围成的平面图形（见图 6.10）的面积.

解　解联立方程

$$\begin{cases} y = x^2, \\ x = y^2, \end{cases}$$

求得交点 $(0, 0)$ 和 $(1, 1)$，由式 (6.5.3) 知此图形的面积为

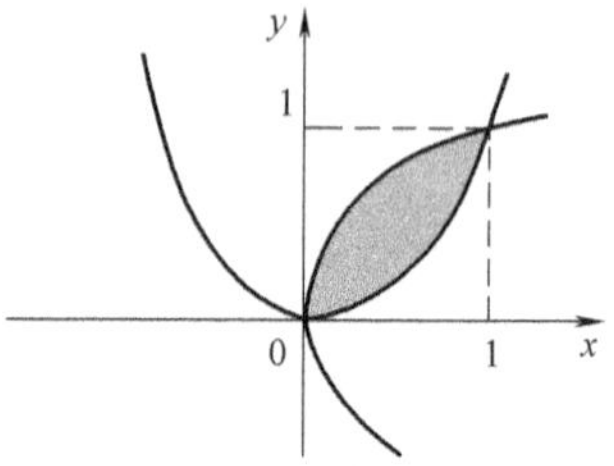

图 6.10

$$S = \int_0^1 (\sqrt{x} - x^2) dx$$

$$= \left(\frac{2}{3} x^{\frac{3}{2}} - \frac{1}{3} x^3 \right) \Big|_0^1 = \frac{2}{3} - \frac{1}{3} = \frac{1}{3}.$$

此题也可以看成 y-型区域，利用式 (6.5.4) 可同样求得.

例 2　求抛物线 $y^2 = 2x$ 与直线 $y = x - 4$ 围成的平面图形的面积（见图 6.11）.

解　此题宜取 y 为积分变量，即用式 (6.5.4). 解联立方程

$$\begin{cases} y^2 = 2x, \\ y = x - 4, \end{cases}$$

得交点 $A(2, -2)$、$B(8, 4)$. 积分区间为 $[-2, 4]$，于是

$$S = \int_{-2}^{4} \left(y + 4 - \frac{1}{2}y^2 \right) dy$$

$$= \left(\frac{y^2}{2} + 4y - \frac{y^3}{6} \right) \Big|_{-2}^{4} = 18.$$

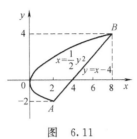

图 6.11

此题若以 x 为积分变量,则因为这时区域下方边界曲线方程是两个函数,故需要分两块计算.

(2)用参数方程表示的曲线所围成平面图形的面积.如果在 $[a,b]$ 上,平面图形的曲边由参数方程

$$l: x = x(t), \quad y = y(t) \geqslant 0$$

给出,$y(t) \in C[t_1, t_2]$,$x(t) \in C^1[t_1, t_2]$,且 $x(t_1) = a$,$x(t_2) = b$,则平面图形的面积

$$S = \int_{t_1}^{t_2} y(t) x'(t) dt, \tag{6.5.5}$$

其中,t_1 和 t_2 是曲边的起点和终点对应的参数值.

例 3 求长半轴为 a、短半轴为 b 的椭圆的面积.

解 椭圆的参数方程为

$$\begin{cases} x = a\cos t, \\ y = b\sin t, \end{cases}$$

由于椭圆的图形关于两个坐标轴对称,所以只需计算第一象限中图形的面积,然后四倍之就得到总面积.

当 $x = 0$ 时,$t = \frac{\pi}{2}$;当 $x = a$ 时,$t = 0$. $dx = -a\sin t \, dt$,故由式(6.5.5),得

$$S = 4\int_{\frac{\pi}{2}}^{0} b\sin t \, d(a\cos t) = 4ab\int_{0}^{\frac{\pi}{2}} \sin^2 t \, dt$$

$$= 4ab \cdot \frac{1}{2} \cdot \frac{\pi}{2} = \pi ab.$$

当 $a = b = r$ 时,椭圆变成了圆,其面积就是熟知的 πr^2.

(3)极坐标下平面图形的面积.考虑由极坐标方程 $r = r_1(\theta)$,$r = r_2(\theta)$ $(r_1 \leqslant r_2)$ 给出的两条平面曲线和射线 $\theta = \alpha$、$\theta = \beta (\alpha < \beta)$ 所围成的图形的面积 S(见图 6.12).

因为图形在极角区间 $[\alpha, \beta]$ 上,从中任取一小极角区间 $[\theta, \theta + d\theta]$,对应的面积微元为

$$dS = \frac{1}{2} [r_2^2(\theta) - r_1^2(\theta)] d\theta,$$

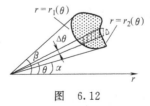

图 6.12

从而所求的面积为

$$S = \frac{1}{2} \int_\alpha^\beta [r_2^2(\theta) - r_1^2(\theta)] \mathrm{d}\theta. \tag{6.5.6}$$

例4　求对数螺线段

$$r = a\,\mathrm{e}^{b\theta}, 0 \leqslant \theta \leqslant \pi \quad (a \text{、} b \text{ 为正常数})$$

与 r 轴围成的图形的面积（见图 6.13）.

解　由式（6.5.6），有

$$S = \frac{1}{2} \int_0^\pi a^2 \mathrm{e}^{2b\theta} \mathrm{d}\theta = \frac{a^2}{4b} \mathrm{e}^{2b\theta} \Big|_0^\pi$$

$$= \frac{a^2}{4b} (\mathrm{e}^{2b\pi} - 1).$$

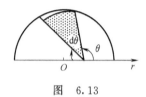

图　6.13

用定积分计算图形面积时，首先应画出图形；然后选取积分变量，并确定积分区间；最后写出面积微元，进行积分.

例5　设 $a > 1$，当 $x \in [a, b]$ 时，有

$$kx + q \geqslant \ln x.$$

求使积分

$$I = \int_a^b (kx + q - \ln x) \mathrm{d}x$$

取最小值时的 k 与 q 之值.

解　若使积分 I 最小，此时直线 $y = kx + q$ 应与曲线 $y = \ln x$ 相切. 故 $k = (\ln x)' = \dfrac{1}{x}$，切点坐标为 $(k^{-1}, -\ln k)$. 故切线方程为

$$y = kx - 1 - \ln k \quad (\text{令 } q = -1 - \ln k),$$

从而

$$I = \int_a^b (kx + q - \ln x) \mathrm{d}x$$

$$= \frac{k}{2}(b^2 - a^2) - (1 + \ln k)(b - a) - (b\ln b - a\ln a - b + a).$$

令

$$\frac{\mathrm{d}I}{\mathrm{d}k} = \frac{1}{2}(b^2 - a^2) - \frac{b - a}{k} = 0.$$

解得驻点 $k = \dfrac{2}{a+b}$，此时 $q = \ln \dfrac{a+b}{2} - 1$. 由于

$$\frac{\mathrm{d}^2 I}{\mathrm{d}k^2} = \frac{b - a}{k^2} > 0,$$

所以当 $k = \dfrac{2}{a+b}$，$q = \ln \dfrac{a+b}{2} - 1$ 时，I 的值最小.

练习 1. 求曲线 $ax = y^2$ 及 $ay = x^2$ 围成的图形的面积 $(a > 0)$.

练习 2. 求曲线 $y = x(x-1)(x-2)$ 和 x 轴围成的图形的面积.

练习 3. 试确定闭曲线 $y^2 = (1-x^2)^3$ 所围图形的面积.

练习 4. 求曲线 $\sqrt{x} + \sqrt{y} = \sqrt{a}$　$(a > 0)$ 与坐标轴所围图形的面积.

练习 5. 求摆线 $x = a(t - \sin t)$, $y = a(1 - \cos t)$ 的一拱与 x 轴围成的图形的面积.

练习 6. 求阿基米德螺线 $r = a\theta$ 的第一圈与极轴所围图形的面积.

2. 平面曲线的弧长

设以 A 为起点、B 为终点的曲线 $y = f(x)$, $a \leqslant x \leqslant b$. 若 $f(x)$ 在 $[a, b]$ 上连续可微, 则称此曲线是**光滑的**. 我们已在 4.6 节得到光滑曲线的弧长微元

$$\mathrm{d}s = \sqrt{1 + y'^2}\,\mathrm{d}x.$$

从而在 $[a, b]$ 上作定积分, 得到弧 $\overset{\frown}{AB}$ 的长度

$$s = \int_a^b \sqrt{1 + y'^2}\,\mathrm{d}x. \tag{6.5.7}$$

当弧 $\overset{\frown}{AB}$ 由参数方程 $x = \varphi(t)$, $y = \psi(t)$, $\alpha \leqslant t \leqslant \beta$ 表示时, 得

$$s = \int_\alpha^\beta \sqrt{[\varphi'(t)]^2 + [\psi'(t)]^2}\,\mathrm{d}t. \tag{6.5.8}$$

当弧 $\overset{\frown}{AB}$ 由极坐标方程 $r = r(\theta)$, $\alpha \leqslant \theta \leqslant \beta$ 表示时, 得

$$s = \int_\alpha^\beta \sqrt{[r(\theta)]^2 + [r'(\theta)]^2}\,\mathrm{d}\theta. \tag{6.5.9}$$

例 6　求抛物线 $y = x^2$ 由 $x = 0$ 到 $x = \dfrac{1}{2}$ 一段的弧长.

解　因为 $y' = 2x$, 由式 (6.5.7), 此段弧长为

$$s = \int_0^{\frac{1}{2}} \sqrt{1 + 4x^2}\,\mathrm{d}x = \frac{1}{2}\int_0^{\frac{\pi}{4}} \sec^3 u\,\mathrm{d}u \quad (\text{令 } x = \frac{1}{2}\tan u)$$

$$= \frac{1}{2}\left(\sec u \cdot \tan u \Big|_0^{\frac{\pi}{4}} - \int_0^{\frac{\pi}{4}} \tan^2 u \sec u\,\mathrm{d}u\right)$$

$$= \frac{1}{2}\left[\sqrt{2} - \int_0^{\frac{\pi}{4}} (1 - \cos^2 u) \sec^3 u\,\mathrm{d}u\right]$$

$$= \frac{\sqrt{2}}{2} - s + \frac{1}{2}\int_0^{\frac{\pi}{4}} \sec u\,\mathrm{d}u.$$

于是

$$s = \frac{\sqrt{2}}{4} + \frac{1}{4} \int_0^{\frac{\pi}{4}} \sec u \, du$$

$$= \frac{\sqrt{2}}{4} + \frac{1}{4} \ln|\sec u + \tan u| \Big|_0^{\frac{\pi}{4}}$$

$$= \frac{1}{4} [\sqrt{2} + \ln(1 + \sqrt{2})].$$

例7　求摆线（旋轮线）$x = a(\theta - \sin t)$，$y = a(1 - \cos\theta)$ 的一拱（$0 \leqslant \theta \leqslant 2\pi$）之长（见图 6.14）.

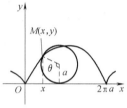

图　6.14

解　因旋转轮滚动一周，即 θ 从 0 变到 2π，旋轮轮周上定点走过的曲线段就是摆线的一拱. 又 $x'_\theta = a(1 - \cos\theta)$，$y'_\theta = a\sin\theta$，

$$\sqrt{x_\theta'^2 + y_\theta'^2} = \sqrt{a^2(1 - \cos\theta)^2 + a^2 \sin^2\theta}$$

$$= 2a\sin\frac{\theta}{2}, \quad 0 \leqslant \theta \leqslant 2\pi.$$

从而，摆线一拱长为

$$s = \int_0^{2\pi} 2a\sin\frac{\theta}{2} d\theta = -4a\cos\frac{\theta}{2} \Big|_0^{2\pi} = 8a.$$

例8　一根弹簧按等距螺线 $r = a\theta$ 盘绕，共 10 圈，螺距为 10，求弹簧长度.

解　将第一圈终点坐标 $(10, 2\pi)$ 代入方程，有 $2\pi a = 10$，得 $a = \frac{5}{\pi}$，故 $r = \frac{5}{\pi}\theta$. 因弹簧盘绕 10 圈，所以极角 $\theta \in [0, 20\pi]$. 又

$$\sqrt{r^2 + r'^2} = \sqrt{\left(\frac{5}{\pi}\theta\right)^2 + \left(\frac{5}{\pi}\right)^2} = \frac{5}{\pi}\sqrt{\theta^2 + 1},$$

代入式（6.5.9），得弹簧长为

$$s = \int_0^{20\pi} \frac{5}{\pi}\sqrt{\theta^2 + 1} d\theta = \frac{5}{\pi} \cdot \frac{1}{2} \left[\theta\sqrt{\theta^2 + 1} + \ln(\theta + \sqrt{\theta^2 + 1})\right] \Big|_0^{20\pi}$$

$$= \frac{5}{2\pi} [20\pi\sqrt{400\pi^2 + 1} + \ln(20\pi + \sqrt{400\pi^2 + 1})] \approx 3145.$$

练习 7. 求曲线 $y = \ln(1 - x^2)$ 在区间 $\left[0, \frac{1}{2}\right]$ 上的弧长.

练习 8. 求抛物线 $6y = x^2$ 自原点到点 $\left(4, \frac{8}{3}\right)$ 之间的一段的弧长.

练习 9. 求星形线 $x = a\cos^3 t$，$y = a\sin^3 t$（$a > 0$）的全长.

练习 10. 求心形线 $r = a(1+\cos\theta)$ 的全长.

3. 立体体积

已知平行截面面积为已知的立体的体积也可以用定积分来计算.

设有一立体，我们选取适当的直线作 x 轴（见图 6.15）. 若用垂直于 x 轴的平面族截该立体，截面面积为一已知函数 $S(x)$，又知立体位于平面 $x=a$ 和 $x=b$ 之间，求它的体积 V.

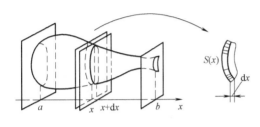

图　6.15

任取一小区间 $[x, x+\mathrm{d}x] \subset [a,b]$，相应的立体是一个厚度为 $\mathrm{d}x$ 的薄片，其体积近似等于以 $S(x)$ 为底、$\mathrm{d}x$ 为高的柱体体积，即体积微元是

$$\mathrm{d}V = S(x)\mathrm{d}x.$$

从 a 到 b 积分，便得到体积公式

$$V = \int_a^b S(x)\mathrm{d}x. \tag{6.5.10}$$

例 9　设有一正劈锥体[注]（见图 6.16），其底是以 a 为半径的圆，高为 h，顶刃宽等于底圆直径，求它的体积.

解　设顶刃在底圆上的正投影在 x 轴上，底圆的圆心为坐标原点. 过点 x 作垂直于坐标轴的平面，截正劈锥体后得到截面为等腰三角形 $\triangle ABC$. 显然，该等腰三角形的高为 h，底边

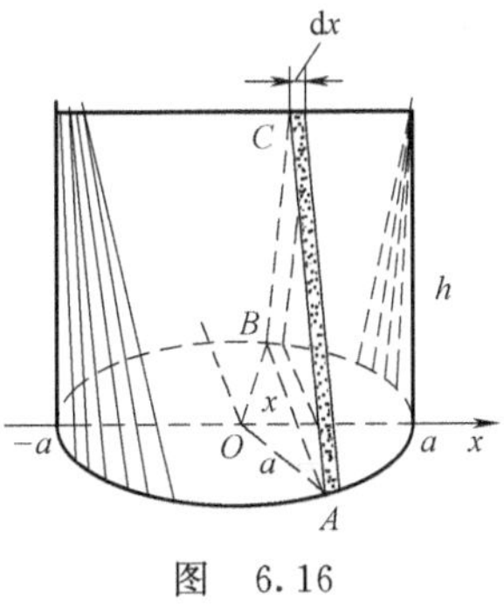

$$AB = 2\sqrt{a^2 - x^2},$$

图　6.16

[注] 经过一个圆柱体上底圆的直径作两张平面分别与下底圆相切，则圆柱体在这两张平面以下的部分就构成一个正劈锥体。——编辑注

故△ABC 的面积

$$S(x) = \frac{1}{2}h \cdot AB = h\sqrt{a^2 - x^2}.$$

于是由式（6.5.10），得正劈锥体体积为

$$V = \int_{-a}^{a} h\sqrt{a^2 - x^2}\,\mathrm{d}x = 2h\int_{0}^{a}\sqrt{a^2 - x^2}\,\mathrm{d}x$$

$$= 2h\,\frac{\pi a^2}{4} = \frac{1}{2}\pi a^2 h.$$

可见，这个正劈锥体的体积是与其同底等高的圆柱体体积的一半. □

式（6.5.10）常常用来求旋转体体积.

设有一连续曲线 $y = f(x)$ 与直线 $x = a$、$x = b$ 以及 x 轴围成的平面区域，绕 x 轴旋转一周形成一旋转体（见图 6.17）. 由于垂直于 x 轴（旋转轴）的截面都是圆，因此在 x 处截面面积为

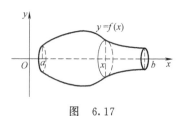

图　6.17

$$S(x) = \pi y^2 = \pi f^2(x),$$

根据式（6.5.10），得旋转体体积公式为

$$V = \pi\int_{a}^{b} f^2(x)\,\mathrm{d}x. \tag{6.5.11}$$

用微元法不难推出这个旋转体的侧面积（曲线 $y = f(x)$ 的旋转面面积）公式

$$S = 2\pi\int_{a}^{b} |f(x)|\sqrt{1 + f'^2(x)}\,\mathrm{d}x. \tag{6.5.12}$$

上式留给读者推证，并对 $f(x)$ 加适当的条件.

例 10　求星形线 $x^{\frac{2}{3}} + y^{\frac{2}{3}} = a^{\frac{2}{3}}$ 所围区域绕 x 轴旋转一周得到的旋转体（见图 6.18）的体积.

解　由于 $y^2 = (a^{\frac{2}{3}} - x^{\frac{2}{3}})^3$，所以

$$V = 2\pi\int_{0}^{a} (a^{\frac{2}{3}} - x^{\frac{2}{3}})^3\,\mathrm{d}x$$

$$= 2\pi\int_{0}^{a} (a^2 - 3a^{\frac{4}{3}}x^{\frac{2}{3}} + 3a^{\frac{2}{3}}x^{\frac{4}{3}} - x^2)\,\mathrm{d}x$$

$$= \frac{32}{105}\pi a^3.$$

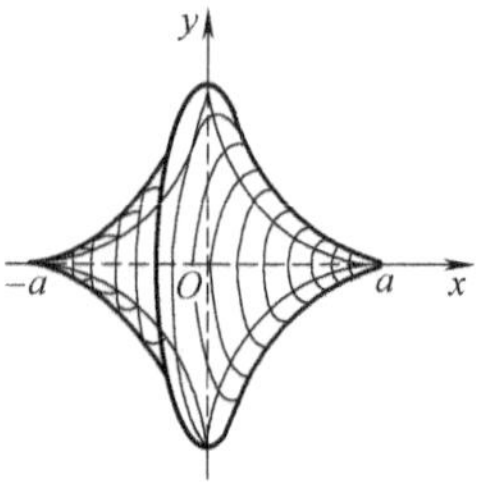

图　6.18

例 11　求半径为 r 的圆绕同平面内圆外一条直线旋转成的圆环体的体积，设圆心到直线的距离为 R（$R \geqslant r$）.

解法 1　建立坐标系如图 6.19 所示，圆的方程为

$$x^2 + (y - R)^2 = r^2.$$

所求的圆环体体积可以看作是上半圆下的曲边梯形和下半圆下的曲边梯形各绕 x 轴旋转一周, 得到的两个旋转体体积之差, 故

$$V = \pi \int_{-r}^{r} (R + \sqrt{r^2 - x^2})^2 \, \mathrm{d}x - \pi \int_{-r}^{r} (R - \sqrt{r^2 - x^2})^2 \, \mathrm{d}x$$

$$= 4\pi R \int_{-r}^{r} \sqrt{r^2 - x^2} \, \mathrm{d}x = 8\pi R \frac{\pi r^2}{4} = 2\pi R \cdot \pi r^2.$$

解法 2　我们也可不用薄圆环片作为体积微元, 即不用旋转体体积公式 (6.5.11), 而将薄壁筒作为体积微元, 沿径向积分, 求旋转体体积. 如本例, 取 y 为积分变量, 在区间 $[R-r, R+r]$ 内, 任取一区间微元 $[y, y+\mathrm{d}y]$, 把圆在 $[y, y+\mathrm{d}y]$ 上的窄曲边梯形 (见图 6.20 中阴影部分) 绕 x 轴旋转得到的薄壁圆筒视为 $[y, y+\mathrm{d}y]$ 上的立体, 于是对应的体积微元为

$$\mathrm{d}V = 2\pi y \cdot 2x \, \mathrm{d}y = 4\pi y \sqrt{r^2 - (y-R)^2} \, \mathrm{d}y.$$

故所求旋转体体积为

$$V = \int_{R-r}^{R+r} 4\pi y \sqrt{r^2 - (y-R)^2} \, \mathrm{d}y \xrightarrow{t = y - R} 4\pi \int_{-r}^{r} (R+t) \sqrt{r^2 - t^2} \, \mathrm{d}t$$

$$= 4\pi R \int_{-r}^{r} \sqrt{r^2 - t^2} \, \mathrm{d}t = 2\pi R \cdot \pi r^2.$$

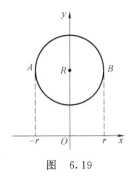

图　6.19

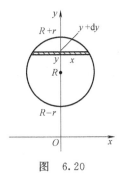

图　6.20

例 12　有一自动注水容器, 其内壁是由曲线 $y = \arcsin x$ ($0 \leqslant x \leqslant 1$) 绕 y 轴旋转一周形成的. 现向容器内注水, 注水速度为 $\frac{\pi}{2} - y$, 其中 y 是容器内的液面高度, 求液面升到容器高度的一半时液面上升的速度.

解　当液面高为 y 时, 容器内液体体积 (见图 6.21)

$$V = \pi \int_0^y \sin^2 h \, \mathrm{d}h.$$

由于

$$\frac{\mathrm{d}V}{\mathrm{d}t} = \frac{\mathrm{d}V}{\mathrm{d}y} \frac{\mathrm{d}y}{\mathrm{d}t} = \pi \sin^2 y \frac{\mathrm{d}y}{\mathrm{d}t},$$

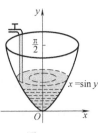

图　6.21

从而

$$\frac{\pi}{2}-y=\pi\sin^2 y\,\frac{\mathrm{d}y}{\mathrm{d}t}.$$

由于容器高为 $\frac{\pi}{2}$，故所求的速度为

$$\frac{\mathrm{d}y}{\mathrm{d}t}\bigg|_{y=\frac{\pi}{4}}=\frac{\dfrac{\pi}{2}-y}{\pi\sin^2 y}\bigg|_{y=\frac{\pi}{4}}=\frac{1}{2}.$$

练习 11. 求曲线 $y=\ln x$、$y=0$、$y=2$ 和 y 轴所围的图形分别绕 x 轴、y 轴和直线 $x=-1$ 旋转得到的旋转体体积.

练习 12. 计算由 $y=x^2$ 及 $x^3=y^2$ 围成的图形绕 x 轴旋转得到的旋转体的体积，要求分别用下面两种途径计算它.

(1) 取 x 为积分变量（体积微元为薄圆环片）；

(2) 取 y 为积分变量（体积微元为薄壁圆筒）.

练习 13. 求摆线 $x=a(t-\sin t)$，$y=a(1-\cos t)$ 一拱绕 x 轴旋转得到的旋转体的体积.

6.5.3　平均值

求某一区间上连续变化量的平均值，譬如，求曲边梯形的平均高度、变速运动的平均速度等，在数学上就是求一个连续函数 $y=f(x)$ 在区间 $[a,b]$ 上的平均值问题. 积分中值定理已指出这个平均值就是

$$y=\frac{1}{b-a}\int_a^b f(x)\mathrm{d}x. \tag{6.5.13}$$

用定积分定义也容易推出这一结果. 事实上，将 $[a,b]$ 等分为 n 个小区间，小区间长 $\Delta x=\dfrac{b-a}{n}$，则有

$$\int_a^b f(x)\mathrm{d}x=\lim_{n\to\infty}\sum_{i=1}^n f(\xi_i)\Delta x=(b-a)\lim_{n\to\infty}\frac{\sum\limits_{i=1}^n f(\xi_i)}{n},$$

从而

$$\frac{1}{b-a}\int_a^b f(x)\mathrm{d}x=\lim_{n\to\infty}\frac{\sum\limits_{i=1}^n f(\xi_i)}{n}.$$

例 13　已知做自由落体运动的物体的降落速度为 $v=gt$，求在时间区间 $[0,T]$ 上的平均速度 $\overline{v}$.

解　由式 (6.5.13)，有

$$\overline{v} = \frac{1}{T-0} \int_0^T gt\,dt = \frac{1}{T} \frac{1}{2} gt^2 \Big|_0^T = \frac{1}{2} gT.$$

例 14 求正弦电流 $i = I_m \sin\omega t$ 在半个周期 $\frac{\pi}{\omega}$ 之内的平均电流 $\overline{I}$（见图 6.22）.

解 由式（6.5.13），知

$$\overline{I} = \frac{1}{\frac{\pi}{\omega}-0} \int_0^{\frac{\pi}{\omega}} I_m \sin\omega t\,dt$$

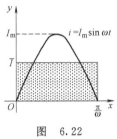

图 6.22

$$= \frac{\omega I_m}{\pi} \left(-\frac{1}{\omega} \cos\omega t \right) \Big|_0^{\frac{\pi}{\omega}}$$

$$= \frac{2}{\pi} I_m \approx 0.637 I_m.$$

同理，正弦交流电压 $u = U_m \sin\omega t$ 及正弦交流电动势 $e = E_m \sin\omega t$ 在半个周期 $\frac{\pi}{\omega}$ 内的平均值分别为

$$\overline{U} = \frac{2}{\pi} U_m \approx 0.637 U_m,$$

$$\overline{E} = \frac{2}{\pi} E_m \approx 0.637 E_m.$$

练习 14. 已知正弦电压经全波整流后，得到输出电压 $U_{out} = \sqrt{2}\,|\sin\omega t|$，求其在 $\left[0, \frac{2\pi}{\omega} \right]$ 内的平均值.

6.5.4 定积分在物理问题中的应用

1. 引力问题

设有两个相距为 r 的质点，其质量分别为 m_1 和 m_2. 根据万有引力定律，这两个质点间的引力为

$$F = G \frac{m_1 m_2}{r^2} (G \text{ 是引力常数}). \tag{6.5.14}$$

对于两个物体间的引力，一般来说是不能用定积分来计算的. 但是对于一些简单的情形，则是可以用定积分计算的.

例 15 设有一质量均匀分布、长为 l、总质量为 M 的细直杆. 在杆的所在直线上距杆的一端为 a 处有一质量为 m 的质点，试求杆对该质量的引力 F.

解 如图 6.23 所示，选取坐标系. 任取小区间 $[x, x+dx]$（$\subset [0, l]$），则可以将 x 到 $x+dx$ 之间的一小段杆看作是质点，

其质量为 $\dfrac{M}{l}\mathrm{d}x$. 由式 (6.5.14), 小

段杆对质点的引力为

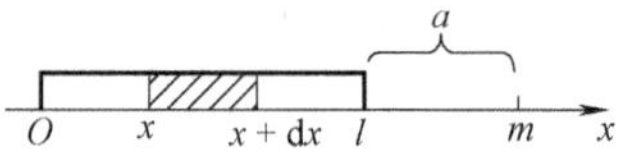

图 6.23

$$\mathrm{d}F = G\,\frac{m\dfrac{M}{l}}{(l+a-x)^2}\mathrm{d}x.$$

故所求引力 F 为

$$\begin{aligned}
F &= \int_0^l \mathrm{d}F = \frac{GmM}{l}\int_0^l \frac{\mathrm{d}x}{(l+a-x)^2}\\
&= \frac{GmM}{l}\frac{1}{l+a-x}\Big|_0^l\\
&= \frac{GmM}{l}\left(\frac{1}{a}-\frac{1}{l+a}\right) = \frac{GmM}{a(a+l)}.
\end{aligned}$$

练习 15. 设有半径为 R 的半圆弧, 其线密度为常数 P, 在半圆弧的圆心处放置一个质量为 m 的质点, 求半圆弧对质点的引力.

2. 液体的压力

根据帕斯卡定律, 在一个密封体内, 位于液深为 h 处的一块水平放置的、面积为 S 的平板所受到的压力为

$$P = \rho h S \qquad (6.5.15)$$

其中, ρ 是液体的密度.

如果平板垂直放置在液体中, 在不同液体深度处的压强也不同, 因而平板一侧所受的压力就不能用上述方法计算, 下面讨论它的计算方法.

如图 6.24 所示, 建立坐标系, 使得 y 轴恰好位于液体的液面上, x 轴正向铅直向下. 设平面板由曲线 $y = f(x) \in C\,[a,b]$ 及直线 $x=a$、$x=b$ 及 $y=0$ 所围成的曲边梯形 $ABCD$, 任取小区间 $[x,x+\mathrm{d}x]\,(\subset [a,b])$,

图 6.24

平面板在 x 与 $x+\mathrm{d}x$ 之间的小窄条所受压力为

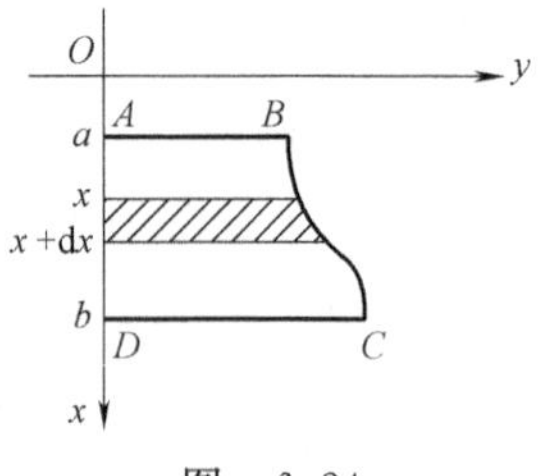

$$\mathrm{d}P = \rho x f(x)\mathrm{d}x,$$

于是整个平面板所受到的旁压力为

$$P = \int_a^b \mathrm{d}P = \rho\int_a^b x f(x)\mathrm{d}x. \qquad (6.5.16)$$

例 16 一水坝中有一个等腰三角形的闸门, 该闸门铅直插入水中 (设水的密度为 ρ), 它的底边与水平面平齐, 已知三角形底边

长为 α，高为 β，求此闸门所受到的水压力.

解　如图 6.25 所示，选取坐标系. 根据闸门关于 x 轴的对称性，闸门所受到的总压力等于闸门在第一象限部分所受压力的 2 倍. 由于线段 AB 的方程为

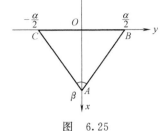

图　6.25

$$y = \frac{\alpha}{2\beta}(\beta - x), \quad 0 \leqslant x \leqslant \beta,$$

根据式（6.5.16），该闸门所受的水压力为

$$P = 2\rho \int_0^\beta xy\,\mathrm{d}x = 2\rho \int_0^\beta x \frac{\alpha}{2\beta}(\beta - x)\,\mathrm{d}x$$

$$= \rho \frac{\alpha\beta^2}{6}.$$

练习 16　某实验反应堆的水池水深 $8\mathrm{m}$，在其底部侧壁上有一个 $1\mathrm{m}^2$ 的正方形通道，供实验物品出入，求通道挡板所受到的水的压力.

3. 功的计算

设有一物体在变力（方向始终保持不变）$F(x)$ 的作用下，沿直线由点 a 运动到点 b. 我们知道，功的微元

$$\mathrm{d}W = F(x)\,\mathrm{d}x,$$

于是变力 $F(x)$ 所做的功为

$$W = \int_a^b \mathrm{d}W = \int_a^b F(x)\,\mathrm{d}x. \tag{6.5.17}$$

例 17　求把地面上质量为 m 的物体垂直举高 H（单位：m）所做的功.

解　为了提升物体，必须克服重力作用，所以所加外力为

$$F(x) = G\frac{Mm}{x^2},$$

其中，M 为地球质量；x 为物体到地心的距离，由式（6.5.17），得

$$W = \int_R^{R+H} \frac{GMm}{x^2}\,\mathrm{d}x = GMm\left(\frac{1}{R} - \frac{1}{R+H}\right).$$

其中，R 为地球半径.

当 $H \rightarrow +\infty$ 时，得到所做的功为 $W = \dfrac{GMm}{R}$. 由 $\dfrac{1}{2}mv^2 = $

$\dfrac{GMm}{R}$，得到 $v = \sqrt{\dfrac{2GM}{R}} \approx 11.2\text{km/s}$. 也就是说，为了能将物体推到距地球无穷远处（即逃逸地球），必须使物体获得一个大于 11.2km/s 的初速度，这就是所谓的逃逸速度，又称第二宇宙速度.

练习 17. 修建江桥的桥墩时，先要下围囹，并抽尽其中的水以便施工. 已知围囹的直径为 20m，水深 27m，围囹高出水面 3m，问抽尽其中的水需要做功多少（设水的密度 $\rho = 10^3 \text{kg/m}^3$，重力加速度 $g = 10\text{m/s}^2$）？

练习 18. 我国第一颗人造地球卫星的质量为 173kg，在离地面 6.3×10^5 m 处进入轨道，问把这颗卫星从地面送入 6.3×10^5 m 的高空处，为克服地球引力要做多少功？已知地球半径为 6.37×10^6 m，引力常数 $G = 6.67 \times 10^{-11} \text{N} \cdot \text{m}^2/\text{kg}^2$，地球质量 $M = 5.98 \times 10^{24} \text{kg}$.

练习 19. 长 $l = 80\text{cm}$、直径 $D = 20\text{cm}$ 的有活塞的圆柱体内充满了压强为 $p = 100\text{N/cm}^2$ 的蒸汽，温度不变（平稳过程），为使蒸汽体积减少二分之一，要做多少功？

6.6 例题

例 1 已知 $f(x) = x + \displaystyle\int_0^1 x f(x) \mathrm{d}x$，求 $f(x)$.

解 因为定积分是个数，设 $\displaystyle\int_0^1 x f(x) \mathrm{d}x = A$，则
$$f(x) = x + A,$$
因此
$$A = \int_0^1 x f(x) \mathrm{d}x = \int_0^1 (x^2 + Ax) \mathrm{d}x = \frac{1}{3} + \frac{A}{2}.$$
解得 $A = \dfrac{2}{3}$，故
$$f(x) = x + \frac{2}{3}.$$

例 2 设 $f(x) \in C(-\infty, +\infty)$，且 $f(x + 2\pi) = f(x)$，$f(-x) = -f(x)$，计算

$$\int_a^{a+2\pi} \sin^4 x[1+f(x)]dx.$$

解 由 6.3 节的例 3、例 4 和例 8 的公式，有

$$\int_a^{a+2\pi} \sin^4 x[1+f(x)]dx = \int_{-\pi}^{\pi} \sin^4 x[1+f(x)]dx.$$

$$= 4\int_0^{\pi/2} \sin^4 x\,dx = 4\,\frac{3\cdot 1}{4\cdot 2}\,\frac{\pi}{2} = \frac{3\pi}{4}.$$

例 3 计算 $\int_0^{\pi/4} \dfrac{1-\sin2x}{1+\sin2x}dx$.

解法 1 利用变换，令 $t=a-x$，容易证明有公式

$$\int_0^a f(x)dx = \int_0^a f(a-x)dx.$$

利用这一公式，有

$$\int_0^{\pi/4} \frac{1-\sin2x}{1+\sin2x}dx = \int_0^{\pi/4} \frac{1-\sin2\left(\frac{\pi}{4}-x\right)}{1+\sin2\left(\frac{\pi}{4}-x\right)}dx = \int_0^{\pi/4} \frac{1-\cos2x}{1+\cos2x}dx$$

$$= \int_0^{\pi/4} \frac{2\sin^2 x}{2\cos^2 x}dx = \int_0^{\pi/4} \tan^2 x\,dx$$

$$= \int_0^{\pi/4} (\sec^2 x - 1)dx = (\tan x - x)\Big|_0^{\pi/4} = 1 - \frac{\pi}{4}.$$

解法 2

$$原式 = \int_0^{\pi/4}\left(-1+\frac{2}{1+\sin2x}\right)dx = -\frac{\pi}{4} + 2\int_0^{\pi/4} \frac{dx}{(\sin x + \cos x)^2}$$

$$= -\frac{\pi}{4} + 2\int_0^{\pi/4} \frac{d\tan x}{(1+\tan x)^2} = 1 - \frac{\pi}{4}.$$

例 4 设 $y=f(x)\in C[0,2]$，且其
图形关于点 $(1,0)$ 对称（见图 6.26），
即有 $\quad f(x)=-f(2-x)$，
计算 $I = \int_0^{\pi} f(1+\cos x)dx$.

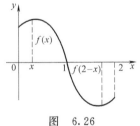

图 6.26

解法 1

$$I = \int_0^{\frac{\pi}{2}} f(1+\cos x)dx + \int_{\frac{\pi}{2}}^{\pi} f(1+\cos x)dx,$$

对右边的第二个积分做变换，令 $x=\pi-t$，并注意到 $f(x)$ 的性
质，得

$$\int_{\frac{\pi}{2}}^{\pi} f(1+\cos x)\mathrm{d}x = -\int_{\frac{\pi}{2}}^{0} f(1+\cos(\pi-t))\mathrm{d}t$$

$$= \int_{0}^{\frac{\pi}{2}} f(1-\cos t)\mathrm{d}t = \int_{0}^{\frac{\pi}{2}} -f(2-(1-\cos t))\mathrm{d}t$$

$$= -\int_{0}^{\frac{\pi}{2}} f(1+\cos t)\mathrm{d}t,$$

由此可见

$$I = 0.$$

解法 2 利用变换，令 $x = t + \dfrac{\pi}{2}$，即 $t = x - \dfrac{\pi}{2}$，则

$$I = \int_{-\frac{\pi}{2}}^{\frac{\pi}{2}} f\left(1 + \cos\left(t + \frac{\pi}{2}\right)\right)\mathrm{d}t = \int_{-\frac{\pi}{2}}^{\frac{\pi}{2}} f(1-\sin t)\mathrm{d}t = 0.$$

最后一步用到 $f(1-\sin t)$ 是奇函数，这是因为

$$f(1-\sin(-t)) = f(1+\sin t) = -f(2-(1+\sin t))$$
$$= -f(1-\sin t).$$

例5 设

$$f(x) = \begin{cases} \mathrm{e}^{-x}, & x \geqslant 0, \\ 0, & x < 0, \end{cases} \qquad \varphi(x) = \begin{cases} \sin x, & 0 \leqslant x \leqslant \dfrac{\pi}{2}, \\ 0, & x < 0 \text{ 或 } x > \dfrac{\pi}{2}, \end{cases}$$

求

$$F(a) = \int_{-\infty}^{+\infty} f(x)\varphi(a-x)\mathrm{d}x.$$

解 由于 $x < 0$ 时，$f(x) = 0$，所以

$$F(a) = \int_{0}^{+\infty} \mathrm{e}^{-x}\varphi(a-x)\mathrm{d}x \xrightarrow{u=a-x} \int_{-\infty}^{a} \mathrm{e}^{u-a}\varphi(u)\mathrm{d}u.$$

当 $a \leqslant 0$ 时，

$$F(a) = \int_{-\infty}^{a} \mathrm{e}^{u-a} \cdot 0\,\mathrm{d}u = 0;$$

当 $0 < a \leqslant \dfrac{\pi}{2}$ 时，

$$F(a) = \int_{0}^{a} \mathrm{e}^{u-a}\sin u\,\mathrm{d}u = \frac{1}{2}(\sin a - \cos a + \mathrm{e}^{-a});$$

当 $a > \dfrac{\pi}{2}$ 时，

$$F(a) = \int_{0}^{\frac{\pi}{2}} \mathrm{e}^{u-a}\sin u\,\mathrm{d}u = \frac{1}{2}\mathrm{e}^{-a}(1 + \mathrm{e}^{\frac{\pi}{2}}). \qquad \square$$

变限的积分是给定函数的一种新方式，其中有许多非初等函数，例如 $\int_{0}^{x} \dfrac{\sin t}{t}\mathrm{d}t$，$\int_{0}^{x} \mathrm{e}^{t^2}\mathrm{d}t$，$\int_{x}^{1} \sqrt{1-t^3}\,\mathrm{d}t$ 等等. 变限积分函数

也有极限、连续、导数与微分、单调性、积分等问题. 为了对这类函数有个深刻的印象, 用变上限积分定义一个我们熟悉的函数, 并讨论其性质.

例6 用变上限积分 $\int_1^x \dfrac{1}{t}\mathrm{d}t$ 定义对数函数 $\ln x$ $(x>0)$, 试证加法定理

$$\ln(ab)=\ln a+\ln b \quad (a,b>0).$$

证明 按这里的对数定义, 就是要证

$$\int_1^{ab}\frac{1}{t}\mathrm{d}t=\int_1^a\frac{1}{t}\mathrm{d}t+\int_1^b\frac{1}{t}\mathrm{d}t.$$

移项, 并根据定积分性质 (5), 即要证

$$\int_b^{ab}\frac{1}{t}\mathrm{d}t=\int_1^a\frac{1}{t}\mathrm{d}t.$$

对左边的积分做变换, 令 $u=\dfrac{t}{b}$, 则当 $t=b$ 时, $u=1$; 当 $t=ab$ 时, $u=a$. 令 $t=bu$, 则 $\mathrm{d}t=b\mathrm{d}u$, 于是, 由定积分换元积分法有

$$\int_b^{ab}\frac{1}{t}\mathrm{d}t=\int_1^a\frac{1}{u}\mathrm{d}u,$$

由于定积分与积分变量的记号无关, 所以

$$\int_b^{ab}\frac{1}{t}\mathrm{d}t=\int_1^a\frac{1}{t}\mathrm{d}t. \qquad \square$$

还可以证明: $\ln a^b=b\ln a$ (留给读者作为练习).

例7 设 $f(x)\in C[a,b]$, 且单调递增, 证明:

$$(a+b)\int_a^b f(x)\mathrm{d}x<2\int_a^b xf(x)\mathrm{d}x.$$

证明 设 $F(x)=(a+x)\int_a^x f(t)\mathrm{d}t-2\int_a^x tf(t)\mathrm{d}t$, 则

$$\begin{aligned}
F'(x)&=\int_a^x f(t)\mathrm{d}t+(a+x)f(x)-2xf(x)\\
&=\int_a^x f(t)\mathrm{d}t+(a-x)f(x)=\int_a^x f(t)\mathrm{d}t-\int_a^x f(x)\mathrm{d}t\\
&=\int_a^x[f(t)-f(x)]\mathrm{d}t<0 \quad (x>a),
\end{aligned}$$

所以 $F(x)$ 单调递减. 又 $F(a)=0$, 因此 $F(b)<0$, 即有

$$(a+b)\int_a^b f(x)\mathrm{d}x<2\int_a^b xf(x)\mathrm{d}x. \qquad \square$$

例8 设 $f(x)$ 在点 a 的某邻域 $|x-a|<\delta$ 内具有连续的 $n+1$ 阶导数, 试证有如下的积分型余项的泰勒公式, 即 $f(x)$ 可表

示为

$$f(x) = \sum_{k=0}^{n} \frac{1}{k!} f^{(k)}(a)(x-a)^k + \frac{1}{n!} \int_0^x f^{(n+1)}(t)(x-t)^n \mathrm{d}t.$$

证明 用分部积分法，得

$$f(x) - f(a) = \int_a^x f'(t)\mathrm{d}t = -\int_a^x f'(t)\mathrm{d}(x-t)$$

$$= \left[-(x-t)f'(t) \right] \Big|_{t=a}^{t=x} + \int_a^x (x-t)f''(t)\mathrm{d}t$$

$$= f'(a)(x-a) - \frac{1}{2}\int_a^x f''(t)\mathrm{d}(x-t)^2$$

$$= f'(a)(x-a) + \frac{1}{2!}f''(a)(x-a)^2 +$$

$$\frac{1}{2!}\int_a^x (x-t)^2 f'''(t)\mathrm{d}t.$$

继续用分部积分法，用到第 n 次便得到积分型余项的泰勒公式

$$f(x) = f(a) + f'(a)(x-a) + \frac{1}{2!}f''(a)(x-a)^2 + \cdots +$$

$$\frac{1}{n!}f^{(n)}(a)(x-a)^n + \frac{1}{n!}\int_a^x f^{(n+1)}(t)(x-t)^n \mathrm{d}t. \qquad \square$$

例 9 在原点附近，试用一个二次多项式近似代替函数

$$f(x) = 3 + \int_0^x \frac{1+\sin t}{2+t^2}\mathrm{d}t.$$

解 这实际上是求函数 $f(x)$ 在零点展开的二阶泰勒多项式，由于

$$f(0) = 3, \quad f'(0) = \frac{1+\sin x}{2+x^2}\bigg|_{x=0} = \frac{1}{2},$$

$$f''(0) = \frac{(2+x^2)\cos x - 2x(1+\sin x)}{(2+x^2)^2}\bigg|_{x=0} = \frac{1}{2},$$

所以

$$f(x) \approx P_2(x) = 3 + \frac{1}{1!}\frac{1}{2}x + \frac{1}{2!}\frac{1}{2}x^2 = 3 + \frac{1}{2}x + \frac{1}{4}x^2.$$

例 10 设 $f(x) \in C[0,1]$，非负，且满足 $xf'(x) = f(x) + \frac{3a}{2}x^2$（$a$ 为常数）. 又曲线 $y = f(x)$ 与 $x=1$、y 轴所围的图形 S 的面积为 2，求函数 $y = f(x)$. 并问 a 为何值时，图形 S 绕 x 轴旋转一周所得的旋转体的体积最小.

解 由题设，当 $x \neq 0$ 时，有

$$\left[\frac{f(x)}{x}\right]' = \frac{xf'(x) - f(x)}{x^2} = \frac{3a}{2}.$$

据此并由 $f(x)$ 的连续性，得

$$f(x) = \frac{3a}{2}x^2 + Cx, \quad x \in [0,1].$$

又由已知条件

$$2 = \int_0^1 \left(\frac{3a}{2}x^2 + Cx \right) \mathrm{d}x = \left(\frac{a}{2}x^3 + \frac{C}{2}x^2 \right) \Big|_0^1 = \frac{a}{2} + \frac{C}{2},$$

故 $C = 4 - a$. 因此，

$$f(x) = \frac{3}{2}ax^2 + (4-a)x.$$

由旋转体的体积公式，得

$$V(a) = \pi \int_0^1 [f(x)]^2 \mathrm{d}x = \frac{\pi}{3}\left(\frac{1}{10}a^2 + a + 16 \right),$$

$$V'(a) = \frac{\pi}{3}\left(\frac{1}{5}a + 1 \right),$$

$$V''(a) = \frac{\pi}{15} > 0,$$

故 $a = -5$ 时，旋转体体积最小.

例 11　（光的反射问题）　根据光学中的费马（Fermat）原理，光线在两点间的传播必取时间最短的路线. 问由光源 S （见图 6.27）发出的光线射到平面镜 Ox 的哪一点，才能反射到 A 点？

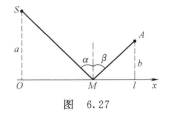

图　6.27

解　在同一介质中光速相同，这时，时间最短路线就是距离最短路线. 设 M 为 x 轴上任一点，$OM = x$，则由 S 到 M，再到 A 的折线之长为

$$d = \sqrt{a^2 + x^2} + \sqrt{b^2 + (l-x)^2}.$$

对上式求导，并令 $d' = 0$，即

$$d' = \frac{x}{\sqrt{a^2 + x^2}} - \frac{l-x}{\sqrt{b^2 + (l-x)^2}} = 0,$$

求得唯一极值嫌疑点 $x_0 = \dfrac{al}{a+b}$. 当 $x < x_0$ 时，$d'(x) < 0$ [因 $d'(0) < 0$]；当 $x > x_0$ 时，$d'(x) > 0$ [因 $d'(l) > 0$]. 因此，x_0 为 d 的最小值点，此时有

$$\tan\beta = \frac{l-x_0}{b} = \frac{l}{a+b} = \frac{x_0}{a} = \tan\alpha.$$

这就导出了光线的反射定律：反射角 β 等于入射角 α；反射光线与入射光线分别位于 x 轴上 x_0 处法线的两侧.

例 12 在抛物线 $y=-x^2+1(x>0)$ 上找一点 P (x_0, y_0) 作切线，使抛物线与切线及两个坐标轴所围成的面积 S 最小（见图 6.28），并求这个最小值.

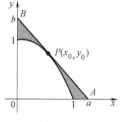

图 6.28

解 因为 $y'|_{x=x_0}=-2x_0$，$y_0=-x_0^2+1$，所以切线 AB 的方程为

$$y=-2x_0 x+x_0^2+1.$$

令 $y=0$，得到切线的横截距 $a=\dfrac{1}{2}\left(x_0+\dfrac{1}{x_0}\right)$；令 $x=0$，得到切线的纵截距 $b=x_0^2+1$. 图形的面积

$$S=\frac{1}{2}ab-\int_0^1(-x^2+1)\mathrm{d}x=\frac{1}{4}\left(x_0^3+2x_0+\frac{1}{x_0}\right)-\frac{2}{3}.$$

上式关于 x_0 的导数是

$$\frac{\mathrm{d}S}{\mathrm{d}x_0}=\frac{1}{4}\left(3x_0^2+2-\frac{1}{x_0^2}\right)=\frac{1}{4}\left(3x_0-\frac{1}{x_0}\right)\left(x_0+\frac{1}{x_0}\right).$$

令 $\dfrac{\mathrm{d}S}{\mathrm{d}x_0}=0$，求得驻点 $x_0=\dfrac{1}{\sqrt{3}}$. 又因

$$\frac{\mathrm{d}^2 S}{\mathrm{d}x_0^2}=\frac{1}{4}\left(6x_0+\frac{2}{x_0^3}\right)>0 \quad (x_0>0),$$

所以当 $x_0=\dfrac{1}{\sqrt{3}}$ 时，面积函数 S 取极小值. 由于在区间 $(0,+\infty)$ 上它是唯一的极值，所以它就是最小值

$$S_{\min}=\frac{4\sqrt{3}-6}{9}.$$

例 13 用铁锤将一铁钉钉入木板，设木板对铁钉的阻力与铁钉进入木板内部的长度成正比. 设第一锤将铁钉击入 $1\mathrm{cm}$，如果每锤所做的功相等，问第二锤能将铁钉击入多深？

解 由于木板的阻力 F 与进入木板内部铁钉的长度 x 成正比，所以

$$F=kx.$$

第一锤所做的功为

$$W_1=\int_0^1 kx\,\mathrm{d}x=\frac{k}{2}.$$

设两锤后，铁钉共进入木板 $H(\mathrm{cm})$，则第二锤做的功为

$$W_2=\int_1^H kx\,\mathrm{d}x=\frac{k}{2}(H^2-1).$$

因为每锤做的功相等，故

$$\frac{k}{2} = \frac{k}{2}(H^2 - 1),$$

所以

$$H = \sqrt{2},$$

即第二锤能将铁钉击入 $(\sqrt{2} - 1)$ cm.

例 14　某水库有一闸门，其水下部分为半径等于 1 的半圆形. 今以匀速 a 垂直提起闸门，求 $t = 0$ 时，闸门受到的水压力的变化速度（设水的密度 ρ 为 10^3 kg/m³，取重力加速度 $g = 10$ m/s²）.

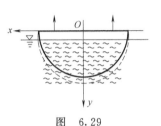

图　6.29

解　如图 6.29 所示，将坐标系取在闸门上. 到 t 时刻，闸门上升了 at，这时闸门受到的压力

$$F(t) = 2\rho g \int_{at}^1 \sqrt{1-y^2}\,(y - at)\,\mathrm{d}y$$

$$= 2\rho g \int_{at}^1 \sqrt{1-y^2}\,y\,\mathrm{d}y - 2at\rho g \int_{at}^1 \sqrt{1-y^2}\,\mathrm{d}y,$$

所以

$$F'(t) = -2\rho g \sqrt{1-a^2t^2} \cdot at \cdot a -$$
$$2a\rho g \int_{at}^1 \sqrt{1-y^2}\,\mathrm{d}y + 2at\rho g \sqrt{1-a^2t^2} \cdot a$$
$$= -2a\rho g \int_{at}^1 \sqrt{1-y^2}\,\mathrm{d}y.$$

故所求水压力的变化速度为

$$F'(0) = -2a\rho g \int_0^1 \sqrt{1-y^2}\,\mathrm{d}y = -2a\rho g\,\frac{\pi}{4} = -\frac{\pi a}{2} \times 10^4.$$

例 15　有一细杆 AB，距离 A 点 x 处的线密度 $\rho_1 = 2 - x$. 另一细杆 CD，距离 C 点 y 处的线密度 $\rho_2 = 3 + y$. 杆 AB 长为 2，CD 长为 1，按 AB、CD 顺序把它们放在一条直线上，点 B 到点 C 的距离为 1，G 为万有引力常数，求两细杆间的万有引力 F（见图 6.30）.

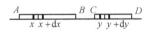

图　6.30

解　在 CD 上取一微元区间 $[y, y + \mathrm{d}y]$，对应的质量微元为

$$\mathrm{d}m_2 = (3 + y)\mathrm{d}y.$$

微积分 上册

为求杆 AB 对质量微元 dm_2 的引力，在 AB 上取微元区间 $[x, x+dx]$，对应的质量微元为

$$dm_1 = (2-x)dx.$$

两个质量微元 dm_1 与 dm_2 之间的引力微元为

$$G\frac{dm_1 dm_2}{(3+y-x)^2} = G\frac{(2-x)dx \cdot (3+y)dy}{(3+y-x)^2}$$

所以细杆 AB 对 dm_2 的引力微元为

$$\int_0^2 G\frac{(2-x)}{(3+y-x)^2}dx \cdot (3+y)dy.$$

故细杆 AB 对细杆 CD 的引力为

$$F = G\int_0^1 (3+y)\left[\int_0^2 \frac{2-x}{(3+y-x)^2}dx\right]dy$$

$$= G\int_0^1 [-2+(y+3)\ln(y+3)-(y+3)\ln(y+1)]dy$$

$$= G\left(-1+10\ln2-\frac{9}{2}\ln3\right).$$

习题 6

1. 设 $f(x) = \begin{cases} 1, & 0 \leqslant x \leqslant 1/2, \\ 0, & 1/2 < x \leqslant 1, \end{cases}$ 是否存在 $\xi \in [0,1]$，使得

$$f(\xi) = \int_0^1 f(x)dx.$$

2. 设 $f(x), g(x) \in C[a,b]$，证明：

$$\int_a^b [f(x)+g(x)]^2 dx \leqslant \left[\sqrt{\int_a^b f^2(x)dx} + \sqrt{\int_a^b g^2(x)dx}\right]^2.$$

3. 设 $f(x) \in C[a,b]$，证明：

$$\left[\int_a^b f(x)dx\right]^2 \leqslant (b-a)\int_a^b f^2(x)dx.$$

4. 设 $f(x)$ 在点 $x=0$ 的某邻域内有连续的导数，证明：

$$\lim_{a \to 0^+} \frac{1}{4a^2}\int_{-a}^a [f(t+a)-f(t-a)]dt = f'(0).$$

5. 设 $f(x) \in C[0,1]$，且在开区间 $(0,1)$ 内可导，又 $\int_0^1 f(x)dx = 2\int_0^{\frac{1}{2}} f(x)dx$，证明：$\exists \xi \in (0,1)$，使得 $f'(\xi)=0$.

6. 选择题

(1) 设 $\alpha(x) = \int_0^{e^x} \frac{\sin t}{t}dt$，$\beta(x) = \int_0^{\sin x}(1+t)^{\frac{1}{t}}dt$，当 $x \to 0$ 时，$\alpha(x)$ 是 $\beta(x)$ 的（　　　）

  (A) 高阶无穷小　　　　(B) 低阶无穷小

  (C) 同阶但非等价无穷小　(D) 等价无穷小

(2) 已知 $\alpha(x)$ 在原点的某一去心邻域内连续，且当 $x \to 0$ 时，$\alpha(x) \sim x^2$，则 $\beta(x) = \int_0^x \alpha(t)dt$ 是 x 的（　　　）.

  (A) 一阶无穷小　　　　(B) 二阶无穷小

  (C) 三阶无穷小　　　　(D) 四阶无穷小

7. 当 $x > 0$ 时，$f(x) > 0$，且连续，试证函数

$$\varphi(x) = \int_0^x tf(t)dt \Big/ \int_0^x f(t)dt, \quad x > 0$$

单调上升.

8. 设 $f(x) = \begin{cases} x^2, & 0 \leqslant x < 1, \\ 1+x, & 1 \leqslant x \leqslant 2, \end{cases}$ 求 $\int_{1/2}^{3/2} f(x)dx$.

9. 设 $f(x), g(x) \in C[a,b]$，且 $g(x) \neq 0$，证明：存在点 $\xi \in (a,b)$，使得

216

$$\frac{\int_a^b f(x)\mathrm{d}x}{\int_a^b g(x)\mathrm{d}x} = \frac{f(\xi)}{g(\xi)}.$$

10. 已知 $f(x) \in C[-1,1]$，$f(x) = 3x - \sqrt{1-x^2}\int_0^1 f^2(x)\mathrm{d}x$，求 $f(x)$.

11. 设 $f(x)$ 在区间 $[a,b]$ 上可积，证明函数：

$$\Phi(x) = \int_a^x f(t)\mathrm{d}t$$

在区间 $[a,b]$ 上连续.

12. 设 $f(x) \in C^1[a,b]$，且 $f(a) = f(b) = 0$，证明：

$$\left| \int_a^b f(x)\mathrm{d}x \right| \leqslant \frac{(b-a)^2}{4} \max_{a < x < b} |f'(x)|.$$

13. 证明下列积分等式.

(1) $\displaystyle\int_x^1 \frac{\mathrm{d}x}{1+x^2} = \int_1^{1/x} \frac{\mathrm{d}x}{1+x^2}$　$(x > 0)$；

(2) $\displaystyle\int_0^a x^3 f(x^2)\mathrm{d}x = \frac{1}{2}\int_0^{a^2} x f(x)\mathrm{d}x$ $(a > 0$，f 连续)；

(3) $\displaystyle\int_0^a f(x)\mathrm{d}x = \int_0^a f(a-x)\mathrm{d}x$ (f 连续)，并求 $\displaystyle\int_0^{\pi/2} \frac{\sin^2 x}{\sin x + \cos x}\mathrm{d}x$；

(4) $\displaystyle\int_0^a \frac{f(x)}{f(x) + f(a-x)}\mathrm{d}x = \frac{a}{2}$ $(a > 0$，f 连续，积分存在)，并求 $\displaystyle\int_0^3 \frac{\ln(1+x)}{\ln(1+x) + \ln(2-x)}\mathrm{d}x$.

14. 设 $f(x) \in C(-\infty, +\infty)$，$f(x) > 0$，证明：

$$\int_0^1 \ln f(x+t)\mathrm{d}t = \int_0^x \ln\frac{f(u+1)}{f(u)}\mathrm{d}u + \int_0^1 \ln f(u)\mathrm{d}u.$$

15. 设 $f(x) = \displaystyle\int_1^{x^2} \mathrm{e}^{-t^2}\mathrm{d}t$，求 $\displaystyle\int_0^1 x f(x)\mathrm{d}x$.

16. 计算下列定积分.

(1) $\displaystyle\int_{-\pi/8}^{\pi/8} x^{88} \sin^{99} x\,\mathrm{d}x$；

(2) $\displaystyle\int_{-1/2}^{1/2} \cos x \ln\frac{1+x}{1-x}\mathrm{d}x$；

(3) $\displaystyle\int_{-\pi/2}^{\pi/2} \frac{\mathrm{d}x}{1+\cos x}$；

(4) $\displaystyle\int_{-2}^3 (|x| + x)\mathrm{e}^{|x|}\,\mathrm{d}x$；

(5) $\displaystyle\int_{-\pi/2}^{\pi/2} (x + \cos^2 x)\sin^2 x\,\mathrm{d}x$；

(6) $\displaystyle\int_0^{2\pi} x \sin^8 \frac{x}{2}\mathrm{d}x$；

(7) $\displaystyle\int_{-2}^3 \left| x^2 + 2|x| - 3 \right|\mathrm{d}x$；

(8) $\displaystyle\int_{100}^{100+2\pi} \tan^2 x \sin^2 2x\,\mathrm{d}x$；

(9) $\displaystyle\int_{-2}^2 \min\left\{ \frac{1}{|x|}, x^2 \right\}\mathrm{d}x$.

17. 设 $f(x)$ 在区间 $[a,b]$ 上有连续的导数，且 $f(x) \not\equiv 0$，$f(a) = f(b) = 0$，试证：

$$\int_a^b x f(x) f'(x)\mathrm{d}x < 0.$$

18. 已知 $x \geqslant 0$ 时，函数 $f(x)$ 满足 $f'(x) = \dfrac{1}{x^2 + f^2(x)}$，且 $f(0) = a > 0$，试证：$\displaystyle\lim_{x \to +\infty} f(x)$ 存在，且小于 $a + \dfrac{\pi}{2a}$.

19. 求星形线 $x = a\cos^3 t$，$y = a\sin^3 t$ 所围图形的面积.

20. 求 $r = \sqrt{2}\sin\theta$ 及 $r^2 = \cos 2\theta$ 围成图形的公共部分的面积.

21. 求抛物线 $y = -x^2 + 4x - 3$ 及其在点 $(0, -3)$ 和 $(3, 0)$ 处的两条切线所围图形的面积.

22. 求抛物线 $y^2 = 4ax$ 与过焦点的弦所围成的图形的面积的最小值.

23. 求箕舌线 $y = \dfrac{a^3}{x^2 + a^2}$ 和 x 轴之间区域的面积.

24. 求曲线 $y = x\mathrm{e}^{-\frac{x^2}{2}}$ 与其渐近线之间的面积.

25. 在摆线 $x = a(t - \sin t)$，$y = a(1 - \cos t)$ 上求一点，将摆线第一拱的弧长分为 $1 : 3$.

26. 求曲线 $r\theta = 1$ 自 $\theta = \dfrac{3}{4}$ 至 $\theta = \dfrac{4}{3}$ 一段的弧长.

27. 两个半径为 R 的圆柱中心线垂直相交，求其公共部分的体积，并画出图形.

28. 证明底面积为 S、高为 h 的锥体体积公式为 $V = \dfrac{1}{3}hS$.

29. 将椭圆 $x^2 + \dfrac{y^2}{4} = 1$ 绕长轴转得到的椭球

体沿长轴方向穿心打一圆孔，使剩下部分的体积恰好等于椭球体积的一半，试求圆孔的直径.

30. 计算下列积分.

(1) $\int_{-2}^{2} \max\{1, x^2\} \mathrm{d}x$;

(2) $\int_{-\pi/2}^{\pi/2} \frac{\mathrm{e}^x}{1+\mathrm{e}^x} \sin^4 x \mathrm{d}x$;

(3) $\int_{0}^{\pi/2} \frac{\sin x}{\sin x + \cos x} \mathrm{d}x$;

(4) $\int_{0}^{\pi/4} \ln(1+\tan x) \mathrm{d}x$;

(5) $\int_{0}^{+\infty} \frac{\mathrm{d}x}{(1+x^2)(1+x^a)}$;

(6) $\int_{1}^{2} \arctan \sqrt{x-1} \mathrm{d}x$.

31. 设 $f(x)$ 连续，试证：

$$\int_{0}^{x} \left[\int_{0}^{u} f(t) \mathrm{d}t \right] \mathrm{d}u = \int_{0}^{x} (x-u) f(u) \mathrm{d}u.$$

32. 设 $f(x) \in C[a,b]$，且 $f(x) > 0$，试证：

$$\int_{a}^{b} f(x) \mathrm{d}x \cdot \int_{a}^{b} \frac{1}{f(x)} \mathrm{d}x \geqslant (b-a)^2.$$

33. 设 n 为自然数，试证：

(1) $\int_{0}^{\pi/2} \sin^n x \cos^n x \mathrm{d}x = 2^{-n} \int_{0}^{\pi/2} \cos^n x \mathrm{d}x$;

(2) $\int_{0}^{\pi/2} \cos^n x \sin nx \mathrm{d}x = \frac{1}{2^{n+1}} \left(\frac{2}{1} + \frac{2^2}{2} + \frac{2^3}{3} + \cdots + \frac{2^n}{n} \right)$.

34. 设 $f(x)$ 连续，且 $\lim\limits_{x \to 0} \frac{f(x)}{x} = A$（$A$ 为常数），$\varphi(x) = \int_{0}^{1} f(xt) \mathrm{d}t$，求 $\varphi'(x)$，并讨论 $\varphi'(x)$ 在 $x=0$ 处的连续性.

35. 设 $f(x) \in C[a,b]$，且 $f(x) > 0$，证明方程

$$\int_{a}^{x} f(t) \mathrm{d}t + \int_{b}^{x} \frac{1}{f(t)} \mathrm{d}t = 0$$

在开区间 (a,b) 内有且仅有一个根.

36. 设 $f(x) \in C[0,1]$，且 $f(x) \geqslant 0$. (1) 试证 $\exists x_0 \in (0,1)$，使得在区间 $[0, x_0]$ 上以 $f(x_0)$ 为高的矩形面积，等于在区间 $[x_0, 1]$ 上以 $y = f(x)$ 为曲边的曲边面积；(2) 又设 $f(x)$ 在区间 $(0,1)$ 内可导，且 $f'(x) > -\frac{2f(x)}{x}$，证明 (1) 中

的 x_0 是唯一的.

37. 设 $f(x)$，$g(x) \in C[a,b]$，证明：$\exists \xi \in (a,b)$，使得

$$f(\xi) \int_{\xi}^{b} g(x) \mathrm{d}x = g(\xi) \int_{a}^{\xi} f(x) \mathrm{d}x.$$

38. 设 $f(x) \in C[0,1]$，且 $\int_{0}^{1} f(x) \mathrm{d}x = \int_{0}^{1} x f(x) \mathrm{d}x = 0$，证明：在开区间 $(0,1)$ 内至少存在两个不相等的点 ξ_1 和 ξ_2，使得

$$f(\xi_1) = f(\xi_2) = 0.$$

如果还有 $\int_{0}^{1} x^2 f(x) \mathrm{d}x = 0$，请猜想 $f(x)$ 在区间 $(0,1)$ 内至少有几个零点，并给出证明. 是否有进一步的猜想？

39. 讨论函数 $f(x) = \int_{0}^{x} \mathrm{e}^{-\frac{t^2}{2}} \mathrm{d}t$ 在 $(-\infty, +\infty)$ 上的单调性、奇偶性和有界性.

40. 设 O 为坐标原点，$A(1,0)$，$B(1,1)$，$C(0,1)$. 求边长为 1 的正方形 $OABC$ 内，位于曲线 $y = x^2 + t$（t 为实数）下方的图形的面积 $S(t)$. 讨论函数 $S(t)$ 在 $t \in [-1,1]$ 的范围内是否满足拉格朗日中值定理条件.

41. 现有以 xOy 平面上曲线 $y = x^2$ 和 $y = 8 - x^2$ 所围成的区域为底，垂直于 x 轴的截面为正方形的立体，求其体积.

42. 求连续曲线段 $y = f(x) > 0$，$x \in [a,b]$，绕 x 轴旋转一周得到的旋转面的面积 S，并用半径为 r 的球面面积公式验证此结果.

43. 设有曲线 $y = \sqrt{x-1}$，过原点作其切线，求此曲线、切线及 x 轴围成的平面图形绕 x 轴旋转一周所得到的旋转体的表面积.

44. 设 D 是位于曲线 $y = \sqrt{x}\, a^{-x/2a}$（$a > 1$，$0 \leqslant x < +\infty$）下方、x 轴上方的无界区域.

(1) 求区域 D 绕 x 轴旋转一周所成的旋转体的体积 $V(a)$；

(2) 当 a 为何值时，$V(a)$ 最小？并求此最小值.

第 7 章

微分方程

在应用科学中，很多实际问题，甚至是简单的几何、物理、力学问题，也往往不能直接得到有关变量之间的依从关系．而只能根据问题的给定条件，得出变量及其导数（或微分）之间的关系式，这样的关系式就称为微分方程．现在，微分方程已是数学的一门独立学科，是数学科学理论联系实际的一条重要途径．本章主要介绍微分方程的一些基本概念和若干类常用的微分方程解法，这些对于解决实际问题都是十分必要的．

7.1 微分方程的基本概念

我们对于微分方程已不陌生，前面讲过的已知函数 $f(x)$，求其原函数或不定积分的问题，实际上就是求解最简单的微分方程

$$\frac{\mathrm{d}y}{\mathrm{d}x} = f(x). \tag{7.1.1}$$

我们知道它的一般解是

$$y = \int f(x)\mathrm{d}x + C. \tag{7.1.2}$$

一般地，我们称含有未知函数的导数或微分的，联系着自变量、未知函数及其导数或微分的方程叫作**微分方程**．例如

$$y' = xy, \tag{7.1.3}$$

$$y'' + 3y' + 2y = 0, \tag{7.1.4}$$

$$y''' + y'' + xy' + 3y = \mathrm{e}^{-2x} \tag{7.1.5}$$

等都是微分方程．微分方程分为两类，如果方程中的未知函数 y 是 x 的一元函数，则称该方程为**常微分方程**；如果方程中的未知函数 y 是多元函数（关于多元函数的讨论见本套教材下册），则称该方程为**偏微分方程**．本章只限于讨论常微分方程，以后简称此类方程为微分方程．

在微分方程中出现的未知函数的导数的最高阶数，称为微分方程的**阶**．如方程（7.1.1）和方程（7.1.3）是一阶微分方程，方程（7.1.4）和方程（7.1.5）分别是二阶和三阶微分方程．n

阶微分方程的一般形式为

$$F(x,y,y',\cdots,y^{(n)})=0, \qquad (7.1.6)$$

这是联系着 x，y，y'，$\cdots$，$y^{(n)}$ 的关系式，式中 $y^{(n)}$ 必须出现.

若将函数 $y=y(x)$ 代入方程（7.1.6）使之成为恒等式，即

$$F(x,y(x),y'(x),\cdots,y^{(n)}(x))\equiv 0,$$

则称函数 $y=y(x)$ 为方程（7.1.6）的解.

> **练习 1.** 求下列曲线族满足的微分方程.
>
> （1）$y=C_1 x+C^2$；
>
> （2）$xy=C_1 \mathrm{e}^x+C_2 \mathrm{e}^{-x}$；
>
> （3）$(x-C_1)^2+(y-C_2)^2=1$；
>
> （4）$x=\dfrac{1}{4}+C$，$y=\dfrac{1}{t}-t$.

我们知道，在求原函数时，若原函数存在，则必有无限多个原函数，这就是求不定积分时会出现一个任意常数的原因. 同理，对于二阶微分方程，它的一般解应该出现两个独立的任意常数. 所谓两个任意常数是独立的，是指它们不能通过运算合并成一个. 例如，$y=C_1 x+C_2$ 中的两个任意常数是彼此相互独立的；而 $y=C_1\cos x+3C_2\cos x$ 中的两个任意常数 C_1、C_2 就不是彼此独立的，因为

$$y=C_1\cos x+3C_2\cos x=(C_1+3C_2)\cos x=C\cos x,$$

实际上只有一个任意常数 $C=(C_1+3C_2)$.

一般地，若 n 阶微分方程中的解中含有几个彼此独立的任意常数，则称这样的解为微分方程的**一般解**或**通解**.

不含任意常数的解，叫作**特解**. 特解除了满足微分方程外还要满足一定的定解条件. 常见的定解条件是初始条件，n 阶微分方程的初始条件是指如下几个条件：

$$y\big|_{x=x_0}=y_0,y'\big|_{x=x_0}=y_0',\cdots,y^{(n-1)}\big|_{x=x_0}=y_0^{(n-1)}.$$

$$(7.1.7)$$

求微分方程满足定解条件的解就是所谓的**定解问题**；当定解条件为初始条件时，相应的定解问题就称为**初值问题**或**柯西问题**. 本章主要讨论初值问题.

通过后面的讨论可见，微分方程的通解未必是它的全部解.

求解微分方程的过程，称为**解微分方程**.

微分方程的解所对应的曲线，称为**积分曲线**；其通解所对应的是一族积分曲线；特解对应的则是这族积分曲线中的一条积分曲线.

练习 2. 给定一阶微分方程 $\dfrac{\mathrm{d}y}{\mathrm{d}x}=2x$，求：（1）通解；（2）满足初始条件 $y\big|_{x=1}=4$ 的特解；（3）与直线 $y=2x+3$ 相切的积分曲线；（4）使 $\displaystyle\int_0^1 y\mathrm{d}x=2$ 的解.

练习 3. 求下列初值问题的解.

(1) $\begin{cases} y'=\sin x, \\ y\big|_{x=0}=1; \end{cases}$ (2) $\begin{cases} y''=6x, \\ y\big|_{x=0}=0, \quad y'\big|_{x=0}=2. \end{cases}$

7.2 一阶微分方程

7.2.1 可分离变量的方程

称形如

$$\frac{\mathrm{d}y}{\mathrm{d}x}=f(x)\cdot g(y) \tag{7.2.1}$$

的一阶微分方程为**可分离变量的方程**，如果 $g(y)\neq 0$，那么就可写成

$$\frac{\mathrm{d}y}{g(y)}=f(x)\mathrm{d}x. \tag{7.2.2}$$

此时，变量 x 与 y 已被分离在等号两边. 若 $f(x)$ 与 $g(x)$ 均为连续函数，在式（7.2.2）两端积分即得式（7.2.2）的通解.

例 1 求微分方程 $2xy'=y$ 的通解.

解 将方程分离变量，得

$$\frac{2}{y}\mathrm{d}y=\frac{1}{x}\mathrm{d}x,$$

两边积分得通解

$$2\ln|y|=\ln|x|+C_1,$$

即

$$y^2=Cx \quad (C=\pm\mathrm{e}^{C_1}).$$

显然，$y\equiv 0$ 也是方程的解，在分离变量时被丢掉了，应补上. 所以上式中的 C 也可以取零，因此，通解 $y^2=Cx$ 中的 C 是任意常数.

例 2 解方程 $dy=\sqrt{1-y^2}\,dx$.

解 分离变量，得

$$\frac{dy}{\sqrt{1-y^2}}=dx,$$

两边积分得通解 $\arcsin y=x+C$，$x\in\left(-C-\dfrac{\pi}{2},\ -C+\dfrac{\pi}{2}\right)$.

显然，$y=\pm1$ 也是方程的解，但它未包含在通解的表达式中，这说明微分方程的通解和全部解是有区别的，但在许多情况下，它们又是一致的. 在解初值问题中，如果在通解中找不到满足初始条件的特解，应考虑求解过程中是否丢掉了某些解.

练习 1. 求下列方程的通解.

(1) $y'=e^{2x-y}$；

(2) $y'=\sqrt{\dfrac{1-y^2}{1-x^2}}$；

(3) $(y+3)dx+\cot x\,dy=0$；

(4) $y-xy'=a(y^2+y')$，a 为常数.

练习 2. 解下列初值问题.

(1) $\begin{cases} y'\sin x=y\ln y, \\ y\big|_{x=\pi/2}=e; \end{cases}$ （2）$\begin{cases} y^2\,dx+(x+1)dy=0, \\ y\big|_{x=0}=1; \end{cases}$

(3) $\begin{cases} \dfrac{dy}{dx}=\cos\dfrac{x+y}{2}-\cos\dfrac{x-y}{2}, \\ y(0)=\pi. \end{cases}$

练习 3. 设降落伞受到的空间阻力与它的速度成正比，比例常数为 k，求降落速度的函数.

练习 4. 求一条曲线，通过点 $(-1,1)$ 且其上任一点处的切线的横截距等于切点横坐标的二次方.

7.2.2 一阶线性微分方程

形如

$$\frac{dy}{dx}+P(x)y=Q(x) \tag{7.2.3}$$

的方程称为**一阶线性微分方程**，它是未知函数及其导数的一次方程，其中 $P(x)$ 与 $Q(x)$ 为某区间上的已知函数. 当 $Q(x)\equiv0$ 时，方程

$$\frac{dy}{dx}+P(x)y=0 \tag{7.2.4}$$

称为**一阶齐次线性方程**，相应地把 $Q(x) \not\equiv 0$ 的方程 (7.2.3) 称为**一阶非齐次线性方程**.

方程 (7.2.4) 为可分离变量微分方程，其通解 (也是全部解) 为

$$y = C e^{-\int P(x) \mathrm{d}x}.$$

为了求方程 (7.2.3) 的通解，我们使用常数变易法，即令上式中的 C 为 x 的函数，使

$$y = C(x) e^{-\int P(x) \mathrm{d}x}$$

为方程 (7.2.3) 的解，代入方程 (7.2.3)，得

$$C'(x) e^{-\int P(x)\mathrm{d}x} - C(x) e^{-\int P(x)\mathrm{d}x} P(x) + P(x) C(x) e^{-\int P(x)\mathrm{d}x} = Q(x).$$

从而 $C(x)$ 满足方程

$$C'(x) = Q(x) e^{\int P(x)\mathrm{d}x}.$$

两边积分，得

$$C(x) = \int Q(x) e^{\int P(x)\mathrm{d}x} \mathrm{d}x + C,$$

于是一阶非齐次线性方程 (7.2.3) 的通解公式为

$$y = e^{-\int P(x)\mathrm{d}x} \left[C + \int Q(x) e^{\int P(x)\mathrm{d}x} \mathrm{d}x \right]. \qquad (7.2.5)$$

通解公式 (7.2.5) 表明：非齐次线性方程的通解等于对应的齐次线性方程的通解 $C e^{-\int P(x)\mathrm{d}x}$ 与它本身的一个特解 $e^{-\int P(x)\mathrm{d}x} \int Q(x) e^{\int P(x)\mathrm{d}x} \mathrm{d}x$ 之和.

例 3　解初值问题

$$\begin{cases} (x^2-1)y' + 2xy - \cos x = 0, \\ y\big|_{x=0} = 1. \end{cases}$$

解　将方程写为标准形式

$$y' + \frac{2x}{x^2-1} y = \frac{\cos x}{x^2-1},$$

这是 $P(x) = \dfrac{2x}{x^2-1}$，$Q(x) = \dfrac{\cos x}{x^2-1}$ 的一阶非齐次线性方程. 由式 (7.2.5) 得通解

$$y = e^{-\int \frac{2x}{x^2-1}\mathrm{d}x} \left(C + \int \frac{\cos x}{x^2-1} e^{\int \frac{2x}{x^2-1}\mathrm{d}x} \mathrm{d}x \right)$$

$$= \frac{1}{x^2-1}(C + \sin x).$$

由初始条件 $y\big|_{x=0}=1$，确定 $C=-1$，于是初值问题的解为

$$y=\frac{1-\sin x}{1-x^2}.$$

例 4 求微分方程

$$(y^2-6x)\mathrm{d}y-2y\mathrm{d}x=0$$

的通解.

解 在上式中将 y 看成 x 的函数，显然它关于 y 不是线性的. 但若将它改写为

$$\frac{\mathrm{d}x}{\mathrm{d}y}+\frac{3}{y}x=\frac{y}{2},$$

这是关于 x 的一阶线性微分方程. 代入 (7.2.5)，得

$$x=\frac{1}{y^3}\left(C+\frac{1}{2}\int y^4\mathrm{d}y\right)=\frac{y^2}{10}+\frac{C}{y^3}.$$

解微分方程时，通常并不关注哪个是自变量哪个是因变量，视方便而定，关键在于找到两个变量间的函数关系. 解可以是显函数，也可以是隐函数，甚至可以是参数形式的.

练习 5. 求下列方程的通解.

(1) $y'=2xy-x^3+x$；

(2) $\cos^2 x\dfrac{\mathrm{d}y}{\mathrm{d}x}+y=\tan x$；

(3) $\dfrac{\mathrm{d}y}{\mathrm{d}x}+y\dfrac{\mathrm{d}\varphi}{\mathrm{d}x}=\varphi(x)\dfrac{\mathrm{d}\varphi}{\mathrm{d}x}$，其中 $\varphi(x)$ 是已知的具有连续导数的函数.

练习 6. 有一个电阻 $R=10\Omega$、电感 $L=2\mathrm{H}$ 和电源电压 $E=20\sin 5t\,\mathrm{V}$ 的串联电路，求开关闭合后电路中电流 i 与时间的关系.

练习 7. 解下列方程.

(1) $\dfrac{\mathrm{d}y}{\mathrm{d}x}=2\sqrt{\dfrac{y}{x}}+\dfrac{y}{x}$；

(2) $(xy-y^2)\mathrm{d}x-(x^2-2xy)\mathrm{d}y=0$；

(3) $(x+y)y'+(x-y)=0$；

(4) $\mathrm{d}y=\left(x^2y^6-\dfrac{y}{x}\right)\mathrm{d}x$；

(5) $y'+\dfrac{2}{x}y=3x^2y^{\frac{4}{3}}$；

(6) $xy'+y=xy^2\ln x$.

练习 8. 求解下列"积分方程".

(1) $\int_0^x xy\,\mathrm{d}x = x^2 + y$;

(2) $f(x) = \mathrm{e}^x + \mathrm{e}^x \int_0^x f^2(t)\,\mathrm{d}t$.

7.2.3 变量代换

我们在极限运算和积分运算中已看到了变量代换的作用,其实变量代换在数学的各个方面都是极重要的. 下面用变量代换的方法来简化、求解两类微分方程.

1. 齐次方程

如果一阶微分方程可以写成

$$\frac{\mathrm{d}y}{\mathrm{d}x} = g\left(\frac{y}{x}\right) \tag{7.2.6}$$

的形式,则称之为**齐次方程**.

做变换,令 $u = \dfrac{y}{x}$,即 $y = ux$,则 $\dfrac{\mathrm{d}y}{\mathrm{d}x} = u + x\dfrac{\mathrm{d}u}{\mathrm{d}x}$. 代入方程 (7.2.6) 便得到 u 满足的方程

$$u + x\frac{\mathrm{d}u}{\mathrm{d}x} = g(u),$$

即

$$\frac{\mathrm{d}u}{\mathrm{d}x} = \frac{g(u) - u}{x}.$$

这是可分离变量的方程. 求出通解后,用 $\dfrac{y}{x}$ 替代 u,就得到原方程的通解.

例 5 求如下初值问题

$$\begin{cases} x^2 y' + xy = y^2, \\ y\,|_{x=1} = 1 \end{cases}$$

的解.

解 将原方程变形为

$$y' = \left(\frac{y}{x}\right)^2 - \frac{y}{x}.$$

令 $u = \dfrac{y}{x}$,有

$$\frac{\mathrm{d}u}{u^2 - 2u} = \frac{\mathrm{d}x}{x}.$$

两边积分，得

$$\frac{1}{2}(\ln|u-2|-\ln|u|)=\ln|x|+C_1,$$

即

$$\frac{u-2}{u}=Cx^2 \quad (C=\pm e^{2C_1}).$$

则原方程的通解为

$$\frac{y-2x}{y}=Cx^2.$$

由 $y\big|_{x=1}=1$，得 $C=-1$. 故所求的特解为

$$\frac{y-2x}{y}=-x^2 \quad 或 \quad y=\frac{2x}{1+x^2}.$$

例 6　讨论形如

$$\frac{dy}{dx}=f\left(\frac{a_1x+b_1y+c_1}{a_2x+b_2y+c_2}\right) \tag{7.2.7}$$

的一阶微分方程的解，其中 a_1,b_1,c_1,a_2,b_2,c_2 为常数.

解　分三种情形来讨论：

（ⅰ）$c_1^2+c_2^2=0$ 的情形.

此时方程（7.2.7）是齐次方程. 事实上，

$$f\left(\frac{a_1x+b_1y}{a_2x+b_2y}\right)=f\left(\frac{a_1+b_1\dfrac{y}{x}}{a_2+b_2\dfrac{y}{x}}\right)=g\left(\frac{y}{x}\right).$$

（ⅱ）$c_1^2+c_2^2\neq0$，但行列式 $\Delta=\begin{vmatrix} a_1 & b_1 \\ a_2 & b_2 \end{vmatrix}=0$，即 $\dfrac{a_1}{a_2}=\dfrac{b_1}{b_2}=k$. 令 $u=a_2x+b_2y$，则

$$f\left(\frac{k(a_2x+b_2y)+c_1}{a_2x+b_2y+c_2}\right)=f\left(\frac{ku+c_1}{u+c_2}\right)=g(u).$$

于是方程（7.2.7）化为

$$\frac{du}{dx}=a_2+b_2g(u),$$

这是可分离变量方程.

（ⅲ）$c_1^2+c_2^2\neq0$，且 $\Delta=\begin{vmatrix} a_1 & b_1 \\ a_2 & b_2 \end{vmatrix}\neq0$ 的情形.

此时

$$\begin{cases} a_1x+b_1y+c_1=0, \\ a_2x+b_2y+c_2=0, \end{cases}$$

代表 xOy 平面上两条相交直线，设交点为 (α,β). 令

$$x = \xi + \alpha, y = \eta + \beta,$$

其中，ξ、η 为新变量，则

$$f\left(\frac{a_1 x + b_1 y + c_1}{a_2 x + b_2 y + c_2}\right) = f\left(\frac{a_1 \xi + b_1 \eta + a_1 \alpha + b_1 \beta + c_1}{a_2 \xi + b_2 \eta + a_2 \alpha + b_2 \beta + c_2}\right) = f\left(\frac{a_1 \xi + b_1 \eta}{a_2 \xi + b_2 \eta}\right)$$

及 $\dfrac{\mathrm{d}y}{\mathrm{d}x} = \dfrac{\mathrm{d}\eta}{\mathrm{d}\xi}$，从而方程（7.2.7）化为

$$\frac{\mathrm{d}\eta}{\mathrm{d}\xi} = f\left(\frac{a_1 \xi + b_1 \eta}{a_2 \xi + b_2 \eta}\right),$$

此为情形（ⅰ）.

综上所述，方程（7.2.7）是可解的.

2. 伯努利方程

形如

$$\frac{\mathrm{d}y}{\mathrm{d}x} + P(x)y = Q(x)y^n \quad (n \neq 0, 1) \qquad (7.2.8)$$

的方程叫作**伯努利方程**. 它不是线性方程，但可通过变换化为线性方程.

事实上，用 y^n 除方程（7.2.8）的两边，得

$$y^{-n}\frac{\mathrm{d}y}{\mathrm{d}x} + P(x)y^{1-n} = Q(x),$$

即

$$\frac{1}{1-n}\frac{\mathrm{d}y^{1-n}}{\mathrm{d}x} + P(x)y^{1-n} = Q(x).$$

可见只要通过变换，令 $z = y^{1-n}$，方程（7.2.8）就可化为 z 的一阶线性方程

$$\frac{\mathrm{d}z}{\mathrm{d}x} + (1-n)P(x)z = (1-n)Q(x).$$

求出通解后，再用 y^{1-n} 代替 z，就得到伯努利方程（7.2.8）的通解.

例 7　求微分方程

$$\frac{\mathrm{d}y}{\mathrm{d}x} - \frac{4}{x}y = x\sqrt{y}$$

的通解.

解　这是 $n = \dfrac{1}{2}$ 的伯努利方程. 做变换，令 $z = y^{\frac{1}{2}}$，则方程化为

$$\frac{\mathrm{d}z}{\mathrm{d}x} - \frac{2}{x}z = \frac{x}{2}.$$

它的通解为

$$z = e^{\int \frac{2}{x} dx} \left(C + \int \frac{x}{2} e^{-\int \frac{2}{x} dx} dx \right) = x^2 \left(C + \frac{1}{2} \ln|x| \right),$$

故原方程通解为

$$y = x^4 \left(C + \frac{1}{2} \ln|x| \right)^2.$$

练习 9. 解下列方程.

(1) $y' = (x+y)^2$;

(2) $xy' + y = y(\ln x + \ln y)$;

(3) $\dfrac{dy}{dx} = \dfrac{y}{2x} + \dfrac{1}{2y} \tan \dfrac{y^2}{x}$;

(4) $y' = \dfrac{y+x+1}{y-x+5}$;

(5) $xy' (\ln x) \sin y + \cos y (1 - x\cos y) = 0$;

(6) $\sqrt{1+x^2}\, y' \sin 2y = 2x \sin^2 y + e^{2\sqrt{1+x^2}}$.

练习 10. 求曲线族 A：$x^2 + y^2 = 2Cx$ 的**正交曲线族 B**（所谓两个曲线族 A、B 正交是指，通过同一点的分属两族曲线的两条曲线在该点的切线相互垂直）.

7.2.4 应用实例

例 8 （放射性元素的衰变与考古问题） 考证 1972 年出土的长沙马王堆一号墓埋葬的年限.

解 由生物学知，活着的生物由于新陈代谢其体内的碳-14（^{14}C）含量不变，死亡后，新陈代谢停止. 由于 ^{14}C 是放射性物质，随着时间的增加，体内 ^{14}C 将逐渐减少. 物理学家卢瑟福（Rutherford）指出，放射性元素的衰变速度与现有量成正比. 设 $x = x(t)$ 表示生物死亡后 t 年内 ^{14}C 的含量，因为衰变速度为 $-\dfrac{dx}{dt}$，所以 $x(t)$ 满足方程

$$-\frac{dx}{dt} = kx,$$

其中，$k > 0$ 称为衰变常数（单位：1/年）. 设生物死亡时（$t = 0$）体内 ^{14}C 含量为 x_0，所以 $x(t)$ 是初值问题

$$\begin{cases} \dfrac{dx}{dt} = -kx, \\ x(0) = x_0 \end{cases} \tag{7.2.9}$$

的解.

由分离变量法求得方程的通解为

$$x = Ce^{-kt},$$

代入初始条件得 $C = x_0$，故初值问题的解为

$$x = x_0 e^{-kt}. \tag{7.2.10}$$

由此得到

$$t = \frac{1}{k} \ln \frac{x_0}{x}. \tag{7.2.11}$$

因为 ^{14}C 的半衰期（衰减为原有量的一半所需的时间）$T = 5568$ 年，代入式（7.2.11）确定 $k = \dfrac{\ln 2}{T}$. 又因为 x_0 与 x 比值的测定比其衰变速度比的测定困难，测得墓中出土的木炭标本 ^{14}C 平均原子衰变速度为 29.78 次/min，而新砍伐木材的木炭中 ^{14}C 平均原子衰变速度为 38.37 次/min. 由式（7.2.9）知

$$\frac{x'(0)}{x'(t)} = \frac{x(0)}{x(t)},$$

所以

$$t = \frac{1}{k} \ln \frac{x_0}{x} = \frac{T}{\ln 2} \ln \frac{x'(0)}{x'(t)}$$

$$= \frac{5568}{0.6932} \ln \frac{38.37}{29.78} \approx 2036 (\text{年}).$$

因此，马王堆一号墓大约是 2000 多年前的汉墓. □

此例中的初值问题（7.2.9），是服从"变化率与现有量成比例（即相对变化率为常数）"规律的一类实际问题的数学模型，只是不同的问题方程右端的符号有正有负. 例如，一定时期内，人口的增长、生物的增长、细菌的繁殖、存款的复利，都是依指数规律变化的. 从这也就可以看出无理数 e 为什么重要，以 e 为底的对数为什么叫自然对数.

例 9 （质量浓度问题）　设容器内盛有 100L 盐溶液，质量浓度为 10%（即含净盐 10kg），今以 3L/min 的速度注入清水，冲淡溶液，同时以 2L/min 的速度放出盐水. 容器内有搅拌器搅拌，使溶液的质量浓度随时在各处都相同，问 50min 时容器中还有多少净盐，溶液的质量浓度为多少？

解　设 t 分钟时容器内的溶液中含净盐 $x = x(t)$，这时容器中的溶液量为

$$100 + 3t - 2t = 100 + t,$$

其质量浓度为

$$\frac{x}{100 + t}.$$

由于质量浓度是连续变化的，在时间间隔 $[t, t+\mathrm{d}t]$ 内倒出盐溶

液 $2dt$，所以容器内净盐微元是

$$dx = \frac{-2x}{100+t}dt,$$

这就是 $x(t)$ 所满足的微分方程. $x(t)$ 的初值条件是

$$x\mid_{t=0} = 10.$$

将方程分离变量，并根据初值条件求定积分

$$\int_{10}^{x} \frac{dx}{x} = \int_{0}^{t} -\frac{2}{100+t}dt,$$

便得到初值问题的解为

$$\ln x - \ln 10 = -2[\ln(100+t) - \ln 100],$$

即

$$x = \frac{10^5}{(100+t)^2}.$$

因此，50min 时容器中的净盐量为

$$x\mid_{t=50} = \frac{10^5}{150^2} \approx 4.44(kg).$$

此时溶液的质量浓度略低于 3%. □

湖水中的污染物和房间内空气的污染、污染的治理、输液过程中血液内药物的质量浓度等问题都可以归结为本例的数学模型.

练习 11. 2000 年，我国人口数为 12.95 亿，人口增长率为 1%，预测 2030 年我国人口数.

练习 12. 某一新产品起初在市场上的售价为 p 元，如果价格定高了，社会需求就少，导致供给大于需求，必然要降价；如果价格低了，厂商供货不足，社会需求大，必然要提价. 最终有一个供需平衡的价格，记为 p_0. 市场上价格的变化率与当时的销售价同平衡价格之差成正比，写出售价 $p = p(t)$ 满足的微分方程.

练习 13. 一个半球体状的雪堆，其体积融化的速率与半球面面积 S 成正比，比例常数 $k > 0$. 假设在融化过程中雪堆始终保持半球体状，已知半径为 r_0 的雪堆在开始融化的 3h 内，融化了其体积的 $\frac{7}{8}$，问雪堆全部融化需多少小时？

练习 14. 切尔诺贝利核泄漏的主要污染物之一是锶-90（^{90}Sr），它以每年 2.47% 的速率连续衰减，初步估计核泄漏被控制后，该地区需要 100 年才能再次成为人类居住的安全区，问到那时原泄漏的 ^{90}Sr 还有百分之几？

"微元法"在某些实际问题建模时,也是一种重要的方法.

例 10　(几何问题)　设 $f(x)$ 是区间 $[0,+\infty)$ 上具有连续导数的单调增加函数,且 $f(0)=1$. 对任意的 $t\in[0,+\infty)$,直线 $x=0$、$x=t$、曲线 $y=f(x)$ 以及 x 轴所围成的曲边梯形绕 x 轴旋转一周生成一旋转体. 若该旋转体的侧面面积在数值上等于其体积的 2 倍,求函数 $f(x)$ 的表达式.

解　旋转体的体积

$$V=\pi\int_0^t f^2(x)\,\mathrm{d}x,$$

侧面积

$$S=2\pi\int_0^t f(x)\sqrt{1+f'^2(x)}\,\mathrm{d}x.$$

由题设条件知

$$\int_0^t f^2(x)\,\mathrm{d}x=\int_0^t f(x)\sqrt{1+f'^2(x)}\,\mathrm{d}x,$$

上式两端对 t 求导,得

$$f^2(t)=f(t)\sqrt{1+f'^2(t)},$$

即

$$y'=\sqrt{y^2-1}.$$

由分离变量法,得

$$\ln(y+\sqrt{y^2-1})=t+C_1,$$

即

$$y+\sqrt{y^2-1}=C\mathrm{e}^t,$$

将 $y(0)=1$ 代入上式,得 $C=1$.

故

$$y+\sqrt{y^2-1}=\mathrm{e}^t,$$

从而有

$$y-\sqrt{y^2-1}=\mathrm{e}^{-t},$$

即

$$y=\frac{1}{2}(\mathrm{e}^t+\mathrm{e}^{-t}).$$

于是所求函数为

$$y=f(x)=\frac{1}{2}(\mathrm{e}^x+\mathrm{e}^{-x}).$$

练习 15 设曲线 $y=f(x)$，其中 $f(x)$ 是可导函数，且 $f(x)>0$. 已知曲线 $y=f(x)$ 与直线 $y=0$、$x=1$ 及 $x=t$ ($t>1$) 所围成的曲边梯形绕 x 轴旋转一周所得的立体体积值是该曲边梯形面积值的 πt 倍，求该曲线的方程.

7.3 几种可降阶的高阶微分方程

7.3.1 $y^{(n)}=f(x)$ 型方程

这是最简单的高阶微分方程，只需积分 n 次便可得到通解. 事实上，积分一次，得

$$y^{(n-1)}=\int f(x)\mathrm{d}x+C_1.$$

再积分，得

$$y^{(n-2)}=\iint f(x)(\mathrm{d}x)^2+C_1x+C_2.$$

一直积分到 n 次，得到通解

$$y=\overbrace{\int\cdots\int}^{n\uparrow} f(x)(\mathrm{d}x)^n+\frac{C_1}{(n-1)!}x^{n-1}+$$

$$\frac{C_2}{(n-2)!}x^{n-2}+\cdots+C_{n-1}x+C_n,$$

其中，$C_1,C_2,\cdots,C_n$ 为 n 个任意常数.

例 1 求微分方程

$$y'''=\sin x+\cos x$$

的通解.

解 原方程两边对 x 积分，得

$$y''=-\cos x+\sin x+C_1.$$

上式两端对 x 积分，得

$$y'=-\sin x-\cos x+C_1x+C_2.$$

再将上式两端对 x 积分，得通解

$$y=\cos x-\sin x+\frac{1}{2}C_1x^2+C_2x+C_3.$$

练习 1. 解方程 $xy''=\ln x$.

练习 2. 解初值问题 $\begin{cases}(1+x^2)\ y''=1,\\ y|_{x=0}=1,\ y'|_{x=0}=-1.\end{cases}$

7.3.2　$y''=f(x, y')$ 型方程

这是不含未知函数 y 的方程. 只要做变换, 令 $z=y'$, 则 $z'=y''$, 于是方程化为一阶方程

$$z'=f(x,z).$$

如果其通解为 $z=z(x,C_1)$, 则对 $y'=z(x,C_1)$ 再积分一次, 可求出原方程的通解

$$y=\int z(x,C_1)\mathrm{d}x+C_2.$$

例 2　解初值问题

$$\begin{cases} (x^2+1)y''=2xy', \\ y\big|_{x=0}=1, y'\big|_{x=0}=3. \end{cases}$$

解　令 $z=y'$, 则方程变为

$$(x^2+1)\frac{\mathrm{d}z}{\mathrm{d}x}=2xz.$$

由分离变量法, 解得

$$z=C_1(x^2+1),$$

从而有

$$y'=C_1(x^2+1).$$

由初始条件 $y'\big|_{x=0}=3$, 知 $C_1=3$, 所以

$$y'=3(x^2+1).$$

对上式积分, 得

$$y=x^3+3x+C_2.$$

再由初始条件 $y\big|_{x=0}=1$, 知 $C_2=1$. 故所求初值问题的解为

$$y=x^3+3x+1. \qquad\qquad \square$$

对于不含 $y,y',\cdots,y^{(k-1)}$ 的 n 阶方程

$$F(x,y^{(k)},\cdots,y^{(n)})=0,$$

只需做变换, 令 $z=y^{(k)}$, 方程就可以化为 $n-k$ 阶方程

$$F(x,z,\cdots,z^{(n-k)})=0.$$

求出其通解后, 再积分 k 次, 即可得原方程的通解.

例 3　解方程 $y^{(5)}-\dfrac{1}{x}y^{(4)}=0$.

解　令 $z=y^{(4)}$, 则方程变为

$$z'-\frac{1}{x}z=0,$$

由分离变量法, 解得

$$z=Cx.$$

于是

$$y^{(4)} = Cx,$$

故原方程的通解为

$$y = C_1 x^5 + C_2 x^3 + C_3 x^2 + C_4 x + C_5.$$

练习 3. 解方程.

(1) $y'' = -(1+y'^2)^{3/2}$;

(2) $\dfrac{\mathrm{d}^2 x}{\mathrm{d}t^2} = \dfrac{1}{2}\dfrac{\mathrm{d}t}{\mathrm{d}x}$;

(3) $(x+1)y'' + y' = \ln(x+1)$.

练习 4. 解初值问题 $\begin{cases} y'' - \mathrm{e}^{2y} = 0, \\ y\big|_{x=0} = 0, \ y'\big|_{x=0} = 1. \end{cases}$

7.3.3 $y'' = f(y,y')$ 型方程

这个方程中未出现自变量 x. 做变换, 令 $z = y'$, 因为

$$\frac{\mathrm{d}^2 y}{\mathrm{d}x^2} = \frac{\mathrm{d}z}{\mathrm{d}x} = \frac{\mathrm{d}z}{\mathrm{d}y}\frac{\mathrm{d}y}{\mathrm{d}x} = z\,\frac{\mathrm{d}z}{\mathrm{d}y},$$

故方程变为

$$z\,\frac{\mathrm{d}z}{\mathrm{d}y} = f(y,z).$$

如果其通解为 $z = z(y,C_1)$, 再解可分离变量的方程

$$y' = z(y,C_1),$$

就得到原方程通解.

例 4 解方程 $yy'' - y'^2 = 0$.

解 令 $y' = z$, 则 $y'' = z\,\dfrac{\mathrm{d}z}{\mathrm{d}y}$, 方程化为

$$zy\,\frac{\mathrm{d}z}{\mathrm{d}y} - z^2 = 0,$$

即

$$z\left(y\,\frac{\mathrm{d}z}{\mathrm{d}y} - z\right) = 0.$$

由 $z = 0$, 解得 $y = C$.

由 $y\,\dfrac{\mathrm{d}z}{\mathrm{d}y} - z = 0$, 可得 $\ln|z| = \ln|y| + C_1$, 故

$$z = C_2 y \quad (C_2 = \pm \mathrm{e}^{C_1}, \ C_2 \neq 0).$$

又 $z = 0$ 也是解, 所以 C_2 为任意常数. 即

$$\frac{\mathrm{d}y}{\mathrm{d}x} = C_2 y,$$

分离变量，得

$$y = C_3 e^{C_2 x} \quad (C_2 、 C_3 \text{为任意常数}).$$

练习 5. 解方程：(1) $y'' + \dfrac{2}{1-y} y'^2 = 0$；

(2) $yy'' - y'^2 = 0$.

练习 6. 解初值问题 $\begin{cases} y'' = 3\sqrt{y}, \\ y\big|_{x=0} = 1, \quad y'\big|_{x=0} = 2. \end{cases}$

7.3.4　应用实例

例 5　质量为 m 的质点受 Ox 轴向力 $F = F(t)$ 的作用，沿 Ox 轴做直线运动. 已知 $F(0) = F_0$，$F(t_1) = 0$，$F(t)$ 随时间的增大匀速地减小. $t = 0$ 时，质点静止于原点，求质点在时间区间 $[0, t_1]$ 上的运动规律.

解　设 $x = x(t)$ 表示质点在 t 时的位置，由运动学牛顿第二定律得方程

$$mx'' = F(t).$$

由题意，轴向力 $F = F(t)$ 在 t-F 平面上的图形是过点 $(0, F_0)$ 和 $(t_1, 0)$ 的直线，故

$$F = F_0 \left(1 - \frac{t}{t_1}\right), t \in [0, t_1].$$

因此，$x(t)$ 是初值问题

$$\begin{cases} x'' = \dfrac{F_0}{m}\left(1 - \dfrac{t}{t_1}\right), \\ x(0) = x'(0) = 0 \end{cases}$$

的解. 因此

$$x = \int_0^t \left(\int_0^s \frac{F_0}{m}\left(1 - \frac{t}{t_1}\right) \mathrm{d}u\right) \mathrm{d}s = \frac{F_0}{m}\int_0^t \left(t - \frac{t^2}{2t_1}\right) \mathrm{d}t = \frac{F_0}{m}\left(\frac{t^2}{2} - \frac{t^3}{6t_1}\right),$$

即

$$x(t) = \frac{F_0}{2m} t^2 \left(1 - \frac{t}{3t_1}\right), t \in [0, t_1]$$

为所求质点的运动规律.

例 6　设有一均匀柔软无伸缩性的绳索，两端固定，绳索仅受重力作用而自然下垂，试求该绳索在平衡态时的曲线方程.

解　取坐标系如图 7.1 所示，A 为绳索最低点. 显然曲线在 A 点处的切线斜率为零，$|OA|$ 待定. 设曲线方程为 $y = y(x)$.

　　绳索上点 A 到另一点 $M(x,y)$ 间的弧 $\overset{\frown}{AM}$ 受力分析：设 $\overset{\frown}{AM}$ 长为 s，并设单位长度的绳索受到的重力为 ρ，则 $\overset{\frown}{AM}$ 所受重力为 ρs；$\overset{\frown}{AM}$ 还受到两个张力的作用，在 A 点处的张力沿水平切线方向，其大小记为 H；在 M 点处的张力沿该点的切线方向，与水平线夹角记为 θ，其大小记为 T. 根据平衡条件，得

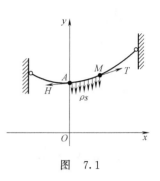

图　7.1

$$T\sin\theta=\rho s，\quad T\cos\theta=H.$$

两式相除，得

$$\tan\theta=\frac{1}{a}s，$$

其中，常数 $a=\dfrac{H}{\rho}$. 由于 $y'=\tan\theta$，故有

$$y'=\frac{1}{a}s.$$

两边关于 x 求导得 $y''=\dfrac{1}{a}s'$. 利用弧微分公式 $\mathrm{d}s=\sqrt{1+y'^2}\,\mathrm{d}x$，便得到绳索曲线所满足的微分方程

$$y''=\frac{1}{a}\sqrt{1+y'^2}.$$

取 $|OA|=a$，则曲线满足初值条件

$$y|_{x=0}=a,y'|_{x=0}=0.$$

　　下面我们来解这个初值问题. 由于方程中不含 y，设 $z=y'$，则方程化为

$$\frac{\mathrm{d}z}{\mathrm{d}x}=\frac{1}{a}\sqrt{1+z^2}.$$

分离变量并积分，得

$$\ln(z+\sqrt{1+z^2})=\frac{x}{a}+C_1.$$

由初值条件 $z|_{x=0}=y'|_{x=0}=0$，代入上式，得 $C_1=0$，故有

$$z+\sqrt{1+z^2}=\mathrm{e}^{\frac{x}{a}}.$$

从而

$$z-\sqrt{1+z^2}=\frac{-1}{z+\sqrt{1+z^2}}=-\mathrm{e}^{-\frac{x}{a}},$$

于是

$$z=\frac{1}{2}(\mathrm{e}^{\frac{x}{a}}-\mathrm{e}^{-\frac{x}{a}}),$$

故

$$y' = \frac{1}{2}(e^{\frac{x}{a}} - e^{-\frac{x}{a}}).$$

两边积分，得

$$y = \frac{a}{2}(e^{\frac{x}{a}} + e^{-\frac{x}{a}}) + C_2.$$

由初值条件 $y\big|_{x=0} = a$，知 $C_2 = 0$，从而绳索曲线方程为

$$y = \frac{a}{2}(e^{\frac{x}{a}} + e^{-\frac{x}{a}}) = a\,\mathrm{ch}\,\frac{x}{a}.$$

此曲线称为**悬链线**.

练习 7. 在上半平面求一条下凸曲线，使其上任一点 $P(x,y)$ 处的曲率等于此曲线在该点的法线段 PQ 长度值的倒数（Q 是法线与 x 轴的交点），且曲线在点 $(1,1)$ 处的切线与 x 轴平行.

练习 8. 敌方导弹 A 沿 y 轴正向，以匀速 v 飞行，经过点 $(0,0)$ 时，我方设在点 $(16,0)$ 处的导弹 B 起飞追击，导弹 B 飞行的方向始终指向 A，速度的大小为 $2v$，求导弹 B 的追踪曲线和导弹 A 的被击中点.

练习 9. 已知曲线 $y = f(x)$ $(x > 0)$ 上点 $(x, f(x))$ 处的切线在 y 轴上的截距等于函数 $f(x)$ 在区间 $[0, x]$ 上的平均值，求 $f(x)$ 的一般表达式.

练习 10. 设非负函数 $y = y(x)$ $(x \geqslant 0)$ 满足微分方程 $xy'' - y' + 2 = 0$. 当曲线 $y = y(x)$ 过原点时，其与直线 $x = 1$ 及 $y = 0$ 围成的平面区域 D 的面积为 2，求 D 绕 y 轴旋转所得旋转体的体积.

7.4　高阶线性微分方程

以下我们将讨论在实际问题中应用较多的所谓高阶线性微分方程. 讨论中以二阶线性微分方程为主.

7.4.1　二阶线性微分方程举例

例 1　设有一弹簧，上端固定，下端悬挂一质量为 m 的物体，物体受到一垂直干扰力 $F_s = H\sin(pt)$ 的作用，求物体的运动规律.

解　如图 7.2 所示，取 x 轴垂直向下，系统的平衡位置为原

点．为确定物体的运动规律，先分析它在位置 $x(t)$ 处的受力情况．

（ⅰ）弹簧弹性力 F 与弹簧变形量成正比，指向平衡位置，故

$$F=-c(\delta+x),$$

其中，c 为弹簧的刚度系数；δ 为弹簧在物体的重力作用下的伸长量．

（ⅱ）介质阻力 F_R，与物体运动速率成正比（速度不大时），与运动方向相反，

$$F_R=-\mu v=-\mu\frac{\mathrm{d}x}{\mathrm{d}t},$$

其中，μ 为常数，称为阻尼系数．

（ⅲ）重力

$$P=mg.$$

（ⅳ）垂直干扰力

$$F_s=H\sin(pt).$$

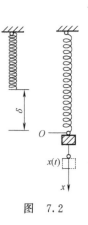

图　7.2

这些力的合力使物体改变运动状态，由牛顿第二定律，得方程

$$m\frac{\mathrm{d}^2x}{\mathrm{d}t^2}=-c(\delta+x)-\mu\frac{\mathrm{d}x}{\mathrm{d}t}+mg+H\sin(pt).$$

由于在系统的平衡位置处，弹性力 $-c\delta$ 与重力 mg 平衡，故有 $-c\delta+mg=0$．于是方程变为

$$m\frac{\mathrm{d}^2x}{\mathrm{d}t^2}+\mu\frac{\mathrm{d}x}{\mathrm{d}t}+cx=H\sin(pt).$$

若记 $\dfrac{\mu}{m}=2n$，$\dfrac{c}{m}=k^2$，$\dfrac{H}{m}=h$，则上面的方程写成

$$\frac{\mathrm{d}^2x}{\mathrm{d}t^2}+2n\frac{\mathrm{d}x}{\mathrm{d}t}+k^2x=h\sin(pt). \tag{7.4.1}$$

这就是物体运动规律 $x=x(t)$ 所满足的微分方程，叫作**强迫振动微分方程**．

如果物体在振动过程中，未受到干扰力的作用，即 $F_s=0$，则运动微分方程

$$\frac{\mathrm{d}^2x}{\mathrm{d}t^2}+2n\frac{\mathrm{d}x}{\mathrm{d}t}+k^2x=0, \tag{7.4.2}$$

叫作**自由振动微分方程**．

例2　设有一个由电阻 R、自感 L、电容 C 和电源 E 串联组成的电路，其中 R、L 及 C 为常数，电源电动势是时间 t 的函数：$E=E_m\sin\omega t$，这里 E_m 及 ω 也是常数（见图 7.3）．

设电路中的电流为 $i(t)$，电容器极板上的电荷量为 $q(t)$，两极板间的电压为 u_C，自感电动势为 E_L，由电学知道

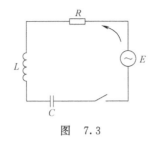

图　7.3

$$i = \frac{\mathrm{d}q}{\mathrm{d}t}, u_C = \frac{q}{C}, E_L = -L\frac{\mathrm{d}i}{\mathrm{d}t},$$

根据回路电压定律，得

$$E - L\frac{\mathrm{d}i}{\mathrm{d}t} - \frac{q}{C} - Ri = 0,$$

即

$$LC\frac{\mathrm{d}^2 u_C}{\mathrm{d}t^2} + RC\frac{\mathrm{d}u_C}{\mathrm{d}t} + u_C = E_m \sin\omega t,$$

或写成

$$\frac{\mathrm{d}^2 u_C}{\mathrm{d}t^2} + 2\beta\frac{\mathrm{d}u_C}{\mathrm{d}t} + \omega_0^2 u_C = \frac{E_m}{LC}\sin\omega t. \tag{7.4.3}$$

式中，$\beta = \frac{R}{2L}$；$\omega_0 = \frac{1}{\sqrt{LC}}$. 这就是**串联电路的振荡方程**.

如果电容器经充电后撤去电源（$E = 0$），则方程（7.4.3）成为

$$\frac{\mathrm{d}^2 u_C}{\mathrm{d}t^2} + 2\beta\frac{\mathrm{d}u_C}{\mathrm{d}t} + \omega_0^2 u_C = 0. \tag{7.4.4}$$

例 1 和例 2 虽然是两个不同的实际问题，但方程（7.4.1）和方程（7.4.3）却都可以归结为同一个形式

$$\frac{\mathrm{d}^2 y}{\mathrm{d}x^2} + P(x)\frac{\mathrm{d}y}{\mathrm{d}x} + Q(x)y = f(x). \tag{7.4.5}$$

而方程（7.4.2）和方程（7.4.4）都是方程（7.4.5）的特殊情形：$f(x) \equiv 0$. 在工程技术的许多其他问题中，也会遇到上述类型的微分方程.

方程（7.4.5）叫作**二阶线性微分方程**，当方程右端 $f(x) \equiv 0$ 时，方程叫作**齐次的**；当右端 $f(x) \not\equiv 0$ 时，方程叫作**非齐次的**.

于是方程（7.4.1）和方程（7.4.3）都是**二阶非齐次线性微分方程**；方程（7.4.2）和方程（7.4.4）都是**二阶齐次线性微分方程**.

7.4.2　线性微分方程的解的结构

先讨论二阶齐次线性方程

$$y'' + P(x)y' + Q(x)y = 0. \tag{7.4.6}$$

定理 7.1　如果函数 $y_1(x)$ 与 $y_2(x)$ 是方程（7.4.6）的两

个解，则

$$y = C_1 y_1 + C_2 y_2 \qquad (7.4.7)$$

也是方程（7.4.6）的解，其中，C_1、C_2 是任意常数.

证明 将式（7.4.7）代入方程（7.4.6）左端，得

$$(C_1 y_1'' + C_2 y_2'') + P(x)(C_1 y_1' + C_2 y_2') + Q(x)(C_1 y_1 + C_2 y_2)$$
$$= C_1 [y_1'' + P(x)y_1' + Q(x)y_1] + C_2 [y_2'' + P(x)y_2' + Q(x)y_2].$$

由于 y_1 与 y_2 是方程（7.4.6）的解，上式括号中的表达式都是零，故式（7.4.7）满足方程（7.4.6），即 $y = C_1 y_1 + C_2 y_2$ 是方程（7.4.6）的解. □

齐次方程的这个性质表明它的解符合**叠加原理**.

那么式（7.4.7）是否为方程（7.4.6）的通解呢? 不一定. 例如，设 y_1 是方程（7.4.6）的解，则 $y_2 = 2y_1$ 也是方程（7.4.6）的解. 这时式（7.4.7）成为 $y = C_1 y_1 + C_2 y_2$，可改写为 $y = C y_1$，其中 $C = C_1 + 2C_2$. 这显然不是方程（7.4.6）的通解. 那么什么情况下式（7.4.7）才是方程（7.4.6）的通解呢? 要解决这个问题，我们还得引入一个新的概念，即所谓函数的线性相关与线性无关.

设 $y_1, y_2, \cdots, y_n$ 为定义在区间 I 内的 n 个函数. 如果存在 n 个不全为零的常数 $k_1, k_2, \cdots, k_n$，使得当 x 在该区间内恒有等式

$$k_1 y_1 + k_2 y_2 + \cdots + k_n y_n \equiv 0$$

成立，则称这 n 个函数在区间 I 内**线性相关**; 否则称**线性无关**.

例如，函数 $1, \cos^2 x, \sin^2 x$ 在整个数轴上是线性相关的，因为取 $k_1 = 1, k_2 = k_3 = -1$，就有恒等式

$$1 - \cos^2 x - \sin^2 x \equiv 0.$$

又如，函数 $1, 2x, x^2$ 在任何区间 (a, b) 内都是线性无关的.

应用上述概念可知，对于两个函数的情形，它们线性相关与否，只要看它们的比是否为常数. 如果比为常数，那么它们就线性相关; 否则，就线性无关.

练习 1. 下列函数组在其定义区间内哪些是线性无关的?

(1) x, x^2;   (2) x, $2x$;

(3) e^{2x}, $3e^{2x}$;   (4) e^{-x}, e^x;

(5) $\sin 2x$, $\cos x \sin x$; (6) $e^x \cos 2x$, $e^x \sin 2x$;

(7) $\ln x$, $x \ln x$;   (8) e^{ax}, e^{bx} $(a \neq b)$.

有了线性无关的概念，我们有如下定理.

定理 7.2　如果 y_1 与 y_2 是方程 (7.4.6) 的两个线性无关的特解，那么
$$y = C_1 y + C_2 y_2 \quad (C_1 、 C_2 \text{为任意常数})$$
就是方程 (7.4.6) 的通解.

练习 2. 验证 $y_1 = \mathrm{e}^{x^2}$ 及 $y_2 = x\mathrm{e}^{x^2}$ 都是方程 $y'' - 4xy' + (4x^2 - 2)y = 0$ 的解，并写出该方程的通解.

下面讨论二阶非齐次线性微分方程 (7.4.5) 的通解结构.

定理 7.3　设 y^* 是二阶非齐次线性微分方程 (7.4.5) 的一个特解，Y 是与非齐次方程 (7.4.5) 对应的齐次方程 (7.4.6) 的通解，则
$$y = Y + y^*$$
是非齐次方程 (7.4.5) 的通解.

证明　将 $y = Y + y^*$ 代入方程 (7.4.5) 的左端，得
$$(Y'' + y^{*''}) + P(x)(Y' + y^{*'}) + Q(x)(Y + y^*)$$
$$= [Y'' + P(x)Y' + Q(x)Y] + [y^{*''} + P(x)y^{*'} + Q(x)y^*],$$
由于 Y 是齐次方程 (7.4.6) 的解，y^* 是非齐次方程 (7.4.5) 的解，故有 $y = Y + y^*$ 是非齐次方程 (7.4.5) 的解.

由于对应的齐次方程 (7.4.6) 的通解 $Y = C_1 y_1 + C_2 y_2$ 中含有两个任意常数，故 $y = Y + y^*$ 中也含有两个任意常数，从而 $y = Y + y^*$ 是非齐次 (7.4.5) 的通解.　　□

非齐次线性微分方程 (5) 的特解，有时可用如下定理帮助求出.

定理 7.4　设非齐次方程 (7.4.5) 右端的 $f(x)$ 是几个函数之和，如
$$y'' + P(x)y' + Q(x)y = f_1(x) + f_2(x), \qquad (7.4.8)$$
而 y_1^* 与 y_2^* 分别是方程
$$y'' + P(x)y' + Q(x)y = f_1(x)$$
与
$$y'' + P(x)y' + Q(x)y = f_2(x)$$
的特解，那么 $y^* = y_1^* + y_2^*$ 是方程 (7.4.8) 的特解.

这个定理通常称为**线性微分方程的解的叠加原理**.

练习 3. 证明齐次线性微分方程
$$a(x)y'' + b(x)y' + c(x)y = 0,$$
(1) 当 $b(x) + xc(x) = 0$ 时，有解 $y = x$；

(2) 当 $a(x)+b(x)+c(x)=0$ 时，有解 $y=\mathrm{e}^x$；

(3) 当 $a(x)-b(x)+c(x)=0$ 时，有解 $y=\mathrm{e}^{-x}$．

并利用这三个结果求解下列方程：

(1) $(1-x)y''+xy'-y=0$；

(2) $y''-y=0$；

(3) $y''+\dfrac{x}{1+x}y'-\dfrac{1}{1+x}y=0$．

7.4.3 常数变易法

在 7.2.2 节中，为了解一阶非齐次线性方程，我们使用了常数变易法．如果 $Cy_1(x)$ 是齐次线性微分方程的解，则可利用变换 $y=C(x)\,y_1(x)$ 去解非齐次线性微分方程．这一方法也适用于高阶线性微分方程．下面就两种情形来进行讨论，（ⅰ）已知齐次方程 (7.4.6) 的一个不恒为零的解；（ⅱ）已知齐次方程 (7.4.6) 的两个线性无关的解，即已知齐次方程 (7.4.6) 的通解．

（ⅰ）如果已知函数 $y_1(x)$ 是齐次方程 (7.4.6) 的一个不恒为零的解，那么，利用变换 $y=C(x)y_1(x)$，把非齐次方程 (7.4.5) 化为一阶线性微分方程．

事实上，将

$$y=C(x)y_1,\ y'=C'(x)y_1+C(x)y_1',$$
$$y''=C''(x)y_1+2C'(x)y_1'+C(x)y_1''$$

代入非齐次方程 (7.4.5)，得

$$C''y_1+2C'(x)y_1'+C(x)y_1''+P[C'(x)y_1+C(x)y_1']+Q\cdot C(x)y_1=f(x),$$

即

$$C''(x)y_1+(2y_1'+Py_1)C'(x)+(y_1''+Py_1'+Qy_1)C(x)=f(x).$$

由于 $y_1''+Py_1'+Qy_1\equiv0$，故有

$$C''(x)y_1+(2y_1'+Py_1)C'(x)=f(x).$$

令 $z=C'(x)$，上式即化为一阶线性微分方程

$$y_1z'+(2y_1'+Py_1)z=f(x). \tag{7.4.9}$$

设方程 (7.4.9) 的通解为

$$z=C_2Z(x)+z^*(x),$$

两边积分，得

$$C(x)=C_1+C_2U(x)+u^*(x),$$

其中，$U'(x)=Z(x)$，$u^{*'}(x)=z^*(x)$．上式乘以 $y_1(x)$，便得方程

(7.4.5) 的通解.
$$y = C_1 y_1(x) + C_2 U(x) y_1(x) + u^*(x) y_1(x).$$
上述方法显然也适用于求齐次方程 (7.4.6) 的通解.

例 3　已知 $y_1(x) = \mathrm{e}^x$ 是齐次方程 $y'' - 2y' + y = 0$ 的解，求非齐次方程 $y'' - 2y' + y = \dfrac{1}{x}\mathrm{e}^x$ 的通解.

解　令 $y = C(x)\mathrm{e}^x$，则 $y' = \mathrm{e}^x[C'(x) + C(x)]$，$y'' = \mathrm{e}^x[C''(x) + 2C'(x) + C(x)]$. 代入非齐次方程，得

$$\mathrm{e}^x[C''(x) + 2C'(x) + C(x)] - 2\mathrm{e}^x[C'(x) + C(x)] + C(x)\mathrm{e}^x = \frac{1}{x}\mathrm{e}^x,$$

即

$$\mathrm{e}^x C''(x) = \frac{1}{x}\mathrm{e}^x,$$

从而
$$C''(x) = \frac{1}{x}.$$

两边直接积分，得
$$C'(x) = C_1 + \ln x,$$

两边再次积分，得
$$C(x) = C_1 x + C_2 + x\ln x - x,$$

即
$$C(x) = C_2 + C_3 x + x\ln x \quad (C_3 = C_1 - 1).$$

于是所求通解为
$$y = C_2 \mathrm{e}^x + C_3 x\mathrm{e}^x + x\mathrm{e}^x \ln x.$$

（ⅱ）如果已知齐次方程 (7.4.6) 的通解为
$$Y(x) = C_1 y_1(x) + C_2 y_2(x),$$
我们可以用如下的常数变易法求非齐次方程 (7.4.5) 的通解：

令
$$y = y_1(x) v_1 + y_2(x) v_2. \tag{7.4.10}$$
要确定未知函数 $v_1(x)$ 及 $v_2(x)$ 使式 (7.4.10) 满足方程 (7.4.5)，为此，对式 (7.4.10) 求导，得
$$y' = y_1 v_1' + y_2 v_2' + y_1' v_1 + y_2' v_2.$$
从 y' 的上述表达式可看出，为了使 y'' 的表达式中不含 v_1'' 和 v_2''，可设
$$y_1 v_1' + y_2 v_2' = 0. \tag{7.4.11}$$
从而
$$y' = y_1' v_1 + y_2' v_2,$$
两边再次求导，得

$$y'' = y_1'v_1' + y_2'v_2' + y_1''v_1 + y_2''v_2.$$

把 y，y'，y'' 代入方程 (7.4.5)，得

$$y_1'v_1' + y_2'v_2' + y_1''v_1 + y_2''v_2 + P(y_1'v_1 + y_2'v_2) +$$
$$Q(y_1v_1 + y_2v_2) = f(x),$$

即

$$y_1'v_1' + y_2'v_2' + (y_1'' + Py_1' + Qy_1)v_1 + (y_2'' + Py_2' + Qy_2)v_2 = f(x).$$

这里 y_1 及 y_2 是方程 (7.4.6) 的解，故上式即为

$$y_1'v_1' + y_2'v_2' = f(x). \tag{7.4.12}$$

联立方程 (7.4.11) 和方程 (7.4.12)，当系数行列式

$$W = \begin{vmatrix} y_1 & y_2 \\ y_1' & y_2' \end{vmatrix} \neq 0$$

时，可解得

$$v_1' = -\frac{y_2 f(x)}{W}, v_2' = \frac{y_1 f(x)}{W}.$$

分别对以上两式积分 [假定 $f(x)$ 连续]，得

$$v_1 = C_1 + \int -\frac{y_2 f(x)}{W} \mathrm{d}x, \quad v_2 = C_2 + \int \frac{y_1 f(x)}{W} \mathrm{d}x.$$

于是得非齐次方程 (7.4.5) 的通解为

$$y = C_1 y_1 + C_2 y_2 - y_1 \int \frac{y_2 f(x)}{W} \mathrm{d}x + y_2 \int \frac{y_1 f(x)}{W} \mathrm{d}x.$$

例 4　已知齐次方程 $(x-1)y'' - xy' + y = 0$ 的通解为 $Y(x) = C_1 x + C_2 \mathrm{e}^x$，求非齐次方程 $(x-1)y'' - xy' + y = (x-1)^2$ 的通解.

解　令 $y = xv_1 + \mathrm{e}^x v_2$. 按照

$$\begin{cases} y_1 v_1' + y_2 v_2' = 0, \\ y_1' v_1' + y_2' v_2' = f(x), \end{cases}$$

有

$$\begin{cases} xv_1' + \mathrm{e}^x v_2' = 0, \\ v_1' + \mathrm{e}^x v_2' = x - 1, \end{cases}$$

解得

$$v_1' = -1, v_2' = x\mathrm{e}^{-x}.$$

积分，得

$$v_1 = C_1 - x, v_2 = C_2 - (x+1)\mathrm{e}^{-x}.$$

于是所求非齐次微分方程的通解为

$$y = C_1 x + C_2 \mathrm{e}^x - (x^2 + x + 1).$$

7.5　二阶常系数线性微分方程

7.5.1　二阶常系数齐次线性微分方程

在二阶齐次微分方程

$$y'' + P(x)y' + Q(x)y = 0$$

中，如果 y' 与 y 的系数均为常数，则有

$$y'' + py' + qy = 0, \tag{7.5.1}$$

称为二阶常系数齐次线性微分方程.

由上节讨论可知，要求方程 (7.5.1) 的通解，可以先求出它的两个线性无关的解 y_1 与 y_2，那么 $y = C_1 y_1 + C_2 y_2$ 即为方程 (7.5.1) 的通解.

当 r 为常数时，指数函数 $y = \mathrm{e}^{rx}$ 和它的导数都只相差一个常数因子. 因此，我们用 $y = \mathrm{e}^{rx}$ 来尝试，看能否选取适当的常数 r，使得 $y = \mathrm{e}^{rx}$ 满足方程 (7.5.1).

将 $y = \mathrm{e}^{rx}$ 代入方程 (7.5.1)，得

$$(r^2 + pr + q)\mathrm{e}^{rx} = 0.$$

由于 $\mathrm{e}^{rx} \neq 0$，故有

$$r^2 + pr + q = 0. \tag{7.5.2}$$

由此可见，只要 r 满足方程 (7.5.2)，函数 $y = \mathrm{e}^{rx}$ 就是方程 (7.5.1) 的解，我们称方程 (7.5.2) 为微分方程 (7.5.1) 的特征方程.

特征方程 (7.5.2) 的两个根 r_1、r_2 可用公式

$$r_{1,2} = \frac{-p \pm \sqrt{p^2 - 4q}}{2}$$

求出，应有三种情形：

（ⅰ）当 $p^2 - 4q > 0$ 时，r_1、r_2 是两个不相等的实根，

$$r_1 = \frac{-p + \sqrt{p^2 - 4q}}{2}, \quad r_2 = \frac{-p - \sqrt{p^2 - 4q}}{2};$$

（ⅱ）当 $p^2 - 4q = 0$ 时，$r_1 = r_2$，

$$r_1 = r_2 = -\frac{p}{2};$$

（ⅲ）当 $p^2 - 4q < 0$ 时，r_1 与 r_2 是一对共轭复根，

$$r_1 = \alpha + \mathrm{i}\beta, \quad r_2 = \alpha - \mathrm{i}\beta,$$

其中

$$\alpha = -\frac{p}{2}, \quad \beta = \frac{\sqrt{4q - p^2}}{2}.$$

相应地，微分方程（7.5.1）的通解就有三种情形.

（ⅰ）特征方程有两个不相等的实根 $r_1 \neq r_2$.

由上面的讨论可知，$y_1 = e^{r_1 x}$ 和 $y_2 = e^{r_2 x}$ 是微分方程（7.5.1）的两个线性无关的解. 故微分方程（7.5.1）的通解为

$$y = C_1 e^{r_1 x} + C_2 e^{r_2 x}.$$

（ⅱ）特征方程有两个相等的实根 $r_1 = r_2$.

此时，我们只得到微分方程（7.5.1）的一个解

$$y_1 = e^{r_1 x}.$$

我们还需求得一个与 y_1 线性无关的解 y_2.

设 $\dfrac{y_2}{y_1} = u(x)$，即 $y_2 = u(x) y_1$，将 $y_2 = u(x) y_1$ 代入方程（7.5.1），得

$$e^{r_1 x} [(u'' + 2r_1 u' + r_1^2 u) + p(u' + r_1 u) + qu] = 0,$$

整理，得

$$u'' + (2r_1 + p)u' + (r_1^2 + pr_1 + q) = 0.$$

由于 r_1 是方程（7.5.2）的二重根，故有 $r_1^2 + pr_1 + q = 0$，且 $2r_1 + p = 0$，于是有

$$u'' = 0.$$

不妨取 $u = x$，由此得到微分方程（7.5.2）与 $y_1 = e^{r_1 x}$ 线性无关的解

$$y_2 = x e^{r_1 x}.$$

从而微分方程（7.5.2）的通解为

$$y = (C_1 + C_2 x) e^{r_1 x}.$$

（ⅲ）特征方程有一对共轭复根 $r_{1,2} = \alpha \pm i\beta$（$\beta \neq 0$）.

这时，$y_1 = e^{(\alpha + i\beta)x}$，$y_2 = e^{(\alpha - i\beta)x}$ 是微分方程（7.5.1）的两个解，但它们是复函数形式. 为了得出实函数形式，我们利用欧拉公式 $e^{i\theta} = \cos\theta + i\sin\theta$ 将 y_1、y_2 分别写成如下形式：

$$y_1 = e^{(\alpha + i\beta)x} = e^{\alpha x} \cdot e^{i\beta x} = e^{\alpha x}(\cos\beta x + i\sin\beta x),$$

$$y_2 = e^{(\alpha - i\beta)x} = e^{\alpha x} \cdot e^{-i\beta x} = e^{\alpha x}(\cos\beta x - i\sin\beta x).$$

因复值函数 y_1 与 y_2 之间成共轭关系，所以取它们的和除以 2 就得到它们的实部；取它们的和除以 2i 就得到它们的虚部，故

$$\bar{y}_1 = \frac{1}{2}(y_1 + y_2) = e^{\alpha x} \cos\beta x,$$

$$\bar{y}_2 = \frac{1}{2i}(y_1 - y_2) = e^{\alpha x} \sin\beta x$$

还是微分方程（7.5.2）的解，且 $\dfrac{\overline{y}_1}{y_2}=\cot\beta x$ 不是常数，故方程

（7.5.2）的通解为

$$y=\mathrm{e}^{ax}(C_1\cos\beta x+C_2\sin\beta x).$$

综上所述，求二阶常系数齐次线性微分方程（7.5.1）的通解步骤如下：

第一步：写出微分方程（7.5.1）的特征方程

$$r^2+pr+q=0.$$

第二步：求出特征方程的两个特征根 r_1、r_2.

第三步：根据特征根的不同情形，按照表 7.1 写出微分方程（7.5.1）的通解：

表 7.1　二阶常系数齐次线性微分方程的通解

特征方程 $r^2+pr+q=0$ 的两个根 r_1、r_2	微分方程 $y''+py'+q=0$ 的通解
两个不相等的实根 r_1、r_2	$y=C_1\mathrm{e}^{r_1x}+C_2\mathrm{e}^{r_2x}$
两个相等的实根 $r_1=r_2$	$y=(C_1+C_2x)\mathrm{e}^{r_1x}$
一对共轭复根 $r_{1,2}=\alpha\pm\mathrm{i}\beta$	$y=\mathrm{e}^{ax}(C_1\cos\beta x+C_2\sin\beta x)$

例 1　解方程 $y''-2y'-3y=0$.

解　因特征方程 $r^2-2r-3=0$ 的根为 $r_1=-1$，$r_2=3$ 互异，故方程的通解为

$$y=C_1\mathrm{e}^{-x}+C_2\mathrm{e}^{3x}.$$

例 2　解方程 $y''-2y'+5y=0$.

解　因特征方程 $r^2-2r+5=0$ 的特征根为 $r_{1,2}=1\pm2\mathrm{i}$，故方程的通解为

$$y=\mathrm{e}^{x}(C_1\cos2x+C_2\sin2x).$$

例 3　解方程 $16y''-24y'+9y=0$.

解　特征方程 $16r^2-24r+9=(4\lambda-3)^2=0$ 的根为 $r_1=r_2=\dfrac{3}{4}$，所以方程的通解

$$y=(C_1+C_2x)\mathrm{e}^{\frac{3}{4}x}.$$

练习 1. 解下列常系数齐次线性微分方程或初值问题.

(1) $y''-2y'=0$；

(2) $y''+2y'+10y=0$；

(3) $y''=-4y$；

$$(4)\ y''-4y'+4y=0;$$

$$(5)\ \begin{cases} y''-4y'+3y=0, \\ y\big|_{x=0}=6,\ y'\big|_{x=0}=10; \end{cases}$$

$$(6)\ \begin{cases} y''-2y'+y=0, \\ y\big|_{x=2}=1,\ y'\big|_{x=2}=2; \end{cases}$$

$$(7)\ \begin{cases} y''+4y'+29y=0, \\ y\big|_{x=0},\ y'\big|_{x=0}=15. \end{cases}$$

上面讨论的二阶常系数齐次线性微分方程所用的方法以及方程的通解形式，可推广到 n 阶常系数齐次线性微分方程上去，对此，我们不再详细讨论，只简单地叙述如下：

n 阶常系数齐次线性微分方程的一般形式是

$$y^{(n)}+p_1 y^{(n-1)}+\cdots+p_{n-1}y'+p_n y=0, \qquad (7.5.3)$$

其中，$p_1,p_2,\cdots,p_{n-1},p_n$ 都是常数.

如同讨论二阶常系数齐次线性微分方程那样，令

$$y=\mathrm{e}^{rx}$$

是方程（7.5.3）的解，将 $y=\mathrm{e}^{rx}$ 代入方程（7.5.3），得

$$\mathrm{e}^{rx}(r^n+p_1 r^{n-1}+p_2 r^{n-2}+\cdots+p_{n-1}r+p_n)=0.$$

故有

$$r^n+p_1 r^{n-1}+\cdots+p_{n-1}r+p_n=0. \qquad (7.5.4)$$

方程（7.5.4）称为方程（7.5.3）的特征方程.

根据特征方程的根，可写出其对应的微分方程的解如下（见表 7.2）：

表 7.2　n 阶常系数齐次线性微分方程的通解

特征方程的根	微分方程通解中的对应项
（ⅰ）单实根 r	给出一项：$C\mathrm{e}^{rx}$
（ⅱ）k 重实根	给出 k 项：$\mathrm{e}^{rx}(C_1+C_2 x+\cdots+C_k x^{k-1})$
（ⅲ）一对单复根	给出两项：$\mathrm{e}^{\alpha x}(C_1\cos\beta x+C_2\sin\beta x)$
$\quad r_{1,2}=\alpha\pm\mathrm{i}\beta$	
（ⅳ）一对 k 重复根	给出 $2k$ 项：$\mathrm{e}^{\alpha x}[(C_1+C_2 x+\cdots+C_k x^{k-1})\cos\beta x+$
$\quad r_{1,2}=\alpha+\mathrm{i}\beta$	$\qquad (D_1+D_2 x+\cdots+D_k x^{k-1})\sin\beta x]$

由代数学知道，n 次代数方程有且只有 n 个根. 而特征方程的每一个根都对应着通解中的一项，且每一项各含一个任意常数. 这样就得到 n 阶常系数齐次线性微分方程的通解

$$y=C_1 y_1+C_2 y_2+\cdots+C_n y_n.$$

例 4　解方程 $y^{(5)}+y^{(4)}+2y'''+2y''+y'+y=0$.

解 特征方程为
$$r^5+r^4+2r^3+2r^2+r+1=0,$$
故其根为 $r_1=-1$，$r_{2,3}=\pm\mathrm{i}$（二重共轭复根），于是通解为
$$y=C_1\mathrm{e}^{-x}+(C_1+C_2x)\cos x+(D_1+D_2x)\sin x.$$

> **练习2.** 解下列常系数齐次线性微分方程.
> (1) $y'''-y''-y'+y=0$；(2) $y'''-4y''+y'+6y=0$.
>
> **练习3.** 设 $y=y(x)\in C^2[-1,1]$，且满足方程 $(1-x^2)y''-xy'+ay=0$（$a=1$ 或 $a=-1$），构造自变量变换 $x=\sin t$，求 y 作为 t 的函数应满足的方程，并求 $y(x)$.
>
> **练习4.** 设某三阶常系数齐次线性微分方程的通解为 $y=C_1\mathrm{e}^x+C_2\cos 2x+C_3\sin 2x$（$C_1,C_2,C_3$ 为任意常数），求此微分方程.

7.5.2 二阶常系数非齐次线性微分方程

二阶常系数非齐次线性微分方程的一般形式为
$$y''+py'+qy=f(x),\tag{7.5.5}$$
其中，p、q 是常数.

由定理 7.2 可知，求方程（7.5.5）的通解，可归结为求对应的齐次方程（7.5.1）的通解和其本身的一个特解. 由于方程（7.5.1）的通解的求法已得到解决，这里只需讨论求方程（7.5.5）的一个特解 y^* 的方法.

下面介绍一类常见的常系数非齐次方程求特解的重要方法——待定系数法.

当方程（7.5.5）的右端函数 $f(x)$ 是多项式、正弦函数、余弦函数、指数函数或它们的和与积时，由于它们的导数是自封闭的，而方程（7.5.5）又是常系数线性的，可以想到，此方程有与右端函数属同一类函数的特解. 下面介绍当 $f(x)$ 为以下两种形式时 y^* 的求法.

1. $f(x)=\mathrm{e}^{\lambda x}P_m(x)$ 型

$P_m(x)$ 是 m 次多项式：
$$P_m(x)=a_0x^m+a_1x^{m-1}+\cdots+a_{m-1}x+a_m.$$

因为方程（7.5.5）右端的 $f(x)$ 是多项式 $P_m(x)$ 与指数函数 $\mathrm{e}^{\lambda x}$ 的乘积，因此我们推测 $y^*=Q(x)\mathrm{e}^{\lambda x}$［其中，$Q(x)$ 是某个多项式］可能是方程（7.5.5）的特解. 将 y^* 代入方程（7.5.5），得

$$Q''(x)+(2\lambda+p)Q'(x)+(\lambda^2+p\lambda+q)Q(x)=P_m(x).$$

$$(7.5.6)$$

（ⅰ）如果 λ 不是特征方程（7.5.2）的特征根，即 $\lambda^2+p\lambda+q\neq0$. 由于 $P_m(x)$ 是一个 m 次多项式，要使式（7.5.6）的两端恒等，那么可令 $Q(x)$ 为另一个 m 次多项式 $Q_m(x)$:

$$Q_m(x)=b_0x^m+b_1x^{m-1}+\cdots+b_{m-1}x+b_m,$$

代入式（7.5.6），比较两端 x 同次幂的系数，就得到含有 $b_0,b_1,\cdots,b_m$ 作为未知数的 $m+1$ 个方程的联立方程组. 从而可以确定这些 b_i $(i=0,1,\cdots,m)$ 并得到所求的特解 $y^*=Q_m(x)\mathrm{e}^{\lambda x}$.

（ⅱ）如果 λ 是特征方程（2）的单根，即 $\lambda^2+p\lambda+q=0$，但 $2\lambda+p\neq0$. 要使式（7.5.6）的两端恒等，那么 $Q'(x)$ 必须是 m 次多项式. 此时可令

$$Q(x)=xQ_m(x),$$

并且可用同样的方法来确定 $Q_m(x)$ 的系数 $b_i(i=0,1,2,\cdots,m)$.

（ⅲ）如果 λ 是特征方程（7.5.2）的二重根，即 $\lambda^2+p\lambda+q=0$，且 $2\lambda+p=0$. 要使式（7.5.6）的两端恒等，那么 $Q''(x)$ 必须是 m 次多项式. 此时可令

$$Q(x)=x^2Q_m(x),$$

并用同样的方法确定 $Q_m(x)$ 中的系数.

综上所述，我们有如下结论：

如果 $f(x)=P_m(x)\mathrm{e}^{\lambda x}$，则二阶常系数非齐次线性微分方程（7.5.5）具有形如

$$y^*=x^kQ_m(x)\mathrm{e}^{\lambda x} \tag{7.5.7}$$

的特解，其中 $Q_m(x)$ 是与 $P_m(x)$ 同次的多项式，而 k 则可以按 λ 不是特征方程的根、是特征方程的单根或是特征方程的二重根依次取 0、1 或 2.

上述结论可推广到 n 阶常系数非齐次线性微分方程，但要注意式（7.5.7）中的 k 是特征方程根 λ 的重数.

练习 5. 解下列方程.

(1) $2y''+5y'=5x^2-2x-1$;

(2) $y''-6y'+9y=\mathrm{e}^{3x}(x+1)$.

练习 6. 解下列初值问题.

(1) $y''+2y'+2y=x\mathrm{e}^{-x}$, $y(0)=y'(0)=0$.

---

2. $f(x)=\mathrm{e}^{\lambda x}[P_n(x)\cos\omega x+Q_m(x)\sin\omega x]$ 型

应用欧拉公式，把三角函数表示为复变指数函数形式，有

$$f(x) = e^{\lambda x}(P_n \cos\omega x + Q_m \sin\omega x)$$

$$= e^{\lambda x}\left(P_n \frac{e^{i\omega x} + e^{-i\omega x}}{2} + Q_m \frac{e^{i\omega x} - e^{-i\omega x}}{2i}\right)$$

$$= \left(\frac{P_n}{2} + \frac{Q_m}{2i}\right)e^{(\lambda+i\omega)x} + \left(\frac{P_n}{2} - \frac{Q_m}{2i}\right)e^{(\lambda-i\omega)x}$$

$$= P(x)e^{(\lambda+i\omega)x} + \overline{P}(x)e^{(\lambda-i\omega)x},$$

其中,

$$P(x) = \frac{P_n}{2} + \frac{Q_m}{2i} = \frac{P_n}{2} - \frac{Q_m}{2}i,$$

$$\overline{P}(x) = \frac{P_n}{2} - \frac{Q_m}{2i} = \frac{P_n}{2} + \frac{Q_m}{2}i$$

是互为共轭的 l 次多项式（即它们对应项的系数是共轭复数），而 $l = \max\{n, m\}$.

对于 $f(x)$ 中的第一项 $P(x)e^{(\lambda+i\omega)x}$ 可求出一个 l 次多项式 $M_l(x)$, 使得 $y_1^* = x^k M_l(x)e^{(\lambda+i\omega)x}$ 为方程

$$y'' + py' + qy = P(x)e^{(\lambda+i\omega)x}$$

的特解, 其中 k 可以按 $\lambda + i\omega$ 不是特征方程的根或是特征方程的根依次取 0 或 1. 由于 $f(x)$ 的第二项 $\overline{P}(x)e^{(\lambda-i\omega)x}$ 与第一项 $P(x)e^{(\lambda+i\omega)x}$ 成共轭, 所以与 y_1^* 成共轭的函数 $y_2^* = x^k \overline{M}_l e^{(\lambda-i\omega)x}$ 必是方程

$$y'' + py' + qy = \overline{P}(x)e^{(\lambda-i\omega)x}$$

的特解, 这里 $\overline{M}_l$ 表示与 M_l 成共轭的 l 次多项式. 于是, 根据定理 7.4, 方程 (7.5.5) 具有形如

$$y^* = x^k M_l e^{(\lambda+i\omega)x} + x^k \overline{M}_l e^{(\lambda-i\omega)x}$$

的特解. 上式可写成

$$y^* = x^k e^{\lambda x}(M_l e^{i\omega x} + \overline{M}_l e^{-i\omega x})$$

$$= x^k e^{\lambda x}[M_l(\cos\omega x + i\sin\omega x) + \overline{M}_l(\cos\omega x - i\sin\omega x)],$$

由于括弧内的两项是互成共轭的, 相加后即无虚部, 所以可写成实函数的形式

$$y^* = x^k e^{\lambda x}[R_l^{(1)}(x)\cos\omega x + R_l^{(2)}(x)\sin\omega x].$$

综上所述, 有如下结论:

如果 $f(x) = e^{\lambda x}[P_n(x)\cos\omega x + Q_m(x)\sin\omega x]$, 则二阶常系数非齐次线性微分方程 (7.5.5) 的特解可设为

$$y^* = x^k e^{\lambda x}[R_l^{(1)}(x)\cos\omega x + R_l^{(2)}(x)\sin\omega x], \qquad (7.5.8)$$

其中, $R_l^{(1)}(x)$ 和 $R_l^{(2)}(x)$ 是 l 次多项式, $l = \max\{n, m\}$, 而 k

按 $\lambda \pm i\omega$ 不是特征方程的根或是特征方程的根依次取 0 或 1.

上述结论可推广到 n 阶常系数非齐次线性微分方程，但要注意式（7.5.8）中的 k 是特征方程中含根 $\lambda \pm i\omega$ 的重复次数.

例 5 求方程 $y'' - 5y' + 6y = (1+x)\,\mathrm{e}^{4x}$ 的通解.

解 特征方程 $r^2 - 5r + 6 = 0$ 的根 $r_1 = 2$，$r_2 = 3$，故齐次方程的通解为
$$Y = C_1 \mathrm{e}^{2x} + C_2 \mathrm{e}^{3x}.$$

因为 $f(x) = (1+x)\,\mathrm{e}^{4x}$，故所求齐次方程的特解可设为
$$y^* = (b_0 x + b_1)\mathrm{e}^{4x},$$

代入方程，消去 e^{4x}，得
$$2b_0 x + 2b_1 + 3b_0 = x + 1,$$

故 $b_0 = \dfrac{1}{2}$，$b_1 = -\dfrac{1}{4}$，即
$$y^* = \left(\frac{1}{2}x - \frac{1}{4}\right)\mathrm{e}^{4x}.$$

所求方程的通解为
$$y = Y + y^* = C_1 \mathrm{e}^{2x} + C_2 \mathrm{e}^{3x} + \frac{1}{4}(2x-1)\mathrm{e}^{4x}.$$

例 6 求方程 $y'' - y' = \sin x$ 的通解.

解 特征方程 $r^2 - r = 0$ 的根 $r_1 = 0$，$r_2 = 1$. 故齐次方程的通解为
$$Y = C_1 + C_2 \mathrm{e}^{x}.$$

因为 $f(x) = \sin x$，故非齐次方程的特解可设为
$$y^* = b_0 \cos x + d_0 \sin x.$$

代入方程，得
$$(b_0 - d_0)\sin x - (b_0 + d_0)\cos x = \sin x,$$

比较同类项的系数得 $b_0 = \dfrac{1}{2}$，$d_0 = -\dfrac{1}{2}$，故
$$y^* = \frac{1}{2}(\cos x - \sin x).$$

所求方程的通解为
$$y = Y + y^* = C_1 + C_2 \mathrm{e}^{x} + \frac{1}{2}(\cos x - \sin x).$$

练习 7. 解方程 $y'' - 2y' + 5y = \mathrm{e}^x \sin 2x$.

练习 8. 解下列初值问题.

（1）$y^{(4)} + y'' = 2\cos x$，$y(0) = -2$，$y'(0) = 1$，$y''(0) = y'''(0) = 0$；

(2) $y' = 1 + \int_0^x [6\sin^2 t - y(t)] \mathrm{d}t$，$y(0) = 0$.

例 7 指出下列常系数非齐次线性微分方程的特解形式（不必确定多项式系数）：

(1) $y'' + 2y' + 2y = \mathrm{e}^{-x}(x\cos x + 3\sin x)$；

(2) $y'' + y' = x - 2 + 3\mathrm{e}^{2x}$

解 (1) 特征方程 $r^2 + 2r + 2 = 0$ 的根 $r_{1,2} = -1 \pm \mathrm{i}$.

$f(x) = \mathrm{e}^{-x}(x\cos x + 3\sin x)$ 属于 $\mathrm{e}^{\lambda x}[P_n(x)\cos\omega x + Q_m(x)\sin\omega x]$型，其中，$\lambda = -1$，$\omega = 1$，$P_n(x) = x$，$Q_m(x) = 3$. 因为 $\lambda \pm \mathrm{i}\omega = -1 \pm \mathrm{i}$ 是特征根. 故特解可设为

$$y^* = x\mathrm{e}^{-x}[(b_0 x + b_1)\cos x + (d_0 x + d_1)\sin x].$$

(2) 设 $f_1(x) = x - 2$，$f_2(x) = 3\mathrm{e}^{2x}$. 由定理 7.4 知，方程的特解可设为

$$y^* = x(b_0 x + b_1) + d_0 \mathrm{e}^{2x}.$$

练习 9. 解下列方程.

(1) $y'' - 4y' + 4y = 8x^2 + \mathrm{e}^{2x} + \sin 2x$；

(2) $y''' - 2y'' - 4y' + 8y = 16(\mathrm{e}^{-2x} + \mathrm{e}^{2x})$.

例 8 求方程 $y''' - 3y'' + 3y' - y = \mathrm{e}^x$ 的通解.

解 特征方程 $\lambda^3 - 3\lambda^2 + 3\lambda - 1 = (\lambda - 1)^3 = 0$ 的根 $r = 1$（三重根），故齐次方程的通解为

$$Y = (C_1 + C_2 x + C_3 x^2)\mathrm{e}^x.$$

又因 $f(x) = \mathrm{e}^x$ 且 1 是特征方程的三重根，故设非齐次方程的特解为

$$y^* = x^3 b_0 \mathrm{e}^x,$$

代入方程解得 $b_0 = \dfrac{1}{6}$，故特解为

$$y^* = \frac{1}{6}x^3 \mathrm{e}^x.$$

方程的通解为

$$y = Y + y^* = \left(C_1 + C_2 x + C_3 x^2 + \frac{1}{6}x^3\right)\mathrm{e}^x.$$

练习 10. 设二阶常系数非齐次线性微分方程 $y'' + \alpha y' + \beta y = \gamma \mathrm{e}^x$ 的一个特解为 $y = \mathrm{e}^{2x} + (1 + x)\mathrm{e}^x$，试确定常数 α, β, γ，并求出该方程的通解.

练习 11. 指出下列方程的特解形式.

(1) $y''+y=2\sin x\sin 2x$；(2) $y''+y'=(x^2+1)\sin^2\dfrac{x}{2}$.

7.5.3 欧拉方程

形如

$$x^n y^{(n)}+a_1 x^{n-1}y^{(n-1)}+\cdots+a_{n-1}xy'+a_n y=f(x)$$

$$(7.5.9)$$

的方程称为**欧拉方程**，其中 $a_i(i=1,2,\cdots,n)$ 均为常数. 它是线性微分方程，但不是常系数的. 它的特点是系数为 x 的幂函数，幂指数与未知函数的导数的阶数相等. 容易想到：齐次欧拉方程有幂函数 $y=x^\lambda$ 形式的解. 做变换，令 $x=\mathrm{e}^t$，这个解化为指数函数 $y=\mathrm{e}^{\lambda t}$，方程就化为常系数线性方程. 事实上，由于 $t=\ln x$，则

$$\frac{\mathrm{d}y}{\mathrm{d}x}=\frac{\mathrm{d}y}{\mathrm{d}t}\frac{\mathrm{d}t}{\mathrm{d}x}=\frac{1}{x}\frac{\mathrm{d}y}{\mathrm{d}t},$$

$$\frac{\mathrm{d}^2 y}{\mathrm{d}x^2}=\frac{\mathrm{d}}{\mathrm{d}x}\left(\frac{1}{x}\frac{\mathrm{d}y}{\mathrm{d}t}\right)=\frac{1}{x^2}\left(\frac{\mathrm{d}^2 y}{\mathrm{d}t^2}-\frac{\mathrm{d}y}{\mathrm{d}t}\right),$$

$$\frac{\mathrm{d}^3 y}{\mathrm{d}x^3}=\frac{1}{x^3}\left(\frac{\mathrm{d}^3 y}{\mathrm{d}t^3}-3\frac{\mathrm{d}^2 y}{\mathrm{d}t^2}+2\frac{\mathrm{d}y}{\mathrm{d}t}\right),$$

$$\vdots$$

如果采用算子 D 表示关于 t 的导数运算 $\dfrac{\mathrm{d}}{\mathrm{d}t}$，则由上列结果得到

$$xy'=\mathrm{D}y,$$

$$x^2 y''=\mathrm{D}(\mathrm{D}-1)y,$$

$$x^3 y'''=\mathrm{D}(\mathrm{D}-1)(\mathrm{D}-2)y,$$

$$\vdots$$

$$x^n y^{(n)}=\mathrm{D}(\mathrm{D}-1)\cdots(\mathrm{D}-n+1)y,$$

代入欧拉方程 (7.5.9)，便得到以 t 为自变量的常系数线性方程. 求出通解后，将 $t=\ln x$ 代入，就得到欧拉方程 (7.5.9) 的通解.

例 9　求欧拉方程 $x^3 y'''+x^2 y''-4xy'=3x^2$ 的通解.

解　设 $x=\mathrm{e}^t$，即 $t=\ln x$，方程变为

$$\mathrm{D}(\mathrm{D}-1)(\mathrm{D}-2)y+\mathrm{D}(\mathrm{D}-1)y-4\mathrm{D}y=3\mathrm{e}^{2t},$$

即

$$D(D+1)(D-3)y=3e^{2t}. \qquad (7.5.10)$$

特征方程 $r(r+1)(r-3)=0$ 的根为 $r_1=0, r_2=-1, r_3=3$，故相应的齐次线性方程的通解为

$$Y=C_1+C_2e^{-t}+C_3e^{3t}.$$

设方程 (7.5.10) 的特解为 $y^*=ae^{2t}$，代入方程 (7.5.10)，得 $a=-\dfrac{1}{2}$，故

$$y^*=-\frac{1}{2}e^{2t}.$$

因此，方程 (7.5.10) 的通解为

$$y=Y+y^*=C_1+C_2e^{-t}+C_3e^{3t}-\frac{1}{2}e^{2t}.$$

由于 $x=e^t$，故原方程的通解为

$$y=C_1+C_2\frac{1}{x}+C_3x^3-\frac{1}{2}x^2.$$

例 10　解初值问题

$$\begin{cases} x^2y''-xy'+y=x\ln x, \\ y\big|_{x=1}=1, y'\big|_{x=1}=1. \end{cases} \qquad (7.5.11)$$

解　令 $x=e^t$，即 $t=\ln x$，方程化为

$$[D(D-1)-D+1]y=te^t,$$

即

$$(D-1)^2y=te^t. \qquad (7.5.12)$$

故方程 (7.5.12) 的特征方程 $(r-1)^2=0$ 的根为 $r=1$（二重），对应的齐次方程的通解为

$$Y=(C_1+C_2t)e^t.$$

设方程 (7.5.12) 的特解为

$$y^*=t^2(b_0t+b_1)e^t,$$

代入方程 (7.5.12) 解得 $b_0=\dfrac{1}{6}$，$b_1=0$，故

$$y^*=\frac{1}{6}t^3e^t.$$

因此原方程的通解为

$$y=Y+y^*=C_1x+C_2x\ln x+\frac{1}{6}x\ln^3x.$$

由初始条件，得 $C_1=1$，$C_2=0$，故初值问题 (7.5.11) 的解为

$$y=x+\frac{1}{6}x\ln^3x.$$

本节讨论中，所取的变换 $t=\ln x$ 限定了解的范围是 $x>0$ 的，怎样求 $x<0$ 部分上的解呢？请读者自己分析.

> **练习 12.** 求解如下的欧拉方程.
>
> (1) $x^2 y''+3xy'+y=0$；　　　　(2) $x^2 y''+xy'+y=x$；
>
> (3) $x^2 y''+xy'-y=2\ln x$.

7.5.4 常系数线性微分方程组解法举例

如果微分方程组中的每一个微分方程都是常系数线性微分方程，那么，这种微分方程组就叫作**常系数线性微分方程组**。

对于常系数线性微分方程组，我们可用下述方法求它的解：

第一步：从方程组中消去一些未知函数及其各阶导数，得到只含有一个未知函数的高阶常系数线性微分方程.

第二步：解此高阶微分方程，求出满足该方程的未知函数.

第三步：把已求得的函数代入原方程组，一般说来，不必经过积分就可求出其余的未知函数.

例 11　解微分方程组

$$\begin{cases} \dfrac{\mathrm{d}y}{\mathrm{d}x}=3y-2z, & (7.5.13) \\[2mm] \dfrac{\mathrm{d}z}{\mathrm{d}x}=2y-z. & (7.5.14) \end{cases}$$

解　这是含有两个未知函数 $y(x)$、$z(x)$ 的由两个一阶常系数线性微分方程组成的方程组.

由式 (7.5.14)，得

$$y=\frac{1}{2}\left(\frac{\mathrm{d}z}{\mathrm{d}x}+z\right). \tag{7.5.15}$$

上式两边求导，得

$$\frac{\mathrm{d}y}{\mathrm{d}x}=\frac{1}{2}\left(\frac{\mathrm{d}^2 z}{\mathrm{d}x^2}+\frac{\mathrm{d}z}{\mathrm{d}x}\right). \tag{7.5.16}$$

将式 (7.5.15)、式 (7.5.16) 代入式 (7.5.13)，有

$$\frac{\mathrm{d}^2 z}{\mathrm{d}x^2}-2\frac{\mathrm{d}z}{\mathrm{d}x}+z=0.$$

此为一个二阶常系数线性微分方程，其通解为

$$z=(C_1+C_2 x)\mathrm{e}^x. \tag{7.5.17}$$

再把式 (7.5.17) 代入式 (7.5.15)，得

$$y=\frac{1}{2}(2C_1+C_2+2C_2 x)\mathrm{e}^x. \tag{7.5.18}$$

将式 (7.5.17)、式 (7.5.18) 联立即为所给方程组的通解.

例 12　解微分方程组

$$\begin{cases} y' + z' - \dfrac{2}{x^2}y - z = x, & (7.5.19) \\[3mm] xy' - z' + \dfrac{2}{x^2}y - xz = x^2. & (7.5.20) \end{cases}$$

解　式 (7.5.19) 与式 (7.5.20) 两式相加, 得

$$(x+1)y' - (x+1)z = x(x+1).$$

由此, 得

$$z = y' - x,$$

上式两边求导, 有

$$z' = y'' - 1,$$

代入式 (7.5.19), 得

$$x^2 y'' - 2y = x^2. \qquad (7.5.21)$$

式 (7.5.21) 为欧拉方程, 按欧拉方程的解法可得

$$y = \frac{x^2}{3}\ln x + \frac{C_1}{x} + C_2 x^2,$$

于是

$$z = y' - x = \frac{2}{3}x(\ln x - 1) - \frac{C_1}{x^2} + 2C_2 x.$$

7.5.5　应用实例

例 13　机械振动问题:

求自由振动微分方程

$$\frac{\mathrm{d}^2 x}{\mathrm{d}t^2} + 2n\frac{\mathrm{d}x}{\mathrm{d}t} + k^2 x = 0 \qquad (7.5.22)$$

满足初始条件

$$x\big|_{t=0} = x_0, \quad \frac{\mathrm{d}x}{\mathrm{d}t}\bigg|_{t=0} = v_0$$

的解.

解　特征方程 $r^2 + 2nr + k^2 = 0$ 的根为

$$r_{1,2} = -n \pm \sqrt{n^2 - k^2}.$$

下面分 $n < k$, $n = k$ 及 $n > k$ 三种情形分别讨论.

（ⅰ）小阻尼情形 $(n < k)$.

特征根 $r_{1,2} = -n \pm \mathrm{i}\sqrt{k^2 - n^2}$ 是一对共轭复数, 故方程 (7.5.22) 的通解为

$$x = \mathrm{e}^{-nt}(C_1 \cos\sqrt{k^2-n^2}\,t + C_2 \sin\sqrt{k^2-n^2}\,t).$$

由初始条件确定 $C_1 = x_0$，$C_2 = \dfrac{v_0 + nx_0}{\sqrt{k^2-n^2}}$. 记 $\lambda = \sqrt{k^2-n^2}$，

则所求振动为

$$x = \mathrm{e}^{-nt}\left(x_0 \cos\lambda t + \frac{v_0 + nx_0}{\lambda}\sin\lambda t\right),$$

也可表示为

$$x = A\mathrm{e}^{-nt}\sin(\lambda t + \varphi),$$

其中

$$A = \sqrt{x_0^2 + \frac{(v_0 + nx_0)^2}{\lambda^2}},$$

$$\tan\varphi = \frac{\lambda x_0}{v_0 + nx_0}.$$

（ⅱ）大阻尼情形（$n > k$）.

特征根 $r_1 = -n + \sqrt{n^2-k^2}$，$r_2 = -n - \sqrt{n^2-k^2}$ 为两个相异实根，故方程（7.5.22）的通解为

$$x = C_1 \mathrm{e}^{-(n+\sqrt{n^2-k^2})t} + C_2 \mathrm{e}^{-(n-\sqrt{n^2-k^2})t}.$$

（ⅲ）临界阻尼情形（$n = k$）.

特征根 $r_1 = -n$（二重），故方程（7.5.22）的通解为

$$x = \mathrm{e}^{-nt}(C_1 + C_2 t).$$

在大阻尼和临界阻尼情形下，无论初值如何，运动都不具有振动特性，而依负指数趋于平衡态. 小阻尼振动也将随时间增大依负指数趋于平衡态.

例 14 求（阻尼）强迫振动方程

$$\frac{\mathrm{d}^2 x}{\mathrm{d}t^2} + 2n\frac{\mathrm{d}x}{\mathrm{d}t} + k^2 x = h\sin\omega t \tag{7.5.23}$$

的解.

解 它的齐次线性方程是阻尼自由振动方程（7.5.22）. 由本节例 13 知，无论大阻尼，小阻尼，还是临界阻尼情况，阻尼自由振动都按负指数函数的速度渐渐消失. 因此若不考虑开始阶段，只需求强迫振动方程（7.5.23）的特解.

由于 $n \neq 0$，故 $\mathrm{i}\omega$ 不是特征根 $r_{1,2} = -n \pm \sqrt{n^2-k^2}$. 故设方程（7.5.23）的特解为 $x^* = a\cos\omega t + b\sin\omega t$，代入方程（7.5.23）求得

$$a = \frac{-2n\omega h}{(k^2-\omega^2)^2 + 4n^2\omega^2}, \quad b = \frac{h(k^2-\omega^2)}{(k^2-\omega^2)^2 + 4n^2\omega^2}.$$

若令

$$B=\sqrt{a^2+b^2}=\frac{h}{\sqrt{(k^2-\omega^2)^2+4n^2\omega^2}}, \quad \sin\psi=\frac{a}{B}, \cos\psi=\frac{b}{B},$$

则特解可表示为

$$x^*=B\sin(\omega t+\psi),$$

也是简谐振动.

由此可见, 当干扰力的频率 ω 接近系统的固有频率 $\lambda=\sqrt{k^2-n^2}$, 且阻尼很小 (阻尼系数 n 很小) 时, 强迫振动的振幅 B 就很大, 就会产生共振现象. 在桥梁、机械设计时必须注意它, 防止因此造成事故.

例 15　已知函数 $y(x)$ $(x>0)$ 具有二阶导数, 且 $y'(x)>0$, $y(1)=1$, 若曲线 $y=y(x)$ $(x>0)$ 上任一点 $M(x,y)$ 处的切线与 y 轴及过点 M 的水平直线围成的三角形的面积记为 S_1; 在 $[0,x]$ 区间上, 以曲线 $y=y(x)$ 为曲边的曲边梯形的面积记为 S_2, 则 $S_1=3S_2$. 求函数 $y(x)$.

解　曲线 $y=y(x)$ 在点 $M(x,y)$ 处的切线方程为

$$Y-y=y'(X-x),$$

切线与 y 轴交点为 $(0,y-xy')$, 所以

$$S_1=\frac{1}{2}[y-(y-xy')]x=\frac{1}{2}x^2y'.$$

又

$$S_2=\int_0^x y(t)\mathrm{d}t,$$

故由 $S_1=3S_2$, 得

$$x^2y'=6\int_0^x y(t)\mathrm{d}t, \tag{7.5.24}$$

两边求导, 得欧拉方程

$$x^2y''+2xy'-6y=0. \tag{7.5.25}$$

做变换, 令 $x=\mathrm{e}^t$, 方程化为二阶常系数齐次线性微分方程, 其特征方程为

$$\lambda(\lambda-1)+2\lambda-6=\lambda^2+\lambda-6=0,$$

有两个实根 $\lambda_1=2$, $\lambda_2=-3$, 故欧拉方程的通解为

$$y=C_1\mathrm{e}^{2t}+C_2\mathrm{e}^{-3t}=C_1x^2+C_2x^{-3} \quad (x>0). \tag{7.5.26}$$

由于 $\int_0^x t^{-3}\mathrm{d}t$ 发散 ($t=0$ 是瑕点), 所以 $C_2\neq0$ 时, $\int_0^x y(t)\mathrm{d}t$ 发散, 此时式 (7.5.26) 不能满足方程 (7.5.24). 式 (7.5.26) 是方程 (7.5.25) 的通解, 其中 $C_2\neq0$ 的函数是由于对式 (7.5.24)

微积分 上册

求导而增加的, 故 $C_2=0$, 即式 (7.5.24) 的通解为
$$y=C_1 x^2.$$
由条件 $y(1)=1$, 确定 $C_1=1$. 因此, 所求的函数为
$$y=x^2.$$

习题 7

1. 一曲线与其上任意两点的向径构成的扇形面积的值等于曲线在这两点间的弧长的一半, 求此曲线方程.

2. 圆柱形桶内有 40000cm³ 盐溶液, 其质量浓度为 0.2kg/L. 现以 4000cm³/min 的速度加入质量浓度为 0.3kg/L 的盐溶液, 同时等量地放出混合液, 求桶内盐量与时间的关系.

3. 某湖泊水量为 V, 每年排入湖泊内含污染物 A 的污水量为 $\dfrac{V}{6}$, 流入湖泊内不含 A 的水量为 $\dfrac{V}{6}$, 流出湖泊的水量为 $\dfrac{V}{3}$, 已知 1999 年底湖中 A 的含量为 $5m_0$, 超过国家规定指标. 为了治理污染, 从 2000 年初起, 限定排入湖泊中所含污染物 A 的浓度不超过 $\dfrac{m_0}{V}$, 问至多需经过多少年, 湖泊中污染物 A 的含量降至 m_0 以内? (注: 设湖水中 A 的浓度是均匀的.)

4. 在某一人群中推广新技术是通过其中已掌握新技术的人进行的, 设该人群的总人数为 N, 在 $t=0$ 时刻已掌握新技术的人数为 x_0, 在任意时刻 t 已掌握新技术的人数为 $x(t)$ [将 $x(t)$ 视为连续可微变量], 其变化率与已掌握新技术人数和未掌握新技术人数之积成正比, 比例常数 $k>0$, 求 $x(t)$.

5. 设曲线 $y=y(x)$ 上点 $M(x,y)$ 处的切线与 y 轴交于 A, 已知 $\triangle OAM$ 为等腰三角形, 求曲线方程.

6. 设 $f(x)$ 为连续函数, (1) 求初值问题 $\begin{cases} y'+\alpha y=f(x), \\ y\big|_{x=0}=0 \end{cases}$ 的解 $y(x)$, 其中 $\alpha>0$ 为常数; (2) 若 $|f(x)|\leqslant k$ (k 为常数), 证明: 当 $x\geqslant 0$ 时, 有 $|y(x)|\leqslant \dfrac{k}{\alpha}(1-e^{-\alpha x})$.

7. 已知 $y(x)$ 是具有二阶导数的上凸函数, 且曲线 $y=y(x)$ 上任意一点 (x,y) 处的曲率为 $\dfrac{1}{\sqrt{1+y'^2}}$, 曲线上点 $(0,1)$ 处的切线方程为 $y=x+1$, 求该曲线方程, 并求函数 $y(x)$ 的极值.

8. 从船上向海中投放某种探测仪器, 按探测要求, 需确定仪器的下沉深度 y (从海平面算起) 与下沉速度 v 之间的函数关系. 设仪器在重力作用下, 从海平面由静止开始铅直下沉, 在下沉过程中还受到阻力和浮力的作用. 设仪器的质量为 m, 体积为 B, 海水密度为 ρ, 仪器所受的阻力与下沉速度成正比, 比例系数为 k ($k>0$). 试建立 y 与 v 所满足的微分方程, 并求出函数关系式 $y=y(v)$.

9. 设函数 $y(x)$ ($x\geqslant 0$) 有二阶导数, 且 $y'(x)>0$, $y(0)=1$. 过曲线 $y=y(x)$ 上任意一点 $P(x,y)$ 作该曲线的切线及 x 轴的垂线, 上述两直线与 x 轴所围成的三角形的面积记为 S_1, 区间 $[0,x]$ 上以 $y=y(x)$ 为曲边的曲边梯形面积记为 S_2, 并设 $2S_1-S_2$ 恒为 1, 求此曲线 $y=y(x)$ 的方程.

10. 假设神舟飞船的返回舱距离地面 1.5m 时, 下降速度为 14m/s, 为平稳软着陆, 返回舱底部的着陆缓冲发动机喷出烈焰, 产生反推力 $F=ky$, y 为喷焰后下落的距离, 使返回舱做减速直线运动, 设返回舱质量为 2400kg, 问 k 为多大时才能使返回舱着陆时的速度为零.

11. 求微分方程 $y''(x+y'^2)=y'$ 满足初始条件 $y(1)=y'(1)=1$ 的特解.

12. 一单摆摆长为 l, 质量为 m, 做简谐运动, 假定其摆动的偏角 θ 很小 (从而 $\sin\theta\approx\theta$), 求其运动方程, 并确定摆动周期.

13. 设 $f(x)$ 与 $g(x)$ 在 $(-\infty,+\infty)$ 内可

260

导，$g(x)\neq0$，且有 $f'(x)=g(x)$，$g'(x)=f(x)$，$f^2(x)\neq g^2(x)$，试证方程 $f(x)/g(x)=0$ 有且仅有一个实根.

14. 已知 $y_1=x\mathrm{e}^x+\mathrm{e}^{2x}$，$y_2=x\mathrm{e}^x+\mathrm{e}^{-x}$，$y_3=x\mathrm{e}^x+\mathrm{e}^{2x}-\mathrm{e}^{-x}$ 是某二阶非齐次线性微分方程的三个解，求此微分方程.

15. 若二阶常系数齐次线性微分方程 $y''+ay'+by=0$ 的通解为 $y=(C_1+C_2x)\mathrm{e}^x$，求非齐次方程 $y''+ay'+by=x$ 满足条件 $y(0)=2$，$y'(0)=0$ 的解.

16. 已知一质点运动的加速度为 $a=5\cos2t-9x$，其中 t、x 分别表示运动的时间（单位：s）和位移（单位：m）.

（1）若开始时质点静止于原点，求质点的运动

方程，并求质点离原点的最大距离；

（2）若开始时质点以速度 $v_0=6\mathrm{m/s}$ 从原点出发，求其运动方程.

17. 长 20m、质量均匀的链条悬挂在钉子上，开始挂上时有一端为 8m，问不计钉子对链条的摩擦力时，链条自然滑下所需的时间.

18. 第二次世界大战中，美日硫磺岛战役之初，美军 $x=54000$ 人，守敌日军 $y=21500$ 人，战斗开始后各方伤亡减员速度与对方军人数成正比，即

$$\begin{cases}\dfrac{\mathrm{d}x}{\mathrm{d}t}=-ay,\\[2mm]\dfrac{\mathrm{d}y}{\mathrm{d}t}=-bx,\end{cases}$$ 其中 $a=0.05$，$b=0.01$（由攻守双方

战斗力确定），求两军各时刻人数，并说明最终日军失败.

参 考 文 献

［1］ 中国科学技术大学数学科学学院. 微积分学导论：上册 ［M］. 2 版. 合肥：中国科学技术大学出版社，2015.

［2］ 同济大学数学系. 高等数学：上册 ［M］. 7 版. 北京：高等教育出版社，2014.

［3］ 欧阳光中，朱学炎，金福临，等. 数学分析：上册 ［M］. 3 版. 北京：高等教育出版社，2007.

［4］ 华东师范大学数学系. 数学分析：上册 ［M］. 4 版. 北京：高等教育出版社，2010.

［5］ 李忠，周建莹. 高等数学：上册 ［M］. 2 版. 北京：北京大学出版社，2009.

［6］ 高等学校工科数学课程教学指导委员会本科组. 高等数学释疑解难. 北京：高等教育出版社，1992.

［7］ 韩云端，扈志明. 微积分教程：上册 ［M］. 北京：清华大学出版社，1999.

［8］ 菲赫金哥尔茨. 微积分学教程：第一卷 原书第 8 版 ［M］. 杨弢亮，叶彦谦，译. 3 版. 北京：高等教育出版社，2006.

［9］ 菲赫金哥尔茨. 微积分学教程：第二卷 原书第 8 版 ［M］. 徐献瑜，冷生明，梁文骐，译. 2 版. 北京：高等教育出版社，2006.

［10］ 菲赫金哥尔茨. 微积分学教程：第三卷 原书第 8 版 ［M］. 路见可，余家荣，吴亲仁，译. 2 版. 北京：高等教育出版社，2006.